现代应用心理学精品系列

# 创造心理学

主　编　邱章乐　鲁　峰　汪　明

合肥工业大学出版社

**图书在版编目(CIP)数据**

创造心理学/邱章乐,鲁峰,汪明主编．—合肥:合肥工业大学出版社,2011.7
ISBN 978-7-5650-0438-4

Ⅰ.①创…　Ⅱ.①邱…②鲁…③汪…　Ⅲ.①创造心理学　Ⅳ.①G305

中国版本图书馆CIP数据核字(2011)第046025号

**创造心理学**

邱章乐　鲁　峰　汪　明　主编　　责任编辑　方立松　马成勋

| | | | |
|---|---|---|---|
| 出　版 | 合肥工业大学出版社 | 版　次 | 2011年8月第1版 |
| 地　址 | 合肥市屯溪路193号 | 印　次 | 2011年8月第1次印刷 |
| 邮　编 | 230009 | 开　本 | 710毫米×1000毫米　1/16 |
| 电　话 | 总编室:0551—2903038 | 印　张 | 18.25 |
| | 发行部:0551—2903198 | 字　数 | 327千字 |
| 网　址 | www.hfutpress.com.cn | 发　行 | 全国新华书店 |
| E-mail | press@hfutpress.com.cn | 印　刷 | 合肥星光印务有限责任公司 |

ISBN 978-7-5650-0438-4　　定价:36.00元

# 编辑指导委员会

# 总 序

在当前心理学书籍越来越多的情况下，再组织编写心理学教材似乎显得有点愚笨。不过，心理学学科在当代受到社会各界的越来越多的关注与重视，心理学知识受到越来越多的大众的喜爱与认识，心理学发展的日新月异的变化与成果，促使我们有一种冲动。

一直以来，心理学显得神秘、心理学脱离实际，成为心理学发展的重要阻碍因素之一。自从1979年，心理学在我国恢复以来，心理学的教学与研究都是围绕体系的严密、语言的晦涩、方法的严谨而展开的，结果，心理学的研究成果不能在现实中得到应有的应用与推广，心理学变成了象牙塔中的、少数专业学者摆弄的学问。

社会进入21世纪以来，许多重大社会事件的出现，为心理学重塑形象提供了平台，给心理学工作者进入实践领域提供了绝好的机会。非典、禽流感、汶川地震、玉树地震、冰冻雪灾，等等，广大心理学工作者凭借自己的智慧，运用心理学知识为重大事件出力，受到各级政府和大众的好评。心理学的应用研究尤其是应用心理学学科的发展被提上议事日程。

其实，应用心理学从其产生的那一刻起，就紧紧与社会生活、个体的成长密切相关。学习与研究心理学，掌握心理活动的规律，究其最终目标来说，最终是为了将心理学的知识运用于个体的成长和社会的进步。

基于以上的考虑，安徽省心理学会一批长期从事心理学教育教学和科学研究的专家、教授，开始策划应用心理学精品书系的撰著问题。经过与合肥工业大学出版社领导的磋商，决定以应用心理学精品书系的名义，按照教育部应用心理学专业规范的要求，编写应用心理学精品书系。这套系列，既包括应用心理学专业主干课、选修课教材，又包括各位专家在长期教学科研工作中深入思考创新研究的著作。在安徽省心理学会和合肥工业大学出版社的组织下，近30位专家出席了2009年12月26日召开的研讨会，会上，大家充分交流了思想、研讨了心理学教学经验并初步确定了编写计划。本次会议还邀请了安徽省教育厅高教处领导到会，对我省应用心理学专业的教学改革与发展给予了针对性的指导。

编写本套丛书，我们坚决贯彻三个原则，那就是求真、求简、求实。这也是本套丛书与其他书籍不同之处。所谓求真，就是编写过程中，任何知识点都应当是科学的，得到心理学家认可的。绝对不能出现有错误的观点与原理。当然，这并不排除我们会提出一些自己的看法，并不妨碍我们对学科体系的创新。所谓求简，就是简明扼要地阐述心理科学的基本原理与基本规律；就是尽可能压缩每本书的字数，让使用者有自己再次创新的机会，让学习者有思考吸收的空间。我们一直认为，一本四五十万字的教材让老师去教、让学生去学，其实是非常困难的。这样的话，教师就只能择其要者、学生就只能选其感兴趣的内容，势必造成对知识体系的割裂。所谓求实，就是在编写过程中贯彻直观、生动、形象、具体的原则，多提供一些心理学的实例与案例，让学习者感受到真实、有用。人们的认知规律总是遵循从简单到高级、从直观形象到抽象逻辑层面的。大量生动的有趣的实例，对于读者的理解与消化吸收是必不可少的。

总之，我们试图达到以下的期望：作为教材，要使使用者感到“好教”；要让学习者感到“易学”。作为著作，要让阅读者感到“耳目一新”；要使同行感到“富有创意”。

心理学要得到普及，就必须做到通俗易懂；心理学要得到认可，就必须解决实际问题；心理学要得到发展，就必须具有操作性。

我们的目标是让越来越多的人喜爱心理学；让越来越多的人热爱心理学；让越来越多的人参与心理学。

**编辑指导委员会**

**2011 年 7 月**

# 序

中国科学院院士　郑永飞[①]

邱章乐、鲁峰、汪明等三位教授的《创造心理学》一书，在经过跨世纪的孕育之后，现在终于出版了。这部书可以生发许多命题，其中就有著名的“钱学森之问”：为什么我们的学校总是培养不出创新型人才？这对我们科学家和教育家来说是个很大的刺痛，也是很大的鞭策。“钱学森之问”之前，就曾有学生问我：中国什么时候出现爱因斯坦、爱迪生、比尔·盖茨？这是一个很具有挑战性的问题，也让我们反省中国的教育和科研体系。虽然创新型人才的产生有其偶然性，但是如果没有培养创新型人才的土壤，中国大学到什么时候也不能培养出创新型人才。不能说中国不会出像爱因斯坦、爱迪生和比尔盖茨等这样的科学家、发明家和科技企业家，但是我们必须努力，必须创造一个能够让创新型人才得到自由发展的环境，而且这是一个长期的过程。现在中国有很多科学家、发明家和科技企业家正在产生，但是达到国际先进水平者少而又少，在国际上有影响者更是寥若晨星，显然这其中有许多问题值得我们重新去深入思考和认真研究。

邱章乐等人从 20 世纪 80 年代即追随钱学森教授，热心倡导思维科学研究，为思维科学理论体系的创立提出许多创新性的见解，对于钱老提出的“大成智慧工程”、对于教育改革、对于人才培养与思维训练、对于社会管理及社会生活等方方面面的思考，他们都有认真的应答和具体研究。例如邱章乐就先后出版了《思维命题与测量》、《心灵信息学》、《心理测量与咨询》、《变通思维》、《商界思维》、《人类的急智》、《思维风暴》和《右脑风暴》等三十余本计 1000 余万字的专门著作，发表了几十篇相关论文。现在面对“钱学森之问”，三位教授又联手交出这份有分量的答卷。当我阅读这本《创造心理学》时，感到其中知识的博大精深，也想起了钱学森生前的倡导：一是要让学生去想去做那些前人没有想过和做过的事情，没有创新，就不会成为杰出

① 郑永飞，中国科学院院士，中国科学技术大学教授、博士生导师。现任中国科学技术大学地球和空间科学学院副院长，中国科学院壳幔物质与环境重点实验室主任。

人才；二是学文科的要懂一些理工知识，学理工的要学一点文史知识。

## 一

为什么我们的学校总是培养不出创新型人才？对这一命题也有人提出疑问，说这个质问可能是一个假问题，创新型的人才有不同层次，一般层次的创新型的人才不能说我们培养不出来。有人建议应该改成为什么中国总是培养不出诺贝尔奖获得者，或中国人的诺贝尔情结为什么至今未打开，这样可能更明确些。其实，问法可以有许多，但是其中非常关键的问题，不是问法的问题，而是如何来塑造未来的教育的问题。因此我们就必须理性地去审视我们当代中国教育的现实，这个现实问题甚至危机有其深层的社会问题和心理问题，这个深层问题其实就通过了钱学森之问，把它给展示出来。

中国的学校能培养出创新型的人才吗？类似的问题在100多年前在别的国度已有人提出。德国哲学家尼采就曾极其尖锐地指出，现代教育只是培养了一批皓首穷经的学者，他们不知道什么是创造，而只能靠一种愚钝式的勤勉和靠别的思想度日。他嘲讽现代教育培养的人，只是身披五颜六色的信仰涂成的纸片和头罩面具、没有灵魂也没有血肉的骷髅。针对这一问题，1810年，拿破仑在法国重建大学制度，为现代国家培养高层次人才，并给予大学在各个专业领域研究的学术自由。但是明确把大学作为一种集研究与教学为一身的社会机构的提出，可能还要从德国人洪堡1810年写下的一份仅10页长的备忘录开始。这份题为“论柏林的知识机构的组织框架及精神”的备忘录导致了柏林大学的建立，并对欧美现代大学的发展产生了深远的影响。但是当时的学术研究更多的是偏向我们今天所说的基础研究，很少考虑这种研究的实用价值。直到第二次世界大战以后，在杜鲁门总统的科学顾问范德华·布什著名的报告“科学——无止境的前沿”的影响下，美国政府大力投资于大学的基础研究，才真正形成了今天美国的研究与教学并重的大学研究系统。时光已经流逝到又一个世纪之初，国际一流大学的自由精神、科学精神、民主精神和创新精神已经具有根植的沃土，而我们还在艰难的探索之中。

有一个案例已被许多人例举过，对我影响至深。大概是2006年，中央电视台的经济频道《对话》节目当中，曾经邀请过2005年考上北大、清华、五所香港大学的大陆12个高考状元，同时也邀请了获得2006年美国总统奖学金的中学生来做了一个对话节目。在对话节目的内容当中，就对中美两国青少年的学习动机、价值观问题有过一个调查，在这个调查当中，就围绕着学习动机给出了5个价值选择，由这些学生来回答。我们知道，所谓的最高价值或者普适价值首先就是智慧，第二是真理，第三是财富，第四是权力，第五是美，我们大家都会接受最有价值的东西。让中美的这些学生去选，选出来的结果让我感到很诧异，中国的12个中学生当中，除了有1个选美，全部都选了财富和权力，美国中学生除了有2个是选择财富之外，其他的都是多样性的选择，我似乎从这个结果当中看到了中国人为什么拿不到诺贝尔奖的深层原因。每年你看我们数百万的高考大军去独木桥的时候，你有没有去想过他们最后的动力是什么，驱使他们前赴后继过这个独木桥的动力是什么？财富和权力是可见的、可求的，真理和智慧谁知道，对我有什么用，我做学问为什么没有追求真理，这些超越性的问题在我们的文化当中本来就缺失。财富是可以给我们带来快感的，我说的是快感，我不是说幸福，因为幸福是更深刻的生命体验，所以你就想想，面对这样一个结局，我觉得我们的教育困境在我看来就是一个没有凶手，大家都是牺牲者的局面。我觉得我们没有权力去指责我们的年轻人太功利了，其实我们的父母、孩子的父母、我们的社会精英们已经用他们的人生演绎了功利主义的追求，所以我们就没有一种超越对智慧、对真理的要求，这样的教育当然就不可能是一个很高境界的东西，当然也就很难培养出高层次的创新型的人才。

## 二

邱章乐等人的《创造心理学》一书应归属于心理科学，可我看起来一点也不陌生。在20世纪40年代，创造心理学曾被划入人格心理学研究范围之内，但在研究中发现创造行为已经远远超出了人格心理学的研究范围，于是被公认为一门独立的科学。当今现代心理学最有前途的一个领域是创造心理学。创造心理学研究的对象是一般创造活动，特别是从事科学创造活动的人的心理活动规律，以及创造群体的心理现象。它是在哲学、心理学、教育学、逻辑学和神经生理学的基础上发展起来的。创造心理学主要研究各种创造才能及其心理过程。研究各种非智力因素对创造才能的影响。我也想就创造心理的文化、文明基础谈一谈自己的认识。

我们知道，文化和文明的多样性来自宇宙的本性和天理，是人类进化之源。否定和丑化人类文明、文化的多样性是与现代科学事实相悖的谬论，是对科学史的无知。文化、文明的多样性是宇宙的普适真理。历史的遗产，人类的祖传，人类智慧和知识的永恒源泉，是当代辉煌灿烂世界的成因。不同文明的多样性是人类的宝贵财富和遗产。人类文明的发展和进步正是不同文明交流、融合的结果。各种文明都是人类智慧的结晶，都有自己的长处，体现了人类的创造能力和创新精神。文明的多样性是世界能充满活力和不断进步的重要推动力。

大学是多样性思维最透亮、最能海涵包容的器皿。世界上没有任何一个机构可与大学的巨大包容性相比。这首先是因为大学的特殊社会地位决定的。大学总是处于满足现实社会的需求和人类长远发展需求之间的矛盾之中。但是，大学学术自由的传统和其相对独立的地位又使得这两种力量能够同时存在并较量，从而取得平衡和进步。因此，当大学似乎完全被卷入社会发展需求的滚滚大潮时，一堵无形的围墙总能够把大学与社会分开，使探求人类基本知识的淙淙小溪仍然能够顽强地流淌；当大学似乎成为高高在上的象牙之塔，企图逃避社会现实的时候，大学的社会责任感又会把它拉回社会，使其成为社会发展的动力。中国现代大学发展的百年历史，就是这种矛盾和冲突淋漓尽致的写照。在中华民族饱受凌辱的时刻，以爱国、进步、民主、科学为内容的新思潮在北京大学等中国早期的大学中蓬勃发展，使北京大学成为举世闻名的"五四"运动的发祥地。但是，在抗日战争的艰难时期，西南联大的学者们又能够在极其艰苦的条件下，坚持学术研究，培养了未来的一代学术英才。

这就是大学"海纳百川，宇括万物"的精神。人们承认大学精神内涵丰富，博大精深。从普遍的意义来看，主要体现为自由精神、科学精神、民主精神和创新精神。自由精神，它是大学基本的精神。主要体现在学术上，包括教学自由、研究自由、学术自由；体现在大学的办学自主权上，即大学具有面向社会自主办学的权力。科学精神是人文精神与科学精神相统一的大科学精神。正是由于大学的这种科学精神和人文理想，使得大学注重知识的尊严、学术的逻辑和道德的教化，关怀着人类文明。大学的民主精神是指大学追求校园民主与社会民主进步的精神。创新精神带有浓浓的批判性、前瞻性和引导性，指向社会的未来，它努力创造生机勃勃的未来社会，而不是被动地由社会所左右。

因此，我认为改革教育的根本是要教育回归，回归到知识、真理的体系上来。

教育依附于权力还是依附于资本？它有没有自己的地位？为什么没有地位？是因为我们没有找到它的本题。我认为教育的本题和基础就在于知识。纳斯比特的一个观点，社会的控制力一个是暴力，一个是金钱，第三是知识。上个世纪 90 年代他就提出权力已经转移了，暴力是农业社会的产物，金钱是工业社会的产物，现在知识是社会的控制中心。如果说教育找不到自己的本体，是因为过去的知识创造、知识生产水平比较低，所以我们失魂落魄，教育找不到自己以什么为据，但是到今天我们应该理直气壮地说我不以权力为依托、不以财富为加冕，我们以知识的创造为本位。只有找到这个本体，教育才有主体性。我们的教育悲剧就在于我们既被权力支配，又被财富殖民，所以我们没有主体性。因此，我想未来教育形态它的一个本体要回归，回归到知识、真理的体系上来。

世界一流大学就是教育回归到知识、真理的体系上来的大学。正如本书在第七章论述的那样，世界一流大学必须要构建良好的创造“心理场”，用物理心理法、生物心理法、信息加工方法构建多元的训练平台，构建思维教育体系、知识教育体系、人格教育体系等全方位的教育体系。

据统计，世界上现有大学和学院近10000多所。其中欧洲有些大学的历史将近一千年，对人类文明的发展作出过重大贡献。不过，今天算得上是世界一流大学的，恐怕不会超过100所。“北大”、“清华”和“中国科大”能算上吗？如果还算不上，那就需要全民族继续努力。对于正在努力建设世界一流大学的中国大学，如何在知识爆炸的环境下超越知识的传授？在为当前社会服务的情况下与世俗保持距离，这也许就是新世纪中国大学发展所无法回避的一个重大悖论！

## 三

讨论创造的话题很有意思，创造心理既有外部规律，也有内部规律，任何人不能违背这种规律。前面讲的是教育与创造的关系，是外部规律，外部规律要服从创造心理的内部规律，这是我们不能违背的。本书重点研究的是作为创造本体的人的心理与创造的关系，涉及许多问题，如创造心理的基本特征、创造心理的活动过程、创造心理的关联因素、创造心理的阻碍因素、创造心理的发展过程、创造心理的生理基础、人格与创造、智力与创造，创造性思维的运行、加工机制、路径及基本方法，还有创造图式创造心理测量等等。可以说，本书对创造性思维的研究是全面而深刻的。我认为最有价值的是如下两个方面：

首先，本书揭示了创造过程的思维演绎过程：

人类最早的思维都是建立在图式基础上的，图式是不断生发的，而原生态的图式来自遗传。图式经过抽象概括等加工过程，将那些个别的非本质的不重要不突出的东西去除掉，把事物特有的普遍的重要的本质的属性突出出来。这些保留着事物本质属性、重要特点，又十分简要、概括、抽象的图式，就是概念。概念一旦形成，人的思维活动就进入了理性思维的范畴，开始了逻辑思维活动。完成从图式到概念的转换的思维结构，我们称它为抽象结构。这是一个从感性思维升级为理性思维的关键性思维结构。

概念是人类意识的核心内容。它不仅能通过符号语言表现出来，再作用于人的感官，完成人类思维的大循环，而且能直接通过一个与抽象结构有相反意义的思维结构——想象结构还原成或塑造成图式。为了与从客观事物刺激感官得来的图式有所区分，由概念通过想象结构得到的图式，我们一般不再叫图式，而叫意象。意象虽然也是一种图式，但它却是通过概念的想象得到的。这其中有逻辑思维的成果，是人类伟大的创造力的体现。发明家、艺术家、工程师等等的发明创造，往往就是他们头脑中意象的实现，是他们意象创造的结果。

本书认为创造的根本是产生新的思维图式，因为创造一般是不可能在逻辑和中性经验的推动下一步一步地前进，而是像格式塔转变一样，要么一下子出现，要么什么都没有。思维图式的产生具有无意识性的突发的过程。

我是一个科学工作者，主要从事同位素地球化学研究，应该说有了一些创造的成果，也就是说，有了一些创造活动的体验。我感到心理科学道出了我们心中所有、笔下所无的东西。例如，研究地球不同于研究苹果，苹果是可以拿在手中、放在桌上细细端详的，而地球就不行。但是，我们可以把地球图式类比为苹果图式，这样我们就可以把地球放在心中揣摩了。不过这时的地球已是“意象”地球了。

我们熟悉的德国化学家凯库勒，他的故事也佐证了图式理论。凯库勒长期从事分子结构的研究，他对于苯分子的环形结构式的研究成功，则是在1865年在根特的书房里打瞌睡的时候得到的一种想法而引起的。当时，凯库特正在研究苯及其衍生物的结构，并作为他教授芳香族化合物的一章中的内容。有一天晚上，他在书房里写着教科书，由于写得太累了，不知不觉在火炉边打起了瞌睡，做起了梦。梦中他见到了赫尔利茨伯爵夫人，并且极为清楚地看见了戴在夫人手上的宝石戒指上面的蛇。其实，这也是许多年以前的记忆再现：凯库勒的家住在赫尔利茨伯爵夫人家的对面。有一天，伯爵夫人家里发生了火灾，凯尔勒目睹了这场火灾的全过程，并被传到法庭上作证。当时，赫尔利茨伯爵夫人丢失了一颗美丽的宝石戒指，戒指上的图案是两条蛇，一条是黄金做的黄蛇，一条是白金做的白蛇。这枚戒指后来在仆人那里查到了，但是，这个仆人狡辩说是自己的传家宝，而且早在1805年就有了。为此，法庭请李比希化验作证，指出白金是从1819年起才用于首饰。拆穿了仆人的谎言。在那次法庭辩论休息的时候，李比西曾拿出那枚戒指给他看过，戒指上那两条相互缠绕在一起的蛇的生动图案，给凯库勒留下了极为深刻的印象。现在，他梦见了宝石戒指上的两条蛇，这两条蛇却蠕动变幻成了碳原子，就如同发散的火星，弯曲盘旋起来。突然，他见到了其中的一条蛇咬住了自己的尾巴。这幅图案在他眼前闪烁个不停，凯库勒突然惊醒了，醒来以后，他激动不已地根据梦中的启示，花了几天的工夫，弄清了苯的六角形结构式。这就是苯环碳链的新结构式。也就是苯的一个环状式。后来，凯库勒以此写出了论文《论芳香族化合物的结构》，并于 1865 年 1 月发表在《科学院通讯》上。近代化学用 X 射线对于芳香化合物结构进行了研究，证明了这种平面六角环形。凯库勒的研究成果对于有机化学的发展起了重大的作用。1867 年，他被任命为波恩大学化学研究所所长。1890 年 3 月，学校隆重纪念凯库勒创造的结构理论创立 25 周年，从而得到了世界公认。

凯尔勒的故事为本书提供了一个绝好的理论支持：想象结构和抽象结构是人脑中形象思维和抽象思维之间联系的桥梁。抽象结构将形象思维的核心内容——图式转化为概念，实现形象思维到理性思维的转化；而想象结构却正相反，它将抽象思维的核心内容——概念转化为意象（图式），完成由抽象思维到形象思维的回复。就在这一往一复之间，人的思维又向前跨进了一大步，构成了一个内在的向前发展的循环。这个内在的向前发展的循环就是创造性思维结构，是人类思维的核心系统。

本书的第二个贡献是创造心理的训练项目的开发与研究。

全书除传统训练技术外，作者创新开拓的命题技术也给人耳目一新的感觉。我们从本书里看到的 W－QIUS 虚拟情境命题、W－QIUS 求异性思维命题、W－QIUS 信息加工命题、W－QIUS 投射命题等方面的技术，基本都是作者原创。

创造心理的训练项目借助了现代信息技术。他们设置的虚拟情境测验，既可以在 Web 中创建出一个可视的三维环境，如各类卡通动画，演义现实情节，创设问题情境，也可以利用网络虚拟实验室实现多媒体计算机技术、网络技术与仪器技术的结合。虚拟仪器技术与认知模拟方法的结合也赋予虚拟情境的智能化特征，被试可以自由地、无顾虑地进入虚拟情境中扮演虚拟角色，进行各种测验。它不仅能够使测验的空间无限扩展（可用于远程测验），更加重要的是可以增加命题的真实性，使被试产生“身临其境”的体验，甚至和异地的被试进行同步对比测验。

再次，他们还借助了传统测验技术，将其改造成新的测量工具。例如，他们在对罗夏测题的改造中加进思维命题的各种命题技术，包括分形命题技术、演练式命题技术、潜变式命题技术、反色命题技术、旋转命题技术等等，设计了由感性思维到创造性思维的过度程序，进行链接性命题尝试。当然，他们也继承了罗夏测验的基本功能，让被试有广泛自由的反应方式，可作多种反应，这将迅速唤醒被试大脑中独具创造性的思维空间，激发大脑全部思维（包括左脑和右脑），达到钱学森再三强调的“综合思维”，使右脑积极地与左脑联系在一起，实现训练和测量的双重目的。

邱章乐、鲁锋、汪明三位教授都在高校担任要职，工作一直十分繁忙，但他们从未中断过心理学研究。清灯夜雨，晨钟暮鼓，岁月冉冉，白发染鬓，这本书使他们迈过青年、壮年、中年的人生旅程，他们把人生最宝贵的青春年华奉献给了所钟爱的心理学研究。现在摆在我们面前的这一本《创造心理学》，是他们在广泛吸收心理科学、思维科学、社会科学以及现代信息科学等最新理论成果的基础上，进行大规模测试实践，不断开拓创新的一门新兴交叉学科。我相信这本书的出版，不仅为著名的“钱学森之问”作出解答，也为心理科学的“哥丹结”挥出有力的一剑。

# 目 录

# 第一章　创造心理总论

【知识框图】

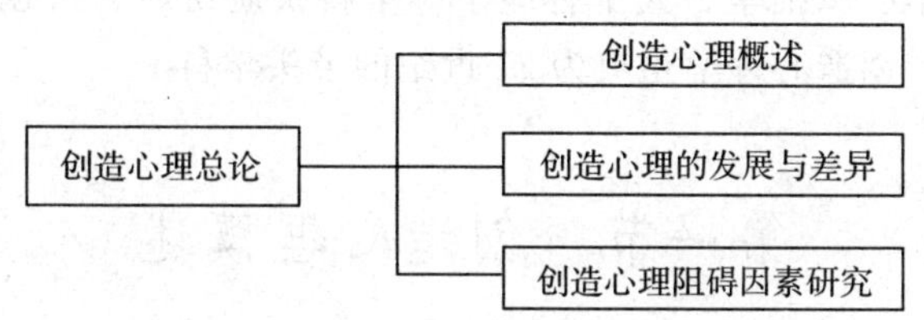


"创造"（creativity）一词由拉丁语"creare"一词派生而来。"creare"的大意是创造、创建、生产、造成。它与另一个拉丁词"creseFe"（成长）的词义相近，根据《韦氏大字典》之解，有"无中生有"（make ofirst time）之意，是在原先一无所有的情况下，造出新东西。中国语言中的创造更贴切实际。根据《词源》的解释，"创造"是由两个字组合的，"创"的主要意思是"破坏"和"开创"，"造"的主要含义是"建构"和"成为"。所以，"创"和"造"组合在一起，就是突破旧的事物、创建新的事物。

人类文明的起源在于创造。在原始社会，若没有燧人氏发明钻木取火，人类恐怕还得生吃食物；若没有工具的发明，人类就不能与动物相揖而别。在近代，若没有大机器的发明，我们将仍处在扶犁耕田、手摇纺纱的落后状态；若没有人工接种牛痘的发明，成千上万人的生命将被天花吞噬：若没有电灯的发明，我们至今还得靠油灯照亮……

人类生活的本质在于创造。创造是人类主观精神世界的核心，是人类历史进步的桥梁和纽带。通俗讲，创造是做出前所未有的事情，创造力是对已积累的知识和经验进行科学的加工和创造，产生新概念、新知识、新思想的能力。狭义讲，创造是指个体发展过程中对个人生活价值的创新；广义讲，创造是指对整个人类社会的进步过程的价值创新。创造推动了人类的进步，创造还将把人类推向更美好的未来。

民族进步的灵魂也是创造。21世纪是创造的世纪，各国竞争日趋加剧，哪个国家在创造上有所突破，处于领先，那么，它就能掌握主动，处于不败，立于世界民族之林而傲视群雄；反之，在创造上无所作为，滞步不前，那么就可能落伍，面临淘汰。由此可见，创造是一个国家持续发展的不懈动力，也是现代人成功的重要基石，新世纪属于能承受社会变化和经济改革所带来冲击的具有创造心理的建设者。

创造是如此重要，创造心理学必然应运而生。在20世纪40年代，创造心理学曾被划入人格心理学研究范围之内，但在研究中发现创造行为受到智慧、动机、情绪、性格、家庭、学校与社会等因素的交互影响，已经远远超出了人格心理学的研究范围，于是被公认为一门独立的科学。进入21世纪以来，信息技术的革命和互联网的兴起，使之在知识经济时代更显得朝气蓬勃。脑科学、心理学、思维学、人工智能学等学科快艇纷纷开进创造心理的学术之海，可以说，创造心理学正成为21世纪的带头学科。

## 第一节　创造心理概述

创造的主体是人，人是唯一的创造者，人是自然界长期进化的高级产物，人根据自身物质和精神的、生理和审美的需要能动地积极地改变着自然界，这是人所特有的主观能动性。

### 一、创造心理学

#### （一）创造心理学概念

创造心理学是研究创造过程中，创造者心理规律的一门科学，其宗旨是研究、揭示人类创造活动的心理机制，以及心理与生理的社会机制的关系，研究、指导、培养、开发人的创造能力，总结、归纳人类进行创造的一般心理特点，规律和方法。它涉及智力因素、非智力因素、社会心理因素对创造过程的影响。

#### （二）创造心理学溯源

创造心理学是一门年轻的学科，同时又有着古老悠久的历史。它真正成为一门独立的科学还是近几十年的事。1920年，德国心理学家M. 韦特海默在《创造性思维》一书中，分析研究了儿童、成人以及一些名人，诸如爱因斯坦等的创造性思维之后，创造力的研究才逐步受到重视。20世纪50年代，创造心理学才从人格心理学系统中独立出来，成为心理学的一个分支。美国加利福尼亚大学心理学家J. P. 吉尔福特于1950年任美国心理学协会主席时，以《创造力》为题发表就职演说。60年代初，美国芝加哥大学对创造力作了系统的对比研究，首先制订创造能力的测验方案，以探明大学生及青少年的创造潜能。80 年代以来，有一批国外创造心理学专着被翻译介绍到我国，比如，前苏联的亚历山大·纳乌英维奇·鲁克的《创造心理学概论》，德国的戈持弗里德《海纳特的创造力》，美国的罗杰·冯·奥奇的《激发创造力》，德国的弗洛伊德的《论创造力与无意识》，德国的韦持海默的《创造性思维》，日本的高桥浩的《怎样进行创造性思维》，法国的 B. 德莫力的《创造力开发的实践》，美国的 D. N. 柏金斯的《创造是心智的最佳活动》，等等。20 世纪 80 年代，国内创造心理学的研究也以令人可喜的速度发展着，研究者和他们的成果如雨后春笋般成长、发展。出版了一些概论和专门性的著作。可以这样说，创造心理学的研究在中国有突飞猛进之势。

（三）创造心理学的性质

1. 创造心理学到底是研究什么的？

这一问题首先是由吉尔福特对智力和创造力的研究引起的。吉尔福特认为，智力是一个复合体，它至少包括人的 120 种不同的能力。他将能力分为五大类：（1）记忆能力；（2）认知能力；（3）聚敛思考能力（收敛性思维能力）；（4）扩散性思考能力（亦称发散性思维能力）；（5）评价能力。前两种能力属于记忆和了解的能力，后三种属于思维能力。在后三种思维能力中，吉尔福特特别重视发散性思维能力，认为它是创造力的特质，与创造心理有直接联系。他还根据发散性思维能力的特征是流畅、变通和独特，进行了创造性测验。

吉尔福特认为，发散性思维能力直接与创造心理有关，因而特别强调它在创造力中的作用，但并不认为发散性思维能力就等于创造力，也不认为与创造心理有关的因素仅仅是发散性思维能力。他认为新奇地运用事物的能力就与复合性思维有关，而对问题的敏感性又与评价思维能力有关。可见，在吉尔福特看来，创造力并不是一种单一的能力，而是由多种不同的能力构成的综合能力。事实和研究表明：创造力不仅需要想象力和思维力、发散性思维力与复合性思维力、直觉思维力与理论（分析）思维力的协调活动，而且与情感、意志、性格、信念等个性质量有关。创造力是在人的心理活动最高水平上实现的综合能力。

2. 创造心理到底是心理过程还是心理特征？

“创造心理”、“创造性思维”和“创造力”这三个概念容易混淆。从中文字面上讲，“创造”一词既可以指“创造活动”和“创造性思维”，也可以指“创造力”，还可以指“创造的产物”。但是在心理学中，“创造心理”、“创造性思维”和“创造力”都是有其特定内涵的。“创造心理”和“创造性思维”当然是有其过程的，即“心理活动过程”和“思维过程”，其中“思维过程”

属于“心理过程”。

而“创造力”乃是一种能力。创造力虽然与创造活动过程和创造思维过程关系极为密切，它在这种过程中形成、发展并得以表现出来，但它不是这种过程本身。创造力是直接影响创造活动效率、与创造任务的顺利完成相一致的个性心理特征。个性心理特征与心理过程是两个并列关系的概念。

可见，把创造心理看成是“心理特征”，在逻辑上和事实上都是说不通的。心理学家对它从各个不同的角度开展研究，这是必然的、正常的、有益的。瓦拉斯的“四阶段说”，是他研究创造性思维过程的成果；吉尔福特的“三特征说”，是他研究发散思维能力的成果。两个人的研究角度不同，并不等于两个人对创造心理本质的理解不同。不能说瓦拉斯认为“创造性思维是一种心理过程”就否定了“创造力是一种心智慧力”，也不能说吉尔福特认为“创造力是一种心智慧力”就否定了“创造性思维是一种心理过程”，他们之间没有相互否定。任何一位心理学家在承认感知、记忆、想象、思维是心理过程的同时，都承认观察力、记忆力、想象力、思维力是心智慧力；反之亦然。两者并不矛盾。基于同样的道理，我们认为，创造思维是一种心理过程，创造力是一种能力，即心理特征。

## 二、创造心理的基本特征

创造心理是人类独有的高级心理活动过程，人类所创造的成果，从一定意义上说，就是创造心理的外化与物化。创造心理不同于保守型心理，它突破传统心理的规范，不受束缚。创造心理虽然具有一般心理的特点，但它不同于一般心理，它特别注重在现成材料的基础上，进行创造想象，奇特构思，从而开拓认识的新领域，获得认识新成果，它的基本特征十分明显。

### （一）结构性特征

创造心理的结构应该被看做一种多侧面的现象，而不是一个可以精确定义的单一的结构，故创造心理的结构特性既有其整体性，也有其转换性和自调性。

整体性指创造心理由多个互为依存的现象构成整体中。如求同与求异、发散与聚合、横向与纵向等等，每个现象都与其他现象相依存，并且只能在与其他现象的关系中存在；

转换性是指一个亚结构以生成规则为依据，有序转化为另一个亚结构。如弗洛伊德将人的心理结构的分为三个部分，即潜意识，前意识和意识。创造心理也在这三个层面有序转化。潜意识虽在意识之下，但其不停地在暗中活动，从深层支配着人的创造心理和行为，一旦上升到意识层面，就会成为人的创造动机和意图的源泉。

自调性是指各种特征在该系统范围内部的不同阶段都能发生作用。如吉尔福特与其同事霍夫纳尔把创造心理的特征解析为六个方面：敏感性、流畅性、灵活性、独创性、再定义性和洞察性。而这些成分在创造活动的准备阶段、酝酿阶段、明朗阶段和验证阶段发挥不同的作用，能进行意义的切换和调节。

（二）多元性

任何人绝不可能具有一切方面的创造才能。从古至今，不乏奇才，不乏多才多艺者，但是从来没有也不可能有一个人可以称得上“创造力的全能冠军”。这是由创造力的多元性决定的。这种多元性是由创造者的特殊素质、特殊环境、特殊经历、特殊知识结构和能力结构造成的。认识这一点是重要的。心理学家洛温菲尔德也认为，创造力不仅包括发散思维能力，它还包括其他许多成分。他于1958年提出，创造力应有以下八个主要成分：（1）对问题敏感的能力；（2）变通能力；（3）流畅思维的能力；（4）独创能力；（5）再确定与再构成的能力；（6）分析与抽象的能力；（7）综合的能力；（8）保持一贯的能力。长久致力于创造力研究的戴维斯在其新近出版的《创造力是永恒的》一书中强调，流畅、变通和独创思维的能力远非创造力的全部构成，创造力的成分包括各种认识能力，如对问题敏感的能力、想象力、隐喻思维能力、发现缺失信息的能力、记忆评价能力、分析细节的能力、综合能力、直觉能力、记忆力、良好界定问题的能力、预测结果的能力、注意问题不同方面的能力等。总而言之，人们创造心理的表现并非单元性的，大量事实证明，它确实具有多元性的鲜明特点。

（三）综合性

大多数心理学家都认为创造心理是综合的，他们都强调，创造心理除了能力因素之外，还应包括人格因素。所谓人格因素，就是指创造者的动机、情感、意志、性格、理想、信念等个性特点。这种观点与吉尔福特在其名著《人类智慧的本质》一书中所表现的观点是一致的。吉尔福特指出：创造力不仅需要发散思维，还需要其他的思维，乃至知觉、记忆、评价等认识过程，甚至还包括人的独立性、自制力、坚韧性等心理特征。他所说的独立性、自制力、坚韧性等心理特征，正是思田彰所说的人格因素。此外，心理学家布什尔也有同样的主张。他认为，创造心理是“架在两个通常有很大区别的心理学领域即才能和个性之间的桥梁”。这种意见较好地说明了创造心理的本质，克服了创造心理学说中的简单化倾向，因而越来越受到心理学家们的重视，促成了许多“创造性人格”或“创造性个性”量表的产生。

创造心理是一种十分复杂的高级心理，它是人类意识的高级表现，也是意识发展水平的标志。创造心理的构成，既有认知因素想象力和思维力、发散思维能力和集中思维能力、直觉思维能力和分析思维能力的协调活动，也有动力因素——热情、坚韧、勤奋、专注等心理质量的支持，还要受世界观和方法论等导向因素的制约。由此可见，创造心理是在人的心理结构整体背景和最高水平上实现的综合能力，这是一种比较科学的判断。

（四）独特性

创造心理的独特性首先是敢于打破传统和习惯，不按部就班，解放思想，向陈规戒律挑战，对常规事物怀疑，否定原有框框，锐意改革，勇于创新。在创造心理过程中，人的思维积极活跃，能从与众不同的新角度提出问题，探索开拓别人没认识或者没完全认识的新领域，以独到的见解分析问题，用新的途径、方法解决问题，善于提出新的假说，善于想象出新的形象，思维过程中能独辟蹊径，标新立异，革新首创。在世界科学史上具有非凡影响和重大意义的控制论的诞生就体现了科学家维纳的创造心理的独特性。古典概念认为世界由物质和能量组成，而维纳大胆提出新观点和新理论，认为世界是由能量、物质和信息这三种成分组成的。尽管一开始受到批评家的指责，但是维纳的着眼点是旧理论的突破，体现新理论的高度和战略意义，不在于对旧的修修补补。正是独创性，使维纳创立了具有非凡生气“控制论”新学科。

其次，创造心理的独特性表现在不受传统的单一的思想观念限制，能提出较多的设想和答案，选择面宽广，正所谓眼观六路，耳听八方。思路若受阻，遇有难题，能灵活变换某种因素，从新角度去思考，调整思路，从一个思路跳到另一个思路，从一个意境进入另一个意境，善于巧妙地转变思维方向，随机应变，产生适合时宜的办法。创造心理不墨守成规，不拘泥于一种模式，而是多方位设想，善于寻优，选择最佳方案，机动灵活，富有成效地解决问题。爱因斯坦曾经说过：“像我们这种工作需要注意两点：毫不疲倦的坚持性和随时准备抛弃我们为之花费了许多时间和劳动的任何东西。”创造心理就是思路善于变化，不钻死胡同，机敏多变，适应形势，善于把握时机，不能固守成规，思维一旦受阻，善于灵活巧妙地转变方向，另辟蹊径，走向成功，创造奇迹，即所谓“山重水复疑无路，柳暗花明又一村”。

第三，创造心理的独特性还在于智慧杂交和个性的统摄。创造心理善于选取智慧宝库中的精华，巧妙地进行结合，获得新成果。这就是所谓“由综合而创造”的过程。凡是有所作为、能力强的领导者、指挥员和企业主等，他们在决策过程中都是善于运用创造心理，体现着强烈的综合性。创造心理和个性心理特征总是密切联系的。创造心理通过心理过程而形成，并在心理过程中表现出来。已形成的个性心理又制约着创造心理的进行，起着调节作用。因此，创造心理和个性心理是既有区别，又相互联系、相互制约。

第四，创造心理的独特性在于其思维进程带有很大的跨越性，省略了思维步骤，思维跨度较大。这种思维具有明显的跳跃性。宋代文学大师苏轼的一首词作，《念奴娇·赤壁怀古》：“大江东去，浪淘尽，千古风流人物。……三国周郎赤壁。……遥想公瑾当年，小乔初嫁了，雄姿英发，羽扇纶巾，谈笑间，樯橹灰飞烟灭。……人间如梦，一尊还酹江月。”在这首词中，作者的思维纵横驰骋，跨越时空，虚虚实实，不受事物“可见度”限制，灵活而迅速地转换于“虚体”与“实体”之间，思维跨度是非常大的。

## 三、创造心理的活动过程

虽然创造心理的活动过程纷繁多样，创造心理的表现形式各有差异，但只要认真分析这些多样性背后的心理过程，仍然可以把创造心理活动划分为不同的阶段。其中最有代表性的划分当属英国心理学家华莱士 1926 年提出的创造过程“阶段论”。后来许多学者也提出了自己的划分方法，但它们基本上都是华莱士的“四阶段”模式的演变和发展。华莱士根据前人的研究（包括科学家的传记和回忆录）认为，任何创造活动的过程都包括准备阶段、酝酿阶段、明朗阶段和验证阶段。

### （一）准备阶段

在这个阶段里，创造主体已明确自己所要解决的问题，需要做好充分准备，然后围绕这个问题收集数据信息，并试图使之概括化和系统化，形成自己的知识，了解问题的性质，澄清疑难的关键等；同时开始尝试和寻找初步的解决方法，但往往这些方法行不通，问题的解决出现僵持状态。心理学家在划分时，有时将创造主体有关知识的学习、技能的训练等创造之前的必备条件包括在这一阶段内。

### （二）酝酿阶段

这一阶段最大的特点是潜意识的参与。对创造主体来说，需要解决的问题被搁置起来，主体并没有做什么有意识的工作。由于问题是暂时表面搁置而实际上则在继续思考，因此，这一阶段也常常叫做求索解决问题的潜伏期或孕育阶段。

### （三）明朗阶段

进入这一阶段，问题的解决一下子变得豁然开朗。创造主体突然间被特定情景下的某一个特定启发唤醒，创造性的新意识猛地发现，以前的困扰顿时一一化解，使问题顺利解决。情绪强烈而明显地发生变化，这一情绪变化是在面临问题解决的一刹那出现的，是突然的和完整的、强烈的，给创造主体以极大的快感。这一阶段常称为灵感期、顿悟期。

### （四）验证阶段

这是个体对整个创造过程的反思，检验解决方法是否正确的验证期。在这个阶段，把抽象的新观念落实在具体操作的层次，提出的解决方法必须详细地、具体地叙述出来并加以运用和验证。如果试验并检验是好的，问题便解决了。如果提出的方法失败了，则上述过程必须全部或部分重新进行。

从华莱士的创造过程的阶段论来看，有些问题并没有得到令人满意的解释。如创造性思维一定要经过这四个阶段吗？如果在准备期问题解决者就想出一个绝妙的办法，是不是就不算创造性思维了？美国社会心理学家艾蔓贝尔从信息加工的角度出发，认为创造活动过程由提出问题或任务、准备、产生反应、验证反应、结果五个阶段组成，而且这五个阶段相互联系，形成了一个复杂的循环系统。

此外，德国心理学家邓克提出另一种创造模式，认为创造性地解决过程由一系列相互联系的心理组织所构成。每一种心理组织都把问题汇总成更狭小、更明朗的陈述。它可以归纳为三个主要层面：（1）一般范围。把原来的问题作一般重述并指出可能解决的方向。（2）功能解决。它缩小一般的范围。（3）特殊解决。这是功能解决的更进一步特殊化，从而最终解决了问题。

### 四、创造心理研究的意义

创造心理作为人脑机能的产物，既是自然界长期演化的结果，又是集体智慧的结晶。作为一个综合性的理论思维，创造心理又是认知心理、人格心理和心理环境系统综合的结果。因此，详细地了解它的机制和方法，有利于我们进一步理解创造心理的本质特征，对于现实生活有重大的指导意义。

#### （一）研究创造心理的理论意义

第一，创造心理可以不断增加人类知识的总量，不断推进人类认识世界的水平。创造心理推动人类认识不断向着未知的领域进军，不断扩展着人们的认识范围，不断地把未知对象转化为已知对象，从而使人们认识的事物越来越多，获得的知识越来越丰富，不断地增加着人类的知识总量。

第二，创造心理可以不断提高人类的认识能力。创造心理的过程同时也是一个锻炼思维能力的过程。人们为了获取对未知事物的认识，总要不断地探索前人没有采用过的思维方法、思维方式去进行思考，总要独创性地寻求没有先例的办法和途径去正确而有效地分析新事物、解决新问题，人们也可以从中获得新的认识和思维方法，从而极大地提高认识未知事物的认识能力。人类正是通过不断进行的创造心理活动，来提高认识世界和改造世界的能力。

第三，创造心理可以为人类实践活动开辟新的领域。与创造心理相伴随的是勇于探索和开拓的精神，在这种精神的支配下，人们往往不满足于现状，不满足于已有的知识和经验，总是力求探索客观世界中还未被认识的事物，并用以指导开拓新的实践活动，从而不断开辟出改造世界的新领域。

第四，创造的成功，又会激励人们去进一步进行新的创造。创造心理不仅可以给人们带来无穷的乐趣，而且成功的创造还会不断提高人们的信心，激发起更大的热情和干劲去继续从事新的创造活动。

（二）研究创造心理的实践意义

人类的创造成果，可渗透各个领域，如政治、经济、科技、文化、教育、艺术、体制等等，对人类社会发展有巨大的推动作用。

1. 突破旧的思想观念，为社会发展扫除障碍。人们的创造性活动，必然会产生不同于传统观念的新认识，突破旧的思想观念的束缚，为社会发展扫除思想障碍。例如，在科学史上，“日心说”取代“地心说”的创造活动就发挥了这一方面的作用。

2. 促进社会发生革命性变革。创造活动能够使事物产生质的飞跃，形成一种新的事物。在社会领域，则能促进社会发生革命性的变革。例如，18 世纪中期开始的“产业革命”，于 18 世纪首先在当时资本主义最发达的英国发生，从棉纺织业开始，逐步发展到采掘、冶金、机器制造、运输等部门。80 年代，因为蒸汽机的发明和使用，使英国的产业革命得到了进一步发展，到 19 世纪 30 年代末基本完成。美国、法国、德国、日本等国家也在 19 世纪先后完成了产业革命。这种产业革命，既是生产技术的巨大革命，又是生产关系的深刻变革。它促进了资本主义生产力的迅速发展，提高了生产的社会化程度，使资本主义制度建立在机器大工业的物质基础上，并最终战胜封建制度而居于统治地位。这样，产业的创造革命就使社会形态发生了革命性变革，使资本主义社会这一新的社会制度得以确立。

3. 引发社会各方面产生综合性发展。创造并不是个人的孤立行为，而是有机联系的各个领域、各个方面协调发展的活动。因此，它会引起社会各方面的综合性发展。例如，在我国，经济体制改革的目标是建立社会主义市场经济体制。这一目标的确立，既是对传统计划经济体制的革命，又是对建立在生产资料私有制基础上的资本主义市场经济体制的扬弃。因此，这是我们党在改革开放过程中，领导全国人民进行的一项伟大的创造实践。这种创造，就不只是局限于经济领域的改革，而是在经济、政治、文化、教育、科技等各方面的体制都必须相互配套地进行改革，才能实现。

4. 促使社会发展产生新的飞跃。作为一种开拓性的创造活动，并不是原有事物的简单重复，一旦成功，就可以促使事物产生超常规的飞跃式发展。在社会领域，则会使社会发展产生新的飞跃。例如，美国在 19 世纪一跃成为世界经济强国，就有赖于它的科技创新。这种创造活动开始于惠特尼发明轧棉机。这一发明，使美国在清除棉籽方面的效率提高了一千倍，一下子就超过了印度，成为当时最大的棉花出口国。美国利用出口棉花的外汇收入购买技术和工业品，产生了良性循环。在1860年—1884年间，美国进行了产业革命，依靠吸引英国的资金和技术，一跃成为世界科技中心。到1890年，美国就已成为一个经济大国。创造活动成为美国实现飞跃发展的一个重要契机，也显示了技术创新对于社会发展的推动作用。

## 第二节　创造心理的发展与差异

创造心理的发展与差异，表现在不同的年龄阶段上。皮亚杰认为，心理发展过程是一个内在结构连续的组织和再组织的过程，过程的进行是连续的。但由于各种发展因素的相互作用，人的心理发展具有阶段性。各阶段都有它独特的结构，标志着一定阶段的年龄特征；由于各种因素，如环境、教育、文化以及主体的动机等的差异，阶段可以提前或推迟，但阶段的先后次序不变。皮亚杰还认为，各阶段的出现，从低到高是有一定次序的，且有一定的交叉。每一个阶段都是形成下一个阶段的必要条件，前一阶段的结构是构成后一阶段的结构的基础，但前后两个阶段相比，有着质的差异。这种差异又是从哪儿来的呢？皮亚杰认为，在环境教育的影响下，人的动作图式经过不断的同化、顺应、平衡的过程，就形成了本质不同的心理结构，这也就形成了心理发展的不同阶段。

皮亚杰的心理发展理论也可以成为创造心理发展的依据。在不同发展阶段，个体创造心理的发展任务不同，生活事件的意义也不相同。儿童期是自我探索和才华展露的阶段，是个体主动性形成的重要阶段，早期的经验积累对个体主动性的创造活动具有重要意义；少年期是一般成就形成的基础，这一时期的关键是创造意识的形成；青年期是个体主动性与一般成就基础共同发挥作用并产生创造成果的时期，有效地鼓励与支持有利于创造活动的顺利进行；成人期是科学创造的黄金阶段。

### 一、儿童创造心理的发展

在过去的心理学中，创新能力的研究对象仅仅局限于少数杰出的发明家和艺术家。近30年来，众多的研究者发现：创造能力是一种连续的而不是全有全无的品质，包括每个儿童都有创造性思维或创造能力。心理学家通过实验研究发现，幼儿就有创造能力的萌芽，这种发展表现在幼儿的动作、言语、感知觉、想象、思维及个性特征等各方面的发展之中，尤其是幼儿的好奇心和创造性想象的发展是他们创造力形成和发展的两个最重要的表现。儿童入学后，想象获得了进一步发展，有意想象逐步发展到占主要地位，想象的目的性、概括性、逻辑性都有了发展；另一方面，想象的创造性也有了较大提高，不但再造想象更富有创造性成分，而且以独创性为特色的创造性想象也日益发展起来。

11～16岁的青少年在学习中不断发展着创造能力。他们的创造力不再带有虚幻的、超脱现实的色彩，而更多地带有现实性，更多地是由现实中遇到的问题和困难情境激发的；这一阶段的青少年的创造能力带有更大的主动性和有意性，能够运用自己的创造力去解决新的问题，他们的创造能力更为成熟。

随着年龄的增大，科学创造力及其各成分呈持续发展趋势，但并非直线上升，而是波浪式前进的。具体来讲，第一，从11岁到13岁，创造性的物体应用能力、创造性的问题提出能力、创造性想象能力、创造性的实验设计能力及科学创造力平稳增长，迅速发展。对于其他几种能力，虽然出现了下降，但总体上还是上升的。11到13岁是青少年科学创造力迅速发展的关键时期。第二，在14岁时，除创造性的问题解决能力之外的所有科学创造力的成分均有所下降，到15岁时又回升。

美国心理学家Torrance在美国明尼苏达州对小学一年级学生至成人进行了大规模有组织的创造性思维测验，结果发现：儿童至成人的创造性思维的发展不是直线的，而是呈犬齿形曲线，总共有四次突变或停滞的创造力“低潮”，依次是5岁、9岁、13岁和17岁。日本学者潼次武夫的研究也得出了类似的结果。我国心理学家林崇德等人的研究结果与托兰斯的研究结果基本相同，但对于青少年的科学创造力来讲，下降发生在14岁，比托兰斯的结果推迟一年，这可能是因为科学创造力与科学知识密切相关，儿童在小学阶段所学的科学知识非常有限，从初中开始，科学课的课时增加、内容加深、范围更广，从而由于科学知识的增加推迟了科学创造力下降的年龄。

关于儿童青少年创造力发展中的“低潮”现象，研究者们的意见较不一致。林崇德认为，产生创造力发展中的“低潮”现象的原因主要有三个方面，一方面是在身心发展的过渡阶段，青少年容易受社会习俗的压力。14岁正好是少年向青年过渡的时期，他们的逻辑思维能力从经验型向理论型过渡，因此，很容易受社会压力、学校压力、老师压力及同伴压力等的影响而产生不安全和不可靠的感觉，进而限制意识、产生动荡，使得创造性思维更加困难；另一方面，“锁闭性”是这一阶段青少年显著的心理特点，虽然他们的内心世界非常复杂，但不轻易表露出来；还有，在教学中，教师不太重视发散思维能力的培养，虽然随着年龄的增大，逻辑思维在不断发展，而创造性思维的重要成分——发散思维能力未必提高。由于这些原因，致使14岁青少年的科学创造力下降。

## 二、青年创造心理的发展

处于前青春期和青春期的青少年一旦发现自己的精神世界和内心隐秘，便会出现关键性的内向转变。他们开始通过前所未有的丰富体验来观察自己，并以质疑和探索的态度面对自我，接纳自我，从而形成以个人信念、价值观和世界观为特征的人格核心，并以此决定自己今后的行为。有人曾经对几组有创造成就的成年人和青年人的个性特点加以对照，并将其同创造性极少的人们加以比较后发现，有创造成就的人们具有这样的共同特点：发达的感觉和知觉、天赋的反应、依靠自身的力量、丰富的情感、独立工作的愿望，同时满怀信心且性格稳健而刚毅。而和成年人相比，青年人的这些质量集合在一起，更能产生创造的积极性。这是因为，青年人善于从通常的概念和框架中解放出来，寻找新的联想和尚未开辟的道路；另外，青年人具有一定的自我监督、一定的组织性和一定的自我控制的能力。

智力的发展也为青年人的创造心理发展准备了条件。心理学家发现，青年和少年相比，其理论思维有了很大的发展。要使青年人相信某一观点，就必须有理有据、令人信服的论述。青年人对自己的思考也应常常加以批判性的考察。他们不仅善于深入思考事物的现象和本质，而且能在思考中援引过去的知识经在青年创造心理的发展过程中，青年人的自我意识、自我评价、自我教育和自我控制等能力起了重要作用。

青年的创造心理虽然已达到了很高的水平，但由于青年的知识还不够丰富，经验上还有欠缺，特别是缺乏社会生活实践，因此他们的创造心理也还存在很大的不足。这些不足主要表现在：

第一，想象丰富，但有时脱离实际。青年的创造想象是十分丰富的。他们能够借助想象来追溯历史，憧憬未来，渴望有所创造。但他们有时不顾现实生活实际，想入非非，试图不经过艰苦努力就在短时间内创造出新的理论和产品，结果搞得自己精神紧张，思想混乱，既耗费精力，又虚度时光。

第二，思维敏捷，但有时不善于掌握方式。创造思维可以有很多方式，如反向思维、模拟思维、发散思维等。青年人不善于有意识地去掌握这些创造性思维的方式，而是采用一种单一的、直达的或垂直的思维方式。当具体到某一个问题时，他们的思维是很敏捷的，可以在短时间内产生大量的创造性思维。但他们的思维往往局限于这一领域或问题范围之内，不会跳出这一范围，灵活地、全面地、辩证地思维，显得有些固执己见，不会变通。

第三，有灵感，但有时不善于捕捉。青年人思维敏捷、活跃，常常有灵感的迸发。但由于灵感是一种稍纵即逝的思想，青年人往往忽视它的存在。灵感出现时，他们并不力求把握它，而让它白白溜走，以至于以后重又陷入迷茫之中，重新开始艰苦的探索。

第四，想创造，但有时不善于利用创造条件。青年人周围往往存在许多有利于激发他们创造思维的良好条件，如设备精良的实验环境、知识经验丰富的教师等。但青年人不会利用这些条件，只是自己冥思苦想，而不去向他人请教；只重视书本知识，而忽视通过实验获得的资料等等。

鉴于青年人的不足之处，应该对青年人创造心理的发展进行相应的培养。培养青年创造心理的方法可以是多种多样的，培养青年的兴趣、好奇心和求知欲，激发青年的创造动机；丰富青年的生活经验，使青年在知识和经验的基础上进行广阔的想象；培养青年合理构造思维的能力，使青年掌握一定的行之有效的创造性思维方式；培养青年积极而稳定的情绪和坚强的意志以及强烈的事业心和责任感；培养青年捕捉“直觉”、“灵感”的本领；培养青年合理利用各种有利条件进行创造的能力等等。

### 三、成人创造心理的发展

青年学研究表明，青年期后，个体就已基本成熟，然后进入到成人期。成人期历程很长，但各种心理活动和心理现象发展变化却很缓慢。有人把成人期分为成人前期（21～35 岁）、成人中期（35～50 岁）、成人后期（50～65 岁）和老年期（65 岁以后）几个阶段，前期中前一个阶段常被划归为青年期。

人进入成人期，生理和心理方面会发生很大变化。各种生理机能在成人初期达到完全成熟，活动效率达到顶峰。持续一段时间后，各种生理机能开始下降，到了中年期，体力、视力、听力日益下降，脱发、白发、牙齿松动等老化现象开始出现并渐趋严重，肝、肾、胃、肠等机能降低，疾病增多。各种心理能力在青年期已达到顶峰。成人前期及中年期的前半部分，少部分心理机能仍维持这一状态，大部分则已开始衰退。成人的观察力、记忆力、注意力等已不及青年期；思维的敏捷性、灵活性等思维质量不如青年期；智力上，成年也比青年有所下降。

虽然成人的生理机能和心理机能都比青年期有不同程度的下降，但成人的创造心理并没有迅速下降，在较长时间里仍保持着很高的水平。这是因为，在成人期，虽然身心机能衰退了，但知识经验和熟练技能却在不断增长，并日益发挥着重要的作用。随着岁月流逝，那些随意的、不太重要的东西从记忆中渐渐消失，而重要的、本质的东西成为记忆中的精华。学习的速度虽然放慢了，但思维的深度却增加了，思维也更加全面灵活。成人的意志质量高度发展，毅力更大，坚持性更强，工作更具有目的性。由于有了经验，成人在工作中更具有自信心和安全感，工作效率高，因而能充分发挥创造性。

美国对受过高等教育而从事医生、工程师、作家、学者等工作的 40 岁以上的人进行调查，发现他们具有如下一些倾向：

其一，对于从事不同种类工作、改变居住地的兴趣减少了，而对有组织的工作或一定劳动时间的工作的关心增加了；

其二，激烈的体力活动的兴趣减少了，兴趣从娱乐转向了有教养的活动方面；

其三，注意到了孤独状态，喜欢与少数亲密的朋友来往，而不想去认识更多的熟人；

其四，对不喜欢的人的宽容度减少，而对喜欢的人表示了比以前更大的好感；

其五，更喜爱大自然，喜欢养花育草和旅行；

其六，随着年龄的增长，更注意自然界生物的成长。

在这些倾向的支持下，成人期成为一个工作效率极高、创造心理极为旺盛的时期。由于这些倾向的影响，成人在进行创造活动时可能更注重知识经验的作用，因而易受思维定势的束缚，在创造活动中有时不敢过于创新，使其创造思维成为“戴着枷锁的跳舞”。尽管如此，大量的研究结果还是表明，成人期是人的一生中最富于创造成果的时期。创造心理的高峰从青年期开始，一直持续到成人期的很晚的时候。即使在老年期，也有人仍然做出了重要的发明创造。

成年人的创造心理趋向于早熟，在30多岁达到高峰，但在不同的领域存在着较大差异。例如在数学上取得成就要早于在哲学领域取得成就，莱曼从20世纪30年代开始从事人的创造心理发展的研究。他研究了几千名科学家、艺术家和天文学家的年龄和成就，认为25～40岁是创造的最佳年龄。1942年，他又对52位哲学家进行分析，发现最佳创造年龄为35岁。莱曼进一步研究了从事不同学科的人的最佳创造年龄，得出以下结论：

各类人才最佳创造年龄

| | |
|---|---|
| 化学家 26～36 岁 | 数学家 30～34 岁 |
| 物理学家 30～34 岁 | 哲学家 35～39 岁 |
| 发明家 25～29 岁 | 医学家 30～39 岁 |
| 植物学家 30～34 岁 | 心理学家 30～39 岁 |
| 生理学家 35～39 岁 | 作曲家 35～39 岁 |
| 油画家 32～36 岁 | 诗人 25～29 岁 |
| 军事家 50～70 岁 | 运动健将 25～30 岁 |
| 小说家 30～34 岁 | |

1935年，罗斯曼对701位发明家的研究发现，发明家的最佳创造年龄是25～29岁，但完成最重大的发明的平均年龄为38.9岁。

1946年，亚当斯调查了4万多名科学家的研究成就与年龄的关系发现，他们产生最优秀作品时的年龄中多数在43岁，其中少数在30岁以下。亚当斯还发现这个年龄中大多数在不同时期有高度的稳定性。

17～19世纪中，每个世纪的科学家产生最优作品的年龄中大多数都是42岁，只有20世纪是44岁。因此，亚当斯认为，最优秀的作品多半是在40岁的早期产生的。

佩尔兹和安德鲁斯研究发现，人的创造活动有两个高峰期：第一个高峰期是30岁后半期至40岁后半期，第二个高峰期是55岁左右。创造心理在40岁后半期以后就停滞了，到55岁时又活跃起来。对于第二个高峰期出现的原因，佩尔兹和安德鲁斯解释为：55岁时，人已渡过了身心多变的更年期，迎来了家庭、经济和地位的稳定，又重新积累了知识，对工作充满信心和责任感，从而引发出强烈的创造欲望。

丹尼斯研究了100位寿命在70～79岁和56位80～89岁的科学家发表科研论文的数量的情况，结果发现，他们在20岁时发表论文的数量很少，30～59岁期间则相当多，平均每人每年有两篇，而到60～69岁时论文数量减少了20%。对科学家而言，创造心理在中年期达到高峰，40～60岁之间则保持相对稳定，60～70岁呈相对下降趋势，但60～70岁期间的创造心理仍高于20～30岁期间的艺术家除外)。

我国的研究工作者也研究了创造心理与年龄的问题。张笛梅和王通讯等人对公元600年到1960年期间的1243名科学家的1911项重大创造发明进行了研究，结果表明，中年早期和中年中期是发明创造的最佳时期。王极盛等人研究发现，中国科学院学部委员中年时代的创造心理明显高于青年时代，一般科技工作者中年时代的创造心理也高于青年时代。

在老年期仍能做出创造活动的人也是很多的。我国的医学家和药物学家李时珍61岁才写成巨著《本草纲目》；明代思想家李贽54岁才开始著书立说，并分别于64岁和73岁时，完成了《焚书》、《藏书》两部著作；条件反射学说创始人巴甫洛夫发表《大脑两半球机能》讲义时已经76岁；古典管理理论创始人之一的法约尔发表《工业管理和一般管理》时已经75岁。据1984年统计，年过70岁而荣获诺贝尔奖金的科学家有15人之多，其中75岁以上荣获者5人，80岁以上荣获者3人。美国的劳斯因首次发现致癌病毒，于1966年获奖，时年87岁；奥地利的弗里斯以动物行为研究于1973年获奖，时年86岁；美国的麦克林托克因为发现了转座因子，于1983年获奖，时年81岁。

为什么人在老年期仍有卓越的创造力？日本的长谷川和夫认为：

第一，人的能力发挥上，需要天赋的素质，同时要有广义的教育及经验的积累。

第二，人类要比其他动物有更长的被保护期，身心发展的平衡、社会化的时间更长。

第三，人的社会活动是多样化的，各种能力都有充分发挥的机会。

第四，人的发展不单纯是身心的发育，而是采取综合其发展成果以发挥人的特有能力的发展方法。

因此，人的能力的发挥和生理上的发展未必是处于平行关系。老年人通过几十年的学习修养，更深刻地认识了自然与社会，更深刻地认识了人生的意义与价值，因而更具备创造的热情。他们往往知识渊博，功底深厚，既通晓学科发展的历史，又深刻洞察现实的问题；善于把握学科发展的趋势，了解学科发展中的尖端问题，综观全局，站在时代的高度，利用各种有利条件，解决学科发展中最迫切的重大课题。老年人的理论思维较强，具有广阔的思维跨度，能开拓和打通不同领域间的关系，进行大范围、多方向、多角度的思维，从而不断地有所发现、有所发明、有所创造。

曾有人认为，一个人如果在青年时代显露出高超的创造力，则在成人期，尤其是老年期，他的创造力会有所衰退。然而大量研究结果都否定了这一说法。美国的推孟从 1921 年开始对 1528 名超常儿童进行了 30 年的追踪研究，结果发现，这些人的死亡、健康不良、精神病、酒精中毒与犯罪发生率都比同龄人低。这些人当中没有发现在青年后期出现愚笨行为。推孟对其中 800 个中年男子的跟踪调查表明，早熟不会引起早衰；这 800 个人的智力水平和所取得的成就与 800 个同龄的普通人相比几乎高出 10～20 倍，甚至达 30 倍。

日本东京大学的渡边茂教授研究指出，若人的一生为 81 岁，那么可以这样划分：第一阶段为从出生到 27 岁，这是“成才时代”，是人们积累知识、经验和择业的时代；第二阶段为 27～54 岁，是“活跃时代”，是人们进一步学习知识，培养能力，发挥才干的时代；第三阶段为 54～81 岁，是“充实时代”，是人们对一生进行思考总结的时代。这种划分表明，即使到了老年，大脑也未必衰退。只要有顽强的毅力，老年人也完全可以像青年和中年人一样有所创造，再出成果。

美国罗切斯特大学的科学家解剖了 15 名刚刚死去的病人的大脑，其中 5 位是中年人，5 位是正常老人，5 位是因衰老而死的老人。他们运用电子计算机控制的显微镜来分析人脑中细胞的结构。结果发现，正常老年人的细胞结构都优于中年人。这更从生理事实上证明，人的大脑并不一定随着年龄的增长而衰退。

总而言之，大量研究材料都表明，人生最富有创造性的“黄金时期”，似乎是从青年期开始一直持续到中年前期，即大约在 25～45 岁之间，但并不意味着这是创造力辉煌的唯一时期，高水平的创造力在任何年龄段都有可能产生。

## 四、创造心理发展差异的研究

创造心理研究的经验和事实表明，创造心理的发展既有一般的、共同的趋势和规律，又有着较大的个体差异。这些差异表现在各个方面，如创造力水平的高低，创造力表现的早晚，创造力类型，创造力的性别差异等。

### （一）创造心理发展的性别差异

不同性别的个体在创造心理上存在着一定的差异，这已为大量事实所证实。在那些富有创新精神、才能杰出、成果巨大的人中，男性通常占绝大多数。在古今中外的杰出的科学家、发明家、思想家中，女性非常少见。造成创造心理性别差异的原因是多方面的，既有生理、智力等方面的原因，也有社会环境等方面的原因。

1. 生理差异的影响

男女之间的生理差异在一定程度上影响着男女之间的心理能力及行为表现的差异。这些差异主要有染色体遗传因素差异、性激素差异和大脑功能差异等。在染色体方面，女性第 23 对性染色体由两个 X 组成，男性第 23 对性染色体由一个 X 和一个 Y 组成。因此，女性比男性接受更多的来自父母的显性遗传物质，而男性更易获得隐性遗传疾病。性激素包括男性性激素和女性性激素，它主要在两个阶段影响性别差异。在胎儿期，性激素促进肌体神经系统和生殖系统的结构的永久性改变，还可能影响大脑半球的单侧化和脑组织的潜能，使女性的大脑对语言信息较为敏感，男性的大脑对空间信息较为敏感。在青春发育期，性激素启动机体早就决定好了的性别上的生理和心理的倾向性。

男女差异在大脑两半球的功能上也有表现，一般来讲，女性左半球发达，所以语言能力强；男性右半球发达，所以空间能力强。有研究发现，婴儿在听音乐或听童话故事时，男婴反应部位在右半球，女婴则在左半球。另有研究认为，男性的脑功能比女性更加单一化、专门化。

2. 智力差异的影响

智力与创造力有着十分密切的联系，智力方面的性别差异也会影响到创造心理的性别差异。关于智力的性别差异，人们普遍认为，男女智力在总体上并无差异，无优劣之分，但在智力的不同方面则有着较大的差异。在智商方面，男女的平均智商没有差异，但男性的标准偏差很大，男生成绩优秀者和落后者都多于女性，女生则是成绩中等者较多。在智力发展的年龄倾向方面，智力的性别差异在学龄前还不明显。从学龄期开始，女性智力明显优于男生。到了青春发育期，女生的优势开始减弱，男生的智力逐渐超过女生，并且随着年龄的增长，男性的优势渐趋明显。在智力表现领域方面，女性较长于语言表达力、知觉速度和形象思维，男性较长于空间、数学能力和逻辑思维。这些智力差异都影响到创造心理的性别差异。

3. 社会环境因素的影响

(1) 性别角色

性别角色是指男性或女性在一定的社会和文化中形成的、被该社会和文化规定的、适合于男性或女性的价值、动机、人格特征和行为方式的总和。不同的性别角色有着不同的甚至相反的要求和内容。在家庭中，家长对不同性别的后代有不同的抚养方式和态度。

我国的一项调查表明，父母在给孩子买玩具时，57%的父母给女孩买娃娃之类的玩具，给男孩买这类玩具的只有11%；59%的父母给男孩买刀枪之类的玩具，给女孩买这类玩具的只有18%。在学校中，教师及传统的教育思想对不同性别的学生有不同的要求。教师中女性占优势，男生缺少男性老师做榜样。学校要求女孩子听话、安静、文雅，而要求男孩子活泼好动、灵敏。大众传播媒介大量展示着男女性别的各自典型特征，从而长期地、潜移默化地对性别角色起着影响。性别角色的差异影响到创造心理的差异。

在人们的性别角色观念中，男性应该积极进取、果断、独立、理智、喜欢冒险、竞争性强、自信、不怕打击、善于解决复杂和有创造性的问题；女性应该贤惠、竞争性弱、依赖性强、易受暗示、富有情感、成就动机弱、推理能力差、适于解决一般的和非创造性的问题。这些观念的存在影响着创造心理的实际的发展，从而造成创造心理发展中的性别差异。

(2) 不同的年龄阶段的表现

在学龄前期，女孩发展（智力上）优于男孩，相应地，在创造力发展上女孩也优于男孩。女孩的早期优势主要表现在语言能力上。女孩不但说话早，而且发展也快，这使得她们比男孩较好地掌握一些概念、表达自己的思想、与人交往、善于观察周围事物和人与人之间的关系，领会他人的意图，体察他人的情绪、情感的变化。因此女孩的人际知觉能力和敏感性大大超过男孩。在思维发展上，整个学龄前期女孩子都处于领先地位。这是因为直觉行动思维和具体形象思维是这时期儿童的主要思维形式。而女孩子感受性高，语言能力发展较快，对具体形象的联想较丰富，第一信号系统活动占优势，比较适合直觉行动思维和具体形象思维的发展。

到了小学阶段，由于心理和生理的变化，家庭和社会的各种影响，以及学校教育的作用，男女儿童的创造力都有所发展，但两者之间仍存在差异，女生的创造力仍优于男生。女生无论掌握知识还是智力发展都优于男生，这一方面是因为女孩比男孩早熟一二年，懂事早，学习勤奋。另一方面是由于小学学习任务和智力发展的任务与女生智力发展相一致。这时的女孩较之男孩身材高大，举止成熟，她们感到自己处处比男生强，因而比男生更有优越感，更有能力、有主见，也更喜欢思考问题和解决问题。

中学男女生除在推理思维能力上没有明显差异外，其他因素都是男生高于女生。特别是解决问题思维能力，男生明显高于女生。到中学后期，创造力发展基本上处于稳定的水平。这时的男女创造力差异可以从创造性想象和创造性思维两方面来分析。青年女性比较偏重于人以及人际关系和言语活动，因而其想象更容易带有形象性的特点。而青年男性的表象比较偏重于物以及物与物之间的关系，语言活动更重视逻辑规则，因而其想象更具有抽象性的特点。

青年男女想象的这种差别在形象性较强的创造想象中并不明显，但在新颖、独创、奇特的抽象性较强的创造想象中则比较明显，青年男性好于青年女性。在创造性思维方面，青年男女创造性思维的类型和倾向不同。一般来说，青年女性的思维比较偏向于形象思维类型，更习惯于用形象思维来解决问题；青年男性的思维比较偏向于抽象思维类型，更习惯于用抽象思维来解决问题。在思维的灵活性和创造性上，青年男性明显优于青年女性。青年男性在处理问题的过程中善于随机应变，用多种办法处理同一问题，举一反三、触类旁通的迁移能力较强。青年女性则更容易受思维定势的束缚，喜欢寻找按照“标准途径”得出的“正确答案”，而不习惯去寻找“标准途径”以外的其他解决问题的方法。青年男性善于在新异的或困难的问题面前采取独特、新颖的对策，着重理解和探究问题。青年女性则更容易墨守成规，盲目附和。

（二）创造心理发展中的特殊才能差异

在创造心理发展过程中，不同的个体可能在不同的领域，不同的方面表现出较高的创造性。如，有的人擅长语言，有的人擅长绘画，有的人擅长音乐，有的人擅长运动，等等。这些在特定领域里表现出来的较高的创造力被称为特殊才能。不同的个体所具有的特殊才能是有差异的。

在心理和教育科学研究中，研究者常把相对于儿童年龄发展早、发展好或有突出表现的语言方面（包括听、说、写）的才能称作儿童的特殊语言才能。儿童的特殊语言才能表现出以下一些特点：

（1）语言开始发展的时间比较早。儿童出生后的第一年是言语发展的准备时期，一般的儿童在这期间只能模仿声音，并听懂 20 个左右的词，但不会讲话。而具有特殊语言才能的儿童不仅会讲话，而且语言清楚，语句完整。

（2）语言发展特别迅速，词汇比较丰富。幼儿期儿童一般能掌握 1200 个词汇，而特殊语言才能的幼儿则能掌握大量的字和词汇，口头语言和书面语言发展也很快。

(3) 语言的感受能力、表达能力和综合运用能力发展迅速。特殊语言才能儿童在很早的时候就能够编故事、写短文。如，有的儿童 4 岁时就能编故事，4 岁 10 个月开始写日记语言通顺、生动、完整，还能用比较抽象的字词组词造句。

在数学理解和运算方面具有杰出能力的儿童被称为特殊数学才能儿童。这些儿童具有以下主要特征：

其一，掌握数字概念的时间比一般儿童大大提前。一般来讲，在 3 岁以前，儿童主要掌握 5 以内的数，其发展规律是以辨数再到点数；3～6 岁的幼儿对于 2 以内数概念的掌握达到稳定水平；小学低年级（7～8 岁）初步形成 3 位以内的整数概念系统；中年级（9～10 岁）时，整数、小数概念系统处于形成和巩固过程中；小学高年级（11～12 岁）基本掌握整数、小数、分数的概念系统。但具有特殊数学才能儿童掌握数概念的时间大大提前。有的儿童 4 岁 11 个月就掌握了小数、分数、负数等概念，且对数概念的本质的掌握已达到熟练程度。

其二，数学运算能力高度发展。具有特殊数学才能的儿童在进行数学运算时突出地表现出其思维的敏捷性、灵活性、深刻性和独创性。譬如，有的儿童 2 岁时就会进行 200 以内数的运算，3 岁知道 1 减 1 等于多少，5 岁时会进行小数、分数的加减乘除混合运算，并能创造出各种运算方法。

其三，具有非常强的数学学习能力。对一般儿童来说，数学知识的增长和数学能力的提高是一个渐进的过程，需要经过多年的学习、训练才能达到。但有些儿童数学知识的增长和能力提高速度十分迅速，远远快于一般儿童。例如，有的儿童 9 岁时就基本上自学完了中小学数学的内容，达到了初中毕业生数学的一般水平，并掌握了高中数学的部分内容。

儿童的特殊音乐才能是儿童在唱歌、谱曲、弹奏乐器等音乐活动中表现出来的杰出才能。布鲁姆对一些钢琴家的调查研究发现，他们在儿童时代就显示出特殊的音乐才能，具体表现为三个显著特征：

其一，早就表现出对音乐的敏感性，有的甚至在摇篮时期就表现出对音乐的自然情感，伴有强烈的情绪反应。

其二，很早就具有理解和表演音乐的才能。

其三，对音乐的辨别能力发展早。约有一半的钢琴家在六七岁时就已经表现出精确的音准。有人综合布鲁姆及有关研究结果，归纳出特殊音乐才能儿童具有的如下特征：能创作编写新颖的乐曲；喜欢音乐活动并寻求倾听与创造音乐的机会；身体活动与音乐的节奏、情绪的变化一致；轻易地记住并重复曲调与旋律的模式；能凭听觉弹奏和演奏背景音响、和声及个别乐器；

能演奏一种乐器，或者表示出要这样做的强烈愿望；有精确的音准。绘画才能是一种非常典型的艺术才能，它由精细的观察力、形象的思维力、高效的记忆力、创造性想象力，对亮度、色彩和线条的敏感力，手的良好运动能力和丰富的表达能力等组合而成。一般来讲，绘画才能需要经过较长时间的认真练习和培养，大约到青年或中年才能达到，但有的儿童很早就表现出杰出的绘画才能。例如，广西的李刚从 3 岁起开始识字和绘画，其心算和书面能力达到了较高的水平；河南的黄某 2 岁时对绘画产生了浓厚的兴趣，8 岁时能画出神态各异、趣味横生的毛驴。国外研究者把具有特殊绘画才能的儿童的特征归纳为：所有空闲时间都用来涂抹描画；表现出非凡的想象力；除了人、房子和花草外，还描画各种东西；能记住事物的细节；对艺术活动有长时间的注意；严肃地对待艺术活动，并从中得到满足；掌握独特的方法解决艺术问题；动用有特色的风格、布局和协调性完成高度创造性的作品；艺术的技能技巧表现出加速的发展；对周围世界具有敏锐的观察；确定较高的质量标准，并反复工作使其创作达到标准。

特殊组织领导才能是指非凡的社会交往、协调管理能力和其他多方面较高水平的能力，如智力、学识、自信、首创精神、坚持性、对环境的洞察力、适应性及口头表达能力等等的综合。由于这种才能是一种非学术性、非表演性、侧重于社会性的能力，因而对它的研究还很不广泛深入，但许多经验和事实表明，这种才能也是一种非常重要的才能。有的儿童在小时候就表现出“非凡”的组织领导才能。有人对学龄儿童中具有特殊组织领导才能的儿童特征综合如下：经常介入某种社会事业中，主动积极地做出贡献；很受同伴欢迎，很容易与儿童或成人产生相互影响；很容易适应新环境；有能力控制别人和指定活动；倾向于对别人的主意和决定抱有希望；倾向于最能被同伴选中；能很好地承担责任，可靠性强；拥有如何完成任务的知识；能很好地表现自己的能力；喜欢别人围绕自己；具有激励他人积极行动的能力。

### （三）中外青少年创造力发展的差异

中外青少年创造力发展的差异研究比较少，尚未形成系统的结论。胡卫平教授曾就中英两国青少年科学创造力的发展状况进行过比较研究，其设计的创造力测验共有七个题目，分别是物体应用、问题提出、产品改进、创造想象、问题解决、实验设计和创造活动，每一个题目考查科学创造力的一个方面。研究者用 t 检验分别比较了 12～15 岁每一个年龄段中英两国青少年在各项目和总量表上的平均数和标准差，结果显示，除在问题解决项目（13～15 岁）、物体应用项目（15 岁）上，中国青少年的得分高于英国青少年，且差异非常显著外，在其他项目和总量表得分上，中国青少年均显著低于英国青少年。这个结果说明中国青少年的创造能力与英国青少年相比还存在一定的差距，出现这种差距与中国的教育观念、教学方法、教师教学水平、课程设置、教学环境等有很大关系。中国的教育重视培养学生精深的知识、逻辑思维、理解能力、统一规范和集体主义精神，而西方的教育更重视培养学生广阔的知识面、创造力、适应性、独立性和实践能力。未成年人是中国未来的建设者，要把我国建设成为创造型国家，首先要把他们培养成为具有创造精神和创造能力的各级各类的创造性人才。这就要求我们应当综合东西方教育的优点，尊重未成年人的个性，对他们实施创造教育。

## 五、天才创造心理的研究

### （一）高尔顿的研究

最早对天才进行科学研究的人是英国的高尔顿。他根据个人所取得的成就与名望来确定天才，认为天才就是那些有智慧、有能力使自己达到一定名望的人。1916 年，推孟将比奈智力测验引入美国，并以智力量表来鉴别天才。他认为，儿童在量表上的智商必须达到或超过 140 分称为天才。20 世纪 70 年代初，美国的西德尼·马兰提出，天才是那些由具有专业资格的人所确认的，由于其杰出才能而有能力取得高成就的儿童。根据这一定义，儿童的杰出能力表现包括六个方面的成就和潜能：

1. 一般性的智慧能力（高智力）；

2. 特殊的学术才能（在一个甘愿做出努力的领域，如数学、科学、语言艺术或外语等，有非凡的才能）；

3. 创造性的富有成效的思维（创造新颖、复杂、丰富思想的非凡才能）；

4. 领导能力（鼓励他人达到共同目的的非凡才能）；

5. 视听和表演艺术（绘画、雕塑、戏剧、舞蹈、音乐或其他艺术追求中的非凡天资）；

6. 精神运动能力（竞技、技巧要求大运动或精细运动协调方面有非凡的才能）。

### （二）推孟的研究

推孟着重对天才儿童所具有的认知特点进行了研究。他对 1528 名智商在 130 以上（平均为 150）的儿童的追踪研究表天才儿童的主要心理特点有：似乎很少对学校抱有消极态度，近一半的天才儿童在入学前就开始学习阅读，其中至少有 20%的人是在 5 岁前开始的，而且大多数是在很少或毫无正规指导的情况下学习的；天才儿童在学习成绩上一般高于其实际年龄的 40%。尽管他们在能力水平上会表现出发展上的不平衡，但他们可能在所有学科上成绩都很优异。相对而言，他们更喜欢较抽象的学科，对实用性学科兴趣较少。他们在早年就表现出迅速的阅读理解、不知满足的好奇心、非凡的记忆、广泛的信息储存、早期会话能力，以及不同寻常的丰富的词汇量。有一半的天才儿童的家长报告说其子女在算术方面有杰出能力，1/3 的家长报告其子女有杰出的音乐能力。天才儿童的兴趣范围很广泛，热衷于收藏活动，特别是与科学有关的搜集收藏。天才儿童读书多，书目广，特别偏爱科学、历史、传记文学、游记、民间故事、资料性小说、诗歌和戏剧，较少阅读历险记、神秘故事、情绪性小说。查子秀等人通过对 50 名超常儿童的追踪研究，发现他们具有这些特点。

1. 认知兴趣浓厚，求知欲旺；
2. 思维敏捷，有独创性；
3. 感觉和知觉敏锐，观察力强；
4. 注意力集中，记忆力优异；
5. 进取心强，自信，有坚持性。

有人把天才分成两种类型，一种是成就型天才，一种是创造型天才。

（三）布鲁姆的研究

布鲁姆及其助手对近 150 名 17～35 岁的，在六个领域（钢琴、雕塑、数学、神经学、游泳、网球）中获得了世界级地位的人进行研究发现，游泳、网球、钢琴方面取得巨大成就的人具有的共同特征：一是非常甘心情愿地花费大量时间和努力以达到高水平；二是在表现出才能的领域中与同伴的竞争激烈，有很强的好胜心；三是表现出才能的领域中能够迅速学习和掌握新技术、新观念和新程序。在数学领域中取得巨大成就。

他们具有以下四种特征：

1. 童年时就经常向成人提出一些实质性问题，并能迅速利用有关这些问题的某些条件进行解答；
2. 在很小的时候就经常长时间从事独立活动，起初是玩积木、玩玩具，后来就能进行科学设计和阅读；
3. 在青春期，表现出依靠大量阅读和观察而独立学习的能力和倾向；
4. 在高中期被认为在数学和科学方面有非凡的才能。

（四）我国心理学家的研究

我国的查子秀等人对超常儿童进行了为期 10 年的追踪调查研究。她们认为，超常儿童的智慧显着高于同龄常态儿童的发展水平，并且具有某方面的特殊才能。超常儿童是儿童中智慧发展非常优异的一部分，他们与大多数智能中等的常态儿童虽有明显的差异性，但又有共同点。超常儿童将来是否发展成为杰出人物，不仅取决于智慧的发展，而且取决于良好的个性质量、个人的主观努力以及合适的社会环境和继续教育的条件。

我国台湾有关专家研究指出，创造性天才具有五方面的特征：

1. 感觉。具有不受约束的感觉，在思考和观念中能进退自如，不拘泥、不固执，当思绪奔腾时，不依价值标准而加以抑制，因此感知范围广，思路变化多，触类旁通，甚至表面上似乎有放任的现象；

2. 独立性。具有较强的自主性不肯轻易附和众议以求困于团体之内，即使感到寂寞和孤独，也能约束自己趋向于达到所欲完成的目的；

3. 幽默感。能以轻松的表现使严肃尴尬的场面变为愉快和欢乐，借此超脱当前的或常规的定型，从而改变旧有观念；

4. 坚韧性。在发现和抵达目标过程中坚韧不拔，锲而不舍，拒绝他人的关怀与劝告，力争获得最后的成功；

5. 勇气。敢于坚持自己的观点，敢于面对社会和团体的压力，以“冒天下之大不韪”的勇气将自己的新创造公布于世。

总而言之，人类中的天才的创造心理可能表现为各种类型、各种特征，有的天才则可能是多种特征的复杂结合。每个天才都有其具体而独特的创造心理。教育工作者应该为他们提供合理的条件和环境，促进他们的创造心理的进一步发展。

## 第三节　创造心理阻碍因素研究

### 一、创造阻碍因素理论

西方心理学家对创造心理阻碍因素的研究比较多，最有代表性的是托兰斯、奥斯本、霍尔曼、辛柏克等人。

#### （一）托兰斯的创造阻碍研究

心理学家托兰斯曾就美国社会文化中，指出五种影响美国儿童创造力发展的因素：（1）过分重视成就，养成儿童不敢有超越常规行为的习惯。（2）在社会团体的生活压力下，个人不能不放弃自我的独特行为，去顺从大众，迎合别人。（3）教师不鼓励甚至阻止学生提出书本外的问题，因而阻滞儿童想象力的发展。（4）社会上过分强调两性角色差异，忽略了女性创造性思维能力的培养。（5）把游戏与工作截然划分，使得工作情境严肃、紧张，因而不能从中养成创造性思维的习惯。

#### （二）奥斯本的创造阻碍研究

心理学家奥斯本对抑制创造力的因素进行了分析。提出了如下的看法：（1）习惯性有碍问题的解决。由于教育和经验阅历的结果，使人们产生一种限制，思考时囿于固定的形式，而且，这些习惯上的限制，妨碍我们运用想象力的方法，去解决新的问题。(2) 自我沮丧是创造力的阻碍。有很多人常会因对自己失去信心而感到失望与沮丧，对任何事情失去尝试的勇气，以致不敢提出自己的看法，而埋没了创造能力。(3) 企求"一致"，阻碍了创造力的趋向。由于怕被别人讥笑，怕被别人视为奇异，因此，凡事企求与别人一致，而不敢稍有不同，因而阻碍了创造力的产生。(4) 胆怯有抑制观念的倾向。一般人常对自己产生怀疑，缺乏信心，因此，即使产生若干观念、构想，也不敢提出，就因为胆怯的心理的阻碍而影响了创造力的发展。

### （三）霍尔曼的创造阻碍研究

心理学家霍尔曼列举了传统教学阻碍创造力才能发展的典型事例，有下列九项：(1) 强迫依从。课程完全依从教师的决定。(2) 权威。禁止自由学习，强制学生只能依指导而行。(3) 嘲笑的态度。教师对于学生的错误，予以讪笑。(4) 教师的固执。使学生不敢表示异议。(5) 以成绩为主。忽略新发现。(6) 过重确切性。只重单一标准答案的寻求。(7) 强调成功。只求结果，不思改进。(8) 反对异常的人格。学生不敢有不同风俗习惯的表现。(9) 截然划分工作与游戏的界限，循规蹈矩，使得不寻常观念无由产生。

### （四）辛柏克的创造阻碍研究

心理学家辛柏克曾提出阻碍创造性思维的三种阻碍，即知觉阻碍、文化阻碍和情绪阻碍。这三种阻碍在人们的创造过程中具有较大的影响，应予以重点研究。第一，知觉障碍。知觉障碍是指对问题缺乏敏感性，无法觉察解决问题所需要的信息，也不能确实看出问题之所在。具体来说，主要有下列障碍：(1) 不能辨析问题的关键，看出问题的症结。(2) 管窥一测。只注意问题的细微处，不能了解问题情境的全貌。(3) 不能界定术语。无法了解语言的意义，也不能传达及了解问题，更难解答问题。(4) 不能在观察时应用全部感觉。不善于应用各种感官去感受。(5) 不能联系远处的关系。不能由一个答案中看出其多方面应用的能力。(6) 不能观察明显之处。习惯从复杂隐晦处观察问题，而忽略明显简单的部分。(7) 不能辨别因果。判断因果时，无法下结论。第二，文化阻碍。文化的阻碍是由于某些既定的模式所造成的阻碍，社会中的习惯、思想与行动要求人们服从所致。(1) 依从承袭的类型，附和多数被传统类型所束缚。(2) 为求实际与经济，忽略了想象力的重要。(3) 过于好问而失礼，多疑和偏见。(4) 过分强调竞争与合作，使人失去个人独特的创造力。(5) 过分相信统计数量，取信于代表性数字，难于明了实况。(6) 过分笼统概括，以偏概全，忽略整体概念。(7) 过分相信理由与逻辑，常担心不能合理或违反逻辑，而限制了创造。(8) 固执己见，不肯接纳别人意见。(9) 所知过犹不及。所知过多，自以为专家，不屑于了解其他方面问题。所知有限，则一知半解。10、以为空想无益，以效果衡量行动，相信徒思无益，以致创造意念无由产生。第三，情绪障碍。多由日常生活压力引起本身的障碍。(1) 害怕失败，不敢冒险尝试。(2) 坚持初起的观念，不愿再多加思考，产生更好的观念。(3) 固执己见，不肯修正或接纳他人的意见。(4) 急功近利，不愿等待和深思，切望成就与结果。(5) 缺乏挑战性，误信墨守成规，抱残守缺为安全之道。(6) 惧上疑下，恐惧高于己者，怀疑同辈或低于己者而终日不安，阻碍创造意念。(7) 有始无终，做事没恒心，好大喜功，终至一事无成。(8) 决而不行，得到问题答案后，不付诸实行，以致前功尽弃。

## 二、创造心理阻碍因素的综合研究

西方心理学家对创造心理阻碍因素的研究，可谓仁者见仁，智者见智。这些研究可以说给我们很大的启发，尤其是辛柏克的创造阻碍研究，不仅将知觉阻碍、情绪阻碍进行了细分，还将社会中习惯、思想与行动规范作为文化阻碍来研究，也就是说，除了心理障碍外，还考虑了环境因素。但是，他与托兰斯、奥斯本、霍尔曼等人一样，并没有将创造心理阻碍因素系统化，即便是个体的心理阻碍因素，也还有进一步完善的必要。

我们认为，创造心理阻碍因素无外乎内在因素和外在因素两个方面，下面我们结合我国实际，分项给予梳理。

### (一) 内在因素

对创造心理阻碍的内在因素主要指认知障碍和人格障碍。

#### 1. 认知障碍

认知障碍主要表现在：对问题缺乏敏感性，无法觉察创造所需要的信息，不能辨析问题的关键，看出问题的症结。不能有效积蓄创造信息，也不善于发散联想，由此及彼，以类相从。不能由一个答案中看出其多方面应用的能力。思维缺乏新颖性、求异性、独立性、多维性。只有模仿，缺乏独创；只有继承，没有创新；满足某些已被人们奉为经典的结论，而不敢打破常规惯例；满足于经验理解和认识，不敢独辟蹊径，提出崭新的有价值的见解；满足于众人正在研究的已知领域，不敢去探求人类认识的未知天地。迷信教条，盲从权威，常常苟同于常人的认识和见解，不敢从不同的角度和层次思考问题。缺乏纵向思维和横向思维的融合，缺乏发散思维与收敛思维的交织和统一、缺乏艰苦思索到茅塞顿开的量变和质变交融渐进的过程。这些认知障碍与创造性思维背道而驰，成为创造心理的主要阻碍。

#### 2. 人格障碍

人格障碍来自人格动力系统和心理特征系统的障碍。

人格动力系统障碍制约人的创造活动的进行、方向、强度和稳定水平，包括需要、动机、兴趣、理想等等方面的障碍。例如，动机障碍主要表现为缺乏创造冲动、缺乏对自我价值的追求、缺乏人的社会责任感；兴趣障碍主要表现为缺乏间接兴趣、稳定兴趣、中心兴趣和精神兴趣等等。

心理特征系统障碍指气质障碍、性格障碍和能力障碍，其中关键是性格障碍。人的性格中存在着许多不利于创造性思维发展的因素，例如：(1) 胆怯。胆怯常常导致害怕困难、害怕失败、放弃努力，失许多创造的机会，并在许多有可能获得成功的创造活动中失败。(2) 自卑。必须善于正确估价自己。过分地自我批评、缺乏自信、消极的自我概念和自我无能力感会使人的思想不是过于呆板，就是缺乏想象力，最终导致创造力的自行封闭。(3) 懒惰。聪明才智、天才都来自勤奋。懒惰不仅使人无所作为，而且会严重阻碍人的创造性思维的发展。(4) 从众。害怕发生问题与矛盾，害怕与众不同，易受外界影响，因而，倾向于不独立思考，不相信自己的创造性思维能力，不相信自己的探索结果和结论。久而久之，就会变得唯命是从，缺乏自己的主见和判断力、创造力。(5) 狭隘。个性力量的充分发挥是建立在个性的完备性和整体性的基础之上的。个性狭隘，只会使人的个性结构不和谐，从而影响才能的发挥。(6) 刻板。刻板、固执和偏见使人目光短浅、思维僵化，往往不易接受新事物、新观点。(7) 骄傲。骄傲会使人观察力的敏感度与思维紧张度降低，好奇心、上进心减弱，使其缺乏制造需要和创造动机，创造性思维也因此受到抑制。

凡此种种，均不利于创造性思维的培养与发展。为此，人们必须建立起健康的个性，在各项活动中既能遵循社会关系和发展的一般原则，又能充分表现自身独立的心理状况和行为倾向，并不断调节自己的性格。

(二) 外在因素

外在因素是指除个体心理因素之外的所有因素，至少包括了自然（社会）环境与人文（精神）环境。所谓自然（社会）环境，是指与创造心理相关的自然元素结构，即由客观条件构成的自然社会空间。诸如地区性的城市、乡镇、农村等自然环境，以及该环境中的教育构成状况如学校、教育设施人员等基础配置。它一方面隐含着人与自然关系的基本状况，一方面又包含了社会福祉等社会基础组织的存在状况，是社会实践改造了的自然的客观的存在实体，它的存在状况又取决于人文（精神）环境的整体水平。

所谓的人文（精神）环境，是指人类社会存在发展对于“教育”的依赖性总体认识结构。它是物质生产等基本社会实践在教育上的积淀产物，而且是社会化了的积淀产物。它是人类社会“物质生产”实践活动总体成果的一个具体体现，也是民族国家文化心理结构的一个具体表现，它代表着一个民族国家的整体教育素质或者教育思想意识的总体状况和水平。经常的是，一个地区的教育风气、教育水平的基础背景，是孩子“创造心理”赖以成立实现的根本性社会基础。

在我国，自然（社会）环境与人文（精神）环境在构成创造心理障碍上，相互扭合，逐渐产生了相对稳定的三大障碍，它们就是：功利观，技术观，物质观。

1. 功利观障碍

功利观，就是对待存在价值的功利取向。

趋功近利是自社会形成以后，由劳动分配不平等产生出来的人类动物性回归的一种表现。历史地看中国人的功利观，只要普遍地以个人目的、个人利益对立的个人功利观社会化，那么这个社会就一定是动荡的腐败的社会。由于基础教育被“社会地位”的激烈角逐逐渐地纳入了从求学到求职的狭长跑道，作为起点，孩子从一出生无形地就意味着要背负起“跃龙门、登龙座”的使命。学校教育的课程主义又被等级体制紧紧地束缚，使得评判孩子的成长状况，只能唯一地以课程学习与掌握的考试成绩［分数］作为基准，实际上就是择优录取和淘汰放弃的分水岭。这样，在产生争相保证或者抢先到达终点的欲求同时也产生了应试教育的功利观，并且，围绕着“通过考试”的各种功利价值、方法、手段等一经产生就风风火火闯九州。

从量变到质变，成为应对功利备战最粗鄙也最有效的方法，因为它最容易让家庭理解接受也最容易让家庭受骗上当。在学习的积累过程中，各种变相的传授内容、传授方法、传授技巧等都能做成交易，供不应求。此时，应试竞争扩大为教育消费竞争就只剩下经济的诱因了。家庭教育功利化，教师职业道德功利化，学校教育功利化，大大小小的功利循环重复、叠加、交叉，逐步地将教育推向唯利是图的商业化。这种教育的功利观自然无情地截断了创造教育的可能。

2. 技术观障碍

这里技术观是指以技术结构应用的观念来对待或者进行教育实践活动。现阶段的技术观主要表现在学校教育和家庭教育方面的技巧性和效率化特征。

学校教育技术观，一面将科学知识浓缩简化为课程表上的学科名称，一面深究课程名称下的传授技术，并进一步地封闭课程学习追求着解题破题方法的技术应用。既满足着应试型学校教育效率化功利性的需要又巩固了教育利益集团的教的地位，从而维护了读书学习、准确地说是课程学习的应试竞争乃至消费的持续存在。这样的教育，培育出来的充其量不过是一个个善于应对考试的熟练技工而已。例如，中国学生的背书和抄写能力、运算速度技巧等量性化的学习本领（死记硬背）绝对世界一流。

家庭教育技术操作，是将孩子成长当做一个空罐子（容器化）强调着读书学习积累的注入主义。这种技术能最大限度地集合着家庭对于教育的情理认识。家长从心底希望孩子幸福成长，不堪孩子背着越来越沉重的书本，但是他们仍容忍目前现状的存在，毕竟不是让孩子去死，只是上学而已。考试的威胁再大也抵不过生存的威胁，人们有无数的理由痛恨应试教育，唯独望子成龙的情结无法抗拒它的横行霸道，因为社会越是不平等望子成龙就越想通过教育成为不平等的直接受益人。这一切，都自觉或者不自觉地蕴藏在中国教育环境的结构关系中，历史地使教育的功利观和技术观走到一起，志同道合地把创造教育挤到一边。

3. 物质观障碍

所谓物质观，就是以物质条件为先决前提来构筑人生存在的意识行为。人口膨胀，贫富分化，地区差距，就业困难等等，都给予当代教育有限的客观存在难以承受的压力。没有竞争就不能维持相对平衡，竞争又发生失控，扩大了教育不平等及社会不平等，教育自相矛盾的特性决定了望子成龙最明智主动的对策，就是现实地只有物质观才能照亮一条孩子竞争参与的跑道。它归纳为：孩子＝钱＋［学校＋教师］，学校乱收费，教师私授馆，教育消费竞争一目了然。然而，在教育的物质观下，经过消费的体验经历而逐渐地形成物态人格的孩子成长，面对着过得越来越庸俗的成年，自然形成自己的物质观。郑永飞院士在本书序中举了一个例子，说2005年考上北大、清华、香港大学的大陆12个高考状元，大多将财富和权力当做人生的价值，从这个测评结果当中，我们看到了中国人为什么拿不到诺贝尔奖的深层原因。“因为没有一种超越对智慧、对真理的要求，这样的教育当然就不可能是一个很高境界的东西，当然也就很难培养出高层次的创新型的人才”（郑永飞）。

以上分析的内在因素和外在因素，直接或间接地阻碍了创造心理的生发。如何遏制并克服这些消极因素，为创造心理的发展创造有利的条件，是本书的主要任务。本书将就这些内在因素和外在因素依次展开，从创造心理的生理基础谈起，就创造与人格、智力、思维、图式等诸多因素进行深入探讨。希望这些探讨，能帮助我们解决创造心理的阻碍因素。

# 第二章 创造心理的生理基础

【知识框图】

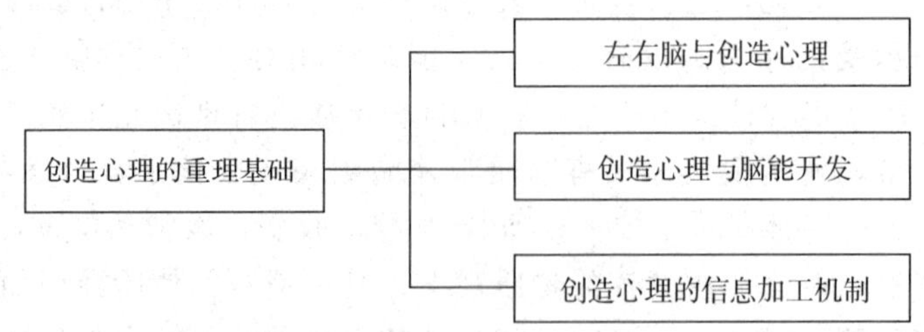


在早期的哲学和心理学中，对创造心理的看法带有模糊不清的灵魂色彩，认为它是心灵主义的超感觉现象。但究竟什么才是创造心理的本质呢？怎样才能拥有较高水平的创造心理呢？这正是本章所要讨论的核心问题。创造心理实际上是人脑的一种反映、一种加工过程，也就是说它本质上是人脑的机能活动，人脑是创造心理的生理基础。因此，创造心理的发展首先应受其大脑发展水平与活动特点的影响，同时创造心理的发展也必须遵循大脑的活动规律。不言而喻，创造心理的探讨，不得不涉及大脑的研究。而人脑是宇宙间最复杂的一块物质，关于它的微妙结构和调整机能，也一直是心理学家们研究的重点，同时近代脑科学的发展及脑知识的丰富，都为我们理解和研究创造心理提供了大量依据和启示。

## 第一节 左右脑与创造心理

### 一、大脑的结构

脑（英：brain，拉：encephalon）是中枢神经系统的主要部分，位于颅腔内。低等脊椎动物的脑较简单。人和哺乳动物的脑特别发达，可分为大脑、小脑和脑干三部分。

大脑包括端脑、间脑、中脑、脑桥和延髓，分布着很多由神经细胞集中而成的神经核或＊神经中枢，并有大量上、下行的神经纤维束通过，连接大脑、小脑和脊髓，在形态上和机能上把中枢神经各部分联系为一个整体。脑各部内的腔隙称脑室，充满脑脊液。

传统中认为人的左右两个半球是结构相同、对称的，但是随着近代脑科学领域的深入研究，大量的事实告诉我们：大脑的左、右两个半球在结构和功能上均具有不对称性，存在一定的差异。如在检测的大脑标本中，有70％标本的颞平面左侧较右侧大，而有10％的标本的情况正好相反，另有20％的标本无差异。同时，还有研究表明，脑细胞水平上的不对称性，比如某一侧具有更复杂的神经元分布等。对这种非对称性的研究，目前已成为神经生物学的重要课题之一。相信它今后的进一步发展会为脑科学的完善与进步提供更多的参考理论依据。

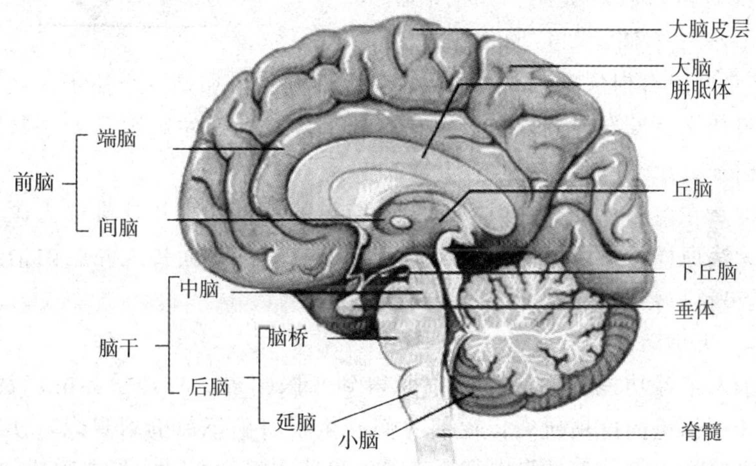


## 二、左右脑功能的差异

正如前面所提到的一样，看似完全相同的大脑左、右两半球，实际上在大小、重量尤其是功能上存在着很大的差异。这种大脑两半球的不对称性称为大脑的“单侧化”。主要表现在左、右两个半球在实现言语、逻辑、空间、数学、音乐、雕塑以及认知等方面的差异性。单侧化的研究为人类认识脑的功能提供了新材料、新依据。

### （一）单侧化的实验研究

1836年，医生戴克思发表的报告丧失语言是由于左大脑半球而非右大脑半球受损害所造成的，是单侧化的最早证明。单侧化的进一步研究是于20世纪60年代在“割裂脑”中进行的。正常人的脑是作为一个整合的整体起作用的，两个半球各自获得的信息，均可通过脑中心的胼胝体内连接两半的神经向对边半球传递。单在某种癫痫发作的病人中，由于胼胝体的连接作用，使一边半球的神经发作，引起对边半球放电，使癫痫发作加剧。通过割裂脑手术，即割断胼胝体在两个半球间的连接桥，可有效的制止癫痫发作的严重情况。也正是在这治疗目的的基础上，两半球变成了独立进行机能活动的组织，也是带来了两半球单侧化的进一步研究。经过多年对裂脑公务研究的斯佩里对裂脑人进行了如下的实验研究。在患者的面前立一道屏障，将左右眼分开，分别将不同的物体和图画出示于左右眼视野内，然后提问。如向裂脑人左眼视野出示一个橘子后，问他：“这是什么?”于是左眼得到信息传入右脑，右脑立即判断出那是一个橘子。但是由于被试右眼什么也没有看到，所以无信息输入左脑，而左脑因此无法判断出那是一个橘子。

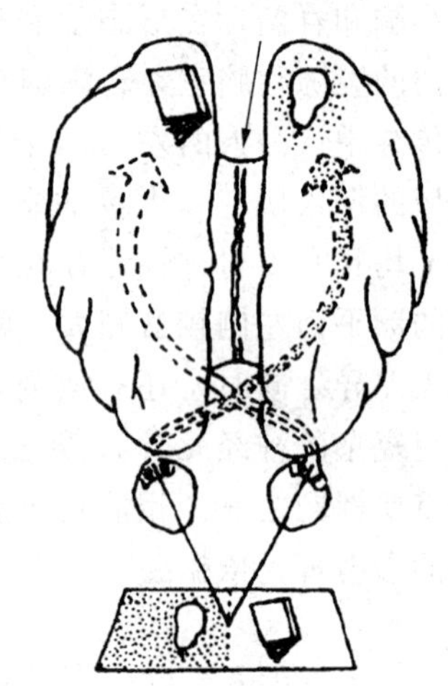

同样，在由右视野范围内出示一些简单的图形和画片让裂脑人画出，差不多都无法原样画出，这是因为判断图形的是右脑，而传入左脑的信息送不到右脑，所以裂脑人陷入了全然无知的境地。

（二）大脑两半球功能的差异

大脑两半球功能不同的科学论断得到了医学界、心理学界的广泛认可。正是由于斯佩里的这项研究，促使我们产生了右脑革命的新观念，使我们开始认识右脑的工作，引导我们沿着正确的道路去探索心灵中那些闲置的空间。

如果进行形象一点的描绘，右脑就像个艺术家，长于非语言的形象思维和直觉，对音乐、美术、舞蹈等艺术活动有超常的感悟力，空间想象力极强。不善言辞，但充满激情与创造力，感情丰富、幽默、有人情味。而左脑就像个雄辩家，善于语言和逻辑分析；又像一个科学家，长于抽象思维和复杂计算，但刻板，缺少幽默和丰富的情感。左右脑两部分由3亿个活性神经细胞组成的胼胝体联结成一个整体，不断平衡着外界输入的信息，并将抽象的、整体的图像与具体的逻辑信息连接起来。奇迹般的事实说明脑功能是一个整体，而且一个半球可以代替另一个半球的功能，半个大脑也能挑起一个大脑的重担。

具体的来说，临床证据表明，左半球除了言语和逻辑思维优势外，在数字计算方面也明显优于右半球，如果将呈现于裂脑人左视野（信息传入右半球），他们只能做20以内的加法，甚至连10以内的减法也不能解答，然而这对于左半球来说是不成困难的。正是由于左半球的这些优势，让人们传统的认定了左半球的统治地位。但随着人们对自身大脑认识的深化，右半球的功能和地位得到了确认和认可。研究表明，右半球是已表象进行思维，是处理形象信息和想象的中枢，在处理非言语性资料和空间课题方面的功能远远超过了左半球。据米勒等人的研究，右脑损伤者不能完成模式识别作业、空间作业（包括视觉的，触觉的和感觉的）和跟踪作业等非言语性课题，而且常导致相貌失认、结构性失认、空间定向障碍、体像障碍等。哈姆弗里的临床观察恰恰证明了右半球这一优势的正确性。奥恩斯丁通过记录被试的脑电记录发现在解决形象问题时，大脑右半球处于活跃状态，而左半球则处于休息状态。因此，右半球在加工空间、图形材料方面存在明显的优势，也就是说它是形象思维的中枢。

而右半球的另一特长是对改变了形式和被支离破碎的事物的再认。对于可以再组成某一形状的若干碎片，裂脑人用左手（右半球）可以毫无困难的重新拼组成一个完整的形状，但右手（左半球）只能进行某些明显的连接，当事物出现残缺、个别细节的变化或形式的改变后，左半球再认就会出现困难。而右半球则不受某些细节的增添或遗缺的影响，不被事物的背景或形式而欺骗，能正确的再认。

彭弗尔德做过如下的研究。他用电极刺激病人的大脑皮层在右半球部位的刺激，常会引起病人梦一般的状态，同时，病人还会出现一种奇异的“双重意识”现象——病人一方面能意识到自己是在手术室中同医生交谈，另一方面又确实存在一些幻觉。而刺激左半球固然能引起各种言语和肌肉的活动，但从未引起过“双重意识”现象。这一研究结果也正是说明了梦与右半球的密切关系，而梦的内容也或多或少的反映了右半球的功能特点：非言语、充满各种想象、缺乏时间顺序等。

如上所述的大量研究事实表明，左右半球在各种具体功能上的差异，并将这些本来主观的推想和假设变得准确与具体，从而更能被大多数人所接受。当然，尽管左右半球在功能上存在着如此的差异，但我们也不能对此做绝对化的理解。事实上，两半球在一些功能上虽存在着主次之分，但一般来说都是相对而言的，而并非一种“全或无”的情况。它们各司其职，又相互密切配合。例如语言功能在词义和连续性方面依赖于左半球，但其声调还需要右半球来控制。因此，左、右半球好比是不同的信息加工控制系统，两者在工作中相辅相成、协调统一。此外，我们还应看到，在大脑两半球功能的差异方面，还有大量的未知事实，有待进一步的探讨。

### 三、左右脑在创造活动中的不同功用

在介绍了人脑左右半球的结构与功能之后，我们了解到右半球并不像传统中认为的是劣势半球，相反的许多诸如具体思维能力、直觉思维能力、对空间的认识能力以及对复杂关系的理解能力等较高级的认识都集中于右半球。这一结论为我们探讨左右半球在人类活动中，尤其是在创造心理的研究中起着重要的作用，也是人类第一次认识到右半球在创造心理中的重要地位。

如前所述，创造心理是多种心理的综合活动，它一般分为四个阶段，即准备期、酝酿期、豁朗期和验证期。下面就让我们根据各阶段对思维方式的不同要求和左右脑活动的不用特点，分析左右脑在创造心理中的不同作用。

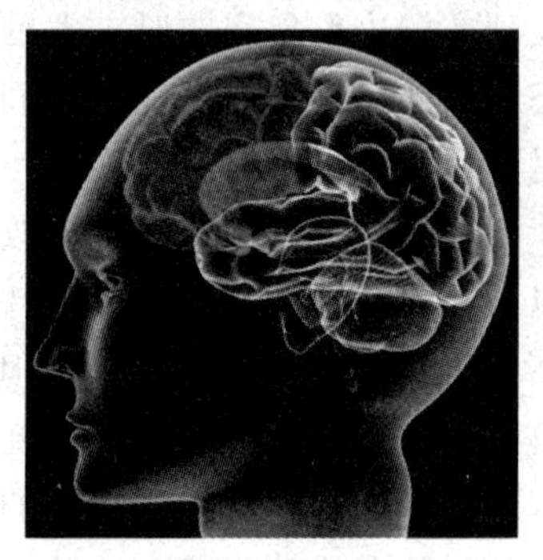

在创造心理的准备期和验证期，左脑处于积极活动状态起主导作用。因为在这个阶段人们需要的是发挥左脑的言语和逻辑思维功能，运用外推、类比、比较、归纳和演绎、分析与综合等逻辑方法，去分析资料寻找问题的症结，确定研究工作的出发点并检验假设形成概念，最后将研究结果系统化，建立起逻辑严密的科学知识体系。而在创造心理的酝酿期和豁朗期，是右脑处于积极活动状态起主导作用。这两个时期需要新知识新观念的产生，因而是创造心理的关键时期。由于新思想产生是不需要固定的逻辑通道，为此，右脑的想象、直觉和灵感等非逻辑思维就需要充分的发挥。

想象，是人脑对已有表象进行加工改造、重新组合而形成新现象的心理过程。在解决创造心理问题时，人们需要揭示事物的本质，把握那些不被人们所感知的事物的隐蔽联系，填补知识链条的空白，创造出不曾有过的新产品。在这一过程中想象的作用是至关重要的。首先，人们需要借助想象去设想事物内部过程的相互联系、相互作用的图景，寻找解决问题的一般性原则和中介环节，从而构思新产品的形象。其次，想象还可以使人们突破传统经验的框条，把握普遍性；透过有限，深入到无限；超过现实的时间界限，推测过去，预示未来；摆脱具体事物的束缚，自由的重新组合。正是想象为人类的思维的行程和发展，提供了更为广阔的自由天地。因此，右半球的想象不仅在文学艺术创作领域，而且在科学研究、技术发明中也起着重要的作用。列宁也认为："否认幻想在最精确的科学中起作用是荒谬的"。1945 年，杰奎斯哈德玛曾向全美著名的数学家寄发问卷，询问其创造过程中的思维问题，研究结果表明，这些科学家既不用言语也不用数学符号进行思考，他们采用

的是运动着的心理图像，以想象的方式进行的。

直觉是人脑基于有限的数据资料的事实，调动一切有用的知识经验，对于出现在其面前的新事物、新现象、新问题的本质、联系及其规律作出一种直接、迅速、敏锐的洞察和初步的整体判断。直觉也是右脑的功能。因为在创造心理过程中，由于问题的空间是不明确的，所需的事实和证据也常常十分有限，而且不存在一条凝固不变的逻辑通道去引导我们按图索骥的构思实验、建立模型、提出假设、寻找解决问题的中介环节，因此，遵循严密的逻辑规律，通过逐步的推理而得出结论的左脑分析式思维方式是难以解决问题的。总之，直觉在整个创造心理过程中无论是确定研究方向选择研究课题识别线索，还是在领悟机遇的价值在缺乏可供推理的事实时决定行动方案等等多方面具有重要的作用。

灵感正是在长期实践活动和思考的基础之上，当思维运动发展到一定关节点时，产生的一种质的飞跃。灵感也是人脑有意无意地出现某些新的形象，新的思想产生一种顿悟，使一些曾集中精力长期反复探索而尚未解决的问题得以澄清的现象。在创造心理的过程中，长时间的准备和积累，与短时间的攻关和突破并存；经久的沉思，与意识的顿悟同在。大量的事实告诉我们，灵感是需要一定启示的。现实生活中无处不隐藏着大量的启示，把这种启示从变化了的背景和改变了的形式中再认出来，这恰恰是创造性突破的关键一步，而这种模式的再认也正是右脑的一大特长。在大多数灵感出现时，主体往往处于长期紧张工作后暂时的松弛状态，例如散步、听音乐、洗澡甚至于是在睡梦中，此时，主体精神放松抑制解除有着丰富的遐想和活跃的想象，而右脑的无意识思维处于积极的活动状态之中。所以，灵感也即顿悟易于涌现。

### 四、创造活动中左右脑的协调活动

前面我们已经提到，在创造心理的四个阶段，第一、四阶段有左脑起主导作用，而右脑在第二、三阶段起主导作用，这是由左右脑功能特点和完成各阶段的主要任务的不同思维类型的需要所决定的。对大多数人来说，左半球在语言逻辑思维和分析能力等方面起决定性作用，而右半球则善于解决有关空间方面的问题，它主管的是直观的创造性的和综合性的活动。当然这种主次是相对的，它并不是意味着在一、四阶段右脑是沉默的，而在二、三阶段左脑是不起作用的。因为任何创造性的产物，都是左右脑密切配合、协同合作的结果，纯粹的左脑思维或是纯粹的右脑思维在创造心理过程中都是极少见的。创造心理活动的每一个阶段都需要左右脑思维的密切配合，只不过在某一具体的思维阶段中，有主有次；左右脑主导地位的转移在整个创造心理活动的过程中甚至是某一阶段都是可能多次发生的。正是因为左右脑活动的协调是创造心理活动的基础。逻辑和结构方面的放松，可以在右脑中使直觉形象思维很有效的产生，但无法进行逻辑评价；因而创造心理同样依赖于左脑的功能去把握一个优秀观点的价值。综上所述，在创造心理活动的过程中，左右脑的功能是相辅相成的，但是在这功能不可分割性的基础上，它们是需要相互统一，相互协调的。正是这种有机的整体配合，让创造心理活动成为可能而且具有价值。

## 第二节 创造心理与脑能开发

经过漫长的社会进化历程，人的大脑成为世界上最复杂的系统，而人类行为也相应具备了极度的复杂性和变异性。现代心理学和脑科学研究表明，所谓量化的脑能提升，是指随着时间的推移，逐渐积累起来的脑能结构，它是人脑的初级结构形态，是每个人最基本的脑能形式。知识经济时代，人类的创造活动，尽管有计算机和各种高科技手段的说明，但是仍然离不开人的大脑的大量功能，认真研究知识经济时代人们创造脑能的提升策略，是 21 世纪开发人们创造力的一个重要方面。

### 一、脑能开发与创造活动

创造心理活动的生理基础是脑的结构和功能，当然需要人脑生理结构处于最佳的活动状态。而人脑的这种最佳生理活动状态应该具有以下生理机制或生理规定：

首先，需要人脑结构中各部位机能性质上的完善性。即需要人脑生理系统的性能的完善与优良。这是形成创造心理活动的前提。其次，需要人脑神经网络功能的层次优良性和最佳协调性。其功能的发挥都处于生机勃勃的生化电位传递变换等反应状态中，从而形成功能最佳发挥的优良状态。第三，需要左右两半球功能的互补性和贯通性。在本章中我们已经提到，左右半球在功能上具有不对称性的同时，又是息息相关的。创造心理活动作为一种高层次的整体性功能过程，从本质上来讲，应该都要借助于抽象思维和形象思维、分析与综合、发散与收敛等各种思维运动的发挥。这就要求人的左右脑必须相互贯通、相互促进和相互协调；第四，需要良好的激活条件和时机。创造心理虽然是属于人脑的普遍属性，但是人脑的创造心理并不是随时随地都可以表现出来的，它可以在人脑中蕴藏几年、十几年甚至几十年。而那些所谓“无创造心理”产生的人，也只是他们的创造心理没有得到开发、没有转变成显性的而已。因此，我们认为创造心理是可以通过专门的学习和训练，通过创造性教育而被激发起来。这为我们正确的理解和认识脑能开发的意义提供了理论依据。脑能质变的枢纽，就是人类的创造活动。孩子大脑天生就有创造力，但在学会自律、学会语言、接受父母的教导、遵守社会的规范之后，这些光华便开始消退了。这些失去的大脑创造力找得回来吗？答案是可以的。若要了解这是怎样做到的，必须先看看这种做法里面的一些主要组成元素是如何完善脑能结构的。

## 二、日常生活与的脑能开发

人才生活如何进行脑能开发？这需要练好以下几个基本功：大脑要补给、生活要和谐、信息要更新。

### （一）大脑要补给

#### 1. 睡眠

睡好是人体健康的基础，是大脑开发的基本功之一。大脑是人体的最高神经中枢，任务重、消耗大，只有睡好了大脑才能补充能量。睡不好就会头昏脑涨，这种现象叫神经衰弱，则不宜进行开发；如不及时改正睡眠习惯，脑神经细胞受到损伤，就会引起失眠、精神错乱等严重疾病。日本医学家渡边正说："生命在于神经。"睡眠的机制人们至今还不完全清楚。据脑电图的分析。正常人的睡眠过程中，存在两种相互交替的脑电波。先是慢波（振幅大、频率慢），睡眠浅，呼吸慢，脉搏、血压较稳定，脑垂体分泌增加，促进身体的合成代谢，使体力得到恢复，人们称为"生理睡眠"；然后是快波（振幅小、频率快），睡眠深，不易叫醒，全身骨骼放松。脑血管扩张，脑血流量增多，脑细胞代谢旺盛，使脑力得到恢复，人们称为"心理睡眠"或"脑的睡眠"。这两种脑电波一夜（按 8 小时计算）反复 4－5 次，成人脑的睡眠占整个睡眠时间的 1/4，儿童占 1/2。儿童脑体还未发育成熟，需要"脑的睡眠"时间更多，有人认为少睡眠、多学习会更有好效果，事实却是适得其反。

#### 2. 补养

必须为大脑补充足够的营养。这里的营养包括大脑能量的补充物枣氧气、食品及水，缺了它们，大脑则无健康可言，也就不会工作了。人们通过食品摄取营养。英国人类学专家认为，人脑能如此聪明，有赖于猪肉、牛肉以及其他食物。随着人类开始懂得用火烹煮食物，使消化系统的负担更少，大脑获得的能量更多，智力也就更上一层楼了。

氧气是生物不可或缺的营养。大脑耗氧占人体的 1/4，缺氧 8 分钟人就会死亡，说明氧对大脑十分重要。

水占大脑重量的 70%，它对大脑是非常重要的。大脑、人体所需的多种营养物质和各种代谢物质大都溶于水。水能把溶解于其中的某些物质“离子化”，这些离子又是脑细胞代谢活动所必需的。水分子本身也参与细胞的代谢活动。但水喝多了也不好，一次喝进大量的水可造成“水中毒”。血液和细胞液被稀释，渗透压降低，水就会渗入细胞、使之肿胀，脑细胞水肿会使颅内压增高，人会出现头底呕吐、视力模糊、呼吸和心率减慢等症状，甚至昏迷，危及生命。所以喝水是一个学问，喝多少、喝什么水、怎样喝。这也是大脑健康的基本功之一。

（二）生活要和谐

生活狭义上是指人于生存期间为了维生和繁衍所必需从事的不可或缺的生计活动，它的基本内容即为衣食住行生活。广义上指人的各种活动，包括日常生活行动、工作、休闲、社交等职业生活。

生活大体上可划为三类，即社会生活、职业生活、家庭生活（除此之外，还有“精神生活”与“物质生活”两大分类法）。生活要和谐，就是要社会生活和谐、职业生活和谐、家庭生活和谐。有研究指出家庭的活力能推动大脑开发，这是从2000多年家庭史实中概括出来的客观规律，掌握这一规律可使脑能开发更加健康，少走弯路。

对创造者说，生活就是不断地创新。他们每天都在尝试着新的试验，设计着新的样式，写着一篇篇文章，计算着……他们都在知识的大海翱翔，使知识不断升级，不断更新。对他们来说，这就是和谐生活。

（三）信息要更新

一个大脑通过信息更新而获得新情感、新思维。它储存于大脑成为脑内信息，它也可以外化为语言文字、歌曲舞蹈、图画雕塑等，脑内信息越多，脑的价值越大。据台湾《联合报》载。科学家研究发现，老鼠体内有一种促进脑力发展的基因，一旦剔除它，老鼠会变笨；但若将它们置于刺激多的环境里就会比刺激少的聪明鼠表现得更优异。而人类也是如此，书读多了，就是刺激多、可以锻炼脑力。所以说，读书是大脑开发的基本功之一。

## 三、脑波调节中与脑能开发

（一）脑波与脑能

脑波与脑能关系密切。脑波指的是神经细胞活动的时候产生的像电波一样的波动。随着人们的意识和状态的不同，波动的频率也不同。根据不同的频率，脑波可分为α波、β波和δ波等等。频率8～12赫兹间的α波出现在人们愉快、舒适的休息、或者冥想的时候。它作为一种安定的脑波出现在头后部位置的枕叶中。β波频率在13～30赫兹之间，人们在读书或者专心思考的时候，β波经常出现在人们的额叶中，又叫做“活动波”或“压力波”。在β

波的状态下，人的行动虽然会更加敏捷，但由于脑力的下降，这时候的集中和记忆力等都弱于α波的状态，而且相对不容易产生有利的创意的想法。α波频率在9～13Hz之间，人的精神处于放松状态，大脑清醒放松，容易集中注意力，创造活动不易受外界干扰；情感积极，精神清晰乐观，压力和焦虑降低，创造活力提升。θ波频率在4～8Hz之间。人处于深度放松状态或浅睡眠状态，也称沉思、冥想状态，潜意识状态。潜意识易受暗示，创造力、灵感易突发，常富于直觉。

如果我们能解决α波和β波协调的问题，促使β波减少，α波生起，那么自然而然会分泌脑内吗啡，胸腺肽，提高对细菌病毒的抵抗力，增强免疫力，产生健康、快乐、兴奋的生理状态。

α波活跃时，大脑高度清醒，即放松又精力集中，即快乐又平常心。α波活跃时，由于某种脑波的同频共振，左右脑可能一生都不会联结的细胞突然间“来电”而得以联结，这种脑细胞的联结为创意提供更多的可能，提供更多的可能即是开发潜能，潜能一旦与现实问题相结合，顿悟和解决问题之能力即是创造智慧所在。

（二）脑波调节方法

如何使β波减少、α波生起，并且较长时间保持在α波状态？一种方法是直接调节脑波，一种方法是间接调节脑波，前者主要是脑波疗法，后者指心理调节法。

1. 脑波疗法

用特殊编制的声、光信号及电脉冲分别作用于人的耳、眼和相关的经络穴位，利用声、光频率的变化，影响、调节人体的脑电活动水平及兴奋水平，从而缓解紧张，控制疼痛。脑波疗法是建立在脑波同步技术之上的。依据脑波同步原理，用专有技术编制的特殊声、光信号及电脉冲，分别作用于人的耳、眼、和相关的经络穴位，利用声、光信号频率的节律变化，影响、调节人体的脑电活动水平及兴奋程度，增强脑供血，从而达到减轻焦虑紧张、生理心理放松、提高注意力、加速学习进程、提高记忆力和创造力。脑波疗法在国外还被称为：L/S疗法（光/声疗法）、AVS疗法（音视刺激疗法）、BWE疗法（脑波跟随疗法）、EEG Biofeedback疗法（脑电生物反馈疗法）、Mind Machine疗法等等。国内的WL－HA－2脑波治疗仪所提供的就是脑波疗法，是一种现代化的自然疗法。

科学技术的发展，特别是“微芯片”技术的发展，使得人们能轻而易举地借助工具来控制、调整自己的精神状态，为声光刺激类产品的研发和商业应用提供了物质基础，并大大促进了该类产品的机理研究，形成了各种理论学说：脑波理论、激活理论、周期律理论、光谱理论、视窗理论、和谐理论、舒曼谐振理论等等；并发展了相应的设计技术和应用技术，我们把这类技术称之为脑波同步技术。几十年来，脑波同步类产品在国外得到了大力发展和应用，作为精神治疗、放松治疗的有力工具，产品名目繁多，商业名称还有同步活力机、智力仪、精神桑拿浴、精神锻炼器等等。功能不断丰富扩大，结合了当今信息产品的技术和特征，强调了个性化和资源共享。

2. 心理调节法

运用人类行为模式理论和心理学研究成果，对心理进行放松调节的技术。

(1) 想象法。可先选择一个比较安静的环境，然后全身放松，闭上眼睛，开始进行想象，一般是想象一些美好的景物、幸福的经历，如想象自己在海边散步，头上是繁星满天，脚下是柔软的沙滩，这时可以充分发挥你的想象力，体会海浪的哗哗声，海风拂面带来的凉爽、潮湿和腥味，脚底踏着沙砾和贝壳的感觉，是柔软还是扎人，接着想象自己在海边小想一下，然后离开海滩回来，深呼吸数次从 1 数到 5，再慢慢睁开眼。此法刚开始进行时，心里不易宁静，但坚持下去就会感到大有裨益。

(2) 音乐调节法。音乐对人的生理和心理有着明显的影响，优美的乐曲可以使人血压正常、肌肉松弛、脉搏放慢，使人感到心情宁静、轻松愉快。不同的音乐会引起不同的情绪反应，因而可以根据自己的情绪状态有选择地欣赏音乐。当心情烦躁、焦虑紧张时，旋律优美、柔和、悦耳的音乐，能够使人情绪安静，感到轻松愉快；当感到忧郁、消沉时，听听节奏鲜明、雄壮有力的音乐能够使人情绪振奋、激昂奋进。

(3) 肌肉放松法。可采用站、坐、卧的姿势，但以卧式为主，在放松之前，先充分体验全身紧张的感觉，然后从头到脚依次放松，同时可伴以想象，如想象一股热流从头顶流向全身，肌肉放松可以使人全身松弛、轻松舒适、内心宁静。

心理调节可以间接改变脑电波状态，完成从 β 波到 α 波的转换。对平息心头怒气，排除心理压抑，提高创造力很有效。这种清净雅致的心理调节方法，是现代人保持身心健康的秘诀，对创造型社会成员尤为合适。

## 第三节　创造心理的信息加工机制

创造的过程，是人脑信息的加工过程。人脑信息有哪些种类？人的大脑如何进行信息加工？创造心理的信息加工过程又是怎样的呢？

## 一、实体和非实体信息

信息从感觉系统进入大脑皮层后，兼具实体和非实体信息两种性质①。

（一）创造心理的非实体信息

人类创造心理信息作为非实体信息在大脑中的运动目的可以大致分成三个方面：一是产生外显行为反应，二是产生记忆，三是产生情绪。

作为第一个目的，信息可以按感觉系统中的相同机理在大脑皮层中运行。输入信息在大脑已经建立起来的神经网络系统中按照一定的路径通过特定的神经子网络系统进行映射处理（即信号有序地流过该子网络系统），然后输出相应的特异化的信息指令到随意运动系统中，产生相应的行为反应。

第二个目的是产生记忆，记忆并不是生命在生存过程中的终极性目的，所以记忆自身还存在目的，其目的是使得生命主体在未来能够（在外来信息刺激下）做出更好的行为反应。要想产生更好的行为反应，只需具备结构更好的神经网络联系，结果就可以实现其终极目的。现实中信号在神经元间流动就会自动地产生或加强突触联系，建立或加深记忆。

第三个目的也可以认为只是信息过程的结果，心理学实验发现，情绪反应与记忆效果及与对外来信息的反应能力之间存在高度相关性，所以可以认为情绪反应具有影响建立神经网络联系的作用及改变函数U（t）＝F（X1，X2，X3，…）中某些影响因素的作用，这种作用具有一定的控制性质。

（二）创造心理的实体信息

作为具备实体信息能力的要求，大脑皮层应该能够随时在外来信息刺激作用下迅速发出恰当的指令，支配随意运动系统做出恰当而又必要的行为反应，同时还要求大脑皮层能够主动地建立新的更好的神经网络联系系统（即新的记忆）。这两种要求都是对神经网络系统提出的，前者要求具备一个达到一定功能状态的网络，后者要求网络可达到的功能不断提升，以适应更高的要求。前者是已有记忆的再现，后者是新的记忆内容的增加。记忆的建立存在主动和被动两种形式，在信息以非实体信息性质运动的过程中，神经元之间会自动地产生突触联系，建立起被动性质的新的记忆；人们还会以记忆某些特有信息关系（即知识）为目的，反复输入知识信息对应的信息内容，使得大脑皮层能够按被动记忆同样的机理产生主动记忆。主动输入知识信息的过程就是学习过程。神经解剖学和神经生物学已经证实，经常受到外来信息刺激的高级动物的神经网络系统比对照组的发达，突起数量和突触数量明显多出很多；神经元的突起会在某些信号的引导下向正确的靶方向延伸。所以

---

① 何克抗．创造性思维理论——DC模型的建构与论证．北京：北京师范大学出版社，2000

“在刺激信号的作用下相应的神经元的突起会延伸发展并建立突触联系”这一现象是毋庸置疑的事实。人类的深度交流就是由种种心灵信息构成。人与周围环境存在大量的信息交流。创造心理信息反映了信息系统的最高水平。从这一点分析，创造心理的形式和内容都影响着人的神经网络的通道和内在关联的质量。

突起延伸必然受到外界环境中各种相关物质的引导。谢志平先生为此假设，新的神经通道由两部分内容组成，一是突起要向正确的方向延伸，二是通过突起延伸已经走到一起的突起之间建立新的突触联络。据分子神经生物学介绍，虽然生长锥在前伸，但很多表现活动都是后退的，同时，膜波纹及其附着颗粒都是由生长锥前缘向后运动的。由此可推断，在肌动蛋白微丝向生长锥中心移动的过程中必然给生长锥中心带来了许多物质内容，这些物质内容是使得微管稳定长出新突起必不可少且不能通过轴浆运输的。另一方面，通过轴浆运输到生长锥中心的物质必然无法独立构成突起生长的充分条件，还必须加上生长锥送来的物质才能构成充要条件。在非胚胎期，突起的生长锥由什么物质引导向什么方向延伸呢？在神经元处于静息状态时，神经元膜处于极化状态，不难证明，处于极化状态下的脂质双层膜对带电荷（无论正负）物质的通透性必然相对较低。相反，当神经元处于去极化状态，膜两侧的电位极化状态会产生减弱、消失、极性翻转等变化（局部电位在胞体和树突内的被动电特性也能使得膜电位减弱），这些变化都改变带电物质的通透性，使得通透性大大提高。如果这些带电物质（或者神经元去极化释放的神经递质）就是引导另一神经元突起的生长锥前行的物质信号，那么生长锥的延伸方向就必然指向该正在进行去极化的神经元。如果建构新突起所需的部分带电物质必须从生长锥中心附近的神经元膜表面吸收（或者生长锥的表面膜也存在极化问题），那么神经元自身的去极化就能够提高这些物质的吸收能力，使得新突起在去极化时相对生长得更快。于是，如果两个正在同时去极化的神经元排出和吸收的物质在突起延伸时正好互补，那么，它们就必然会在同时去极的过程中相互伸展各自的突起。同理，建立突触也同样需要双方去极化过程中产生的物质成分（这些成份在神经元外的扩散性较差，只有两个突起碰到一起才能有效地相互扩散和吸收）。记忆的要求是把相关的事物联系起来，在同时去极化的过程中相应需要连接的神经元就能依靠相互提供的物质延伸突起、建立突触、产生新的网络通道。这就是

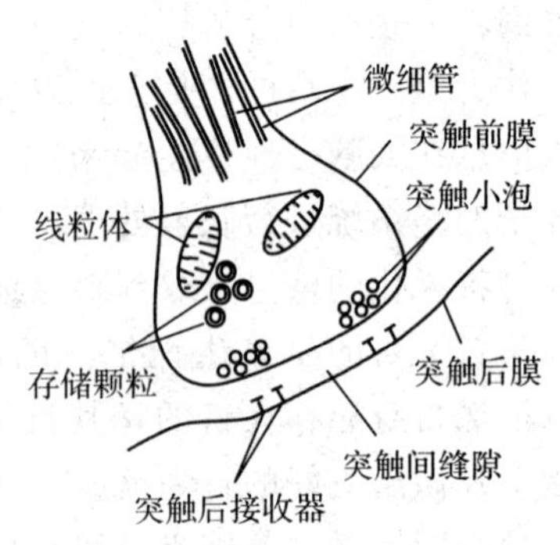

在神经系统中不断产生新的记忆完善神经网络系统的生理基础假说。这一假说可以通过特殊的实验进行检验，也可以通过生物化学进行判断。如果这一假说能得到完全肯定，那么生命的奥秘就已经解开了多半。

## 二、创造心理的信息加工过程

在研究创造心理的信息加工过程时，我们可以通过与计算机信息的加工过程的对比来进行分析，当然，当我们把人脑比作像计算机那样的信息处理机时，千万不要忘记人脑与计算机之间的差别。人脑与计算机确有共同之处，它们都接受信息，处理符号，把各种项目存入存储器，并能再度调用。但是两者的区别也是根本的。人脑总是充满着由五个成熟的感官所提供的信息，而且具有实践经验所丰富起来的背景知识和判断能力。

不仅如此，人脑的每一根神经都与其他几千根神经相连，能够同时对很多信息进行加工，创造性地从一个题目跳到另一个题目上。而计算机虽有记忆存储量大和运算速度快的优点，可是计算机却只能在狭窄的键盘后面受牵引，机械地一步一步去完成程序赋予它的操作。有的科学家就这样认为：电子计算机的记忆能力是无限的，但分析能力却有限。而人的分析能力是无限的，但记忆能力却有限。这些明显的根本性的差异不应该被忘记。人的能进行创造性思维的能力正是以这种无限的分析能力为基础的。

### （一）创造心理信息加工的一般过程

一般来说，创造心理的信息加工过程有以下五个方面内容：

1. 创造心理信息输入

创造心理信息输入是人脑进行信息加工的起点，不建立信息输入的相关模型无法具体讨论思维活动的信息加工问题。信息输入就是指以人的感官和大脑的神经活动为载体以反映主客体关系存在为内容的信息对人心理系统的作用。信息输入是由神经冲动输入所负载的。创造心理信息输入与注意机制有关。注意是用于调控信息输入的一种输入至输出反应，是指向自身信息输入窗口的调控过程，其功能是选择信息、切分信息、压缩信息。

创造心理信息输入研究领域的重点是模式识别。模式识别是指对于外界刺激进行辨别和归类。认知心理学家对模式识别感兴趣的另一个原因是想让计算机能模拟人的这种能力，使之更加智能化。信息加工心理学中有三种代表性的理论可以在一定程度上解释信息输入的原理。

（1）模板匹配模型

模板匹配模型是根据机器的识别模式提出来的。它的中心思想是认为人的记忆系统中储存着各式各样的刺激物的模板，当刺激信息正好与某一储存的模板相匹配，该刺激信息就得到破译和输入。

(2) 原型匹配模型

原型匹配模型对模板匹配模型进行了改进，认为人可能在记忆系统储存的不是与外部刺激严格对应的模板，而是一类刺激的概括表征，即原型，所以原型是一种综合的、抽象的产物。一般会将刺激信息识别为与其有最佳匹配的原型，并赋予其一定的意义，使之获得准入。

(3) 特征分析模型

特征分析模型认为，在模式识别的过程中，首先要对刺激的特征进行分析，也即抽取刺激的有关特征，然后将这些抽取的特征加以合并，再与长时记忆中的各种刺激的特征进行比较，一旦获得最佳匹配就获得准入。

2. 创造心理信息编码

创造心理信息编码是人脑进行信息处理的基础，无论是信息通讯、存储、转换和利用都离不开信息编码和解码问题。信息编码就是指将信息与某种载体以特定方式结合在一起使之变成载体与信息结合的信号的过程。而解码则是信息从载体剥离出来的过程。创造心理信息编码有物理、化学、神经活动的信息编码的普遍性与多样性。

思维活动的信息编码涉及分子水平编码、神经元水平编码和神经元网络关系的信息编码，它一般反映在感觉记忆、短时记忆和长时记忆三种类型中。(1) 感觉记忆，这是分子水平的编码。这种记忆非常短暂，只能持续一瞬间，它以相当直接的方式将从五种感官送来的信息进行编码，如视网膜上的映像与激起映像的物体非常接近。人脑对这些信息进行选择，或暂时贮存直到消退，或被移入短时记忆区。(2) 短时记忆，这是神经元水平编码。它所持续的时间较感觉记忆长，但也只有一分钟或更短。人们可以通过不断的练习使短时记忆所掌握的材料得到运用。复述被假定为一种机制，它有可能使材料的处理从短时记忆变为比较永久的长时储存的记忆。当然，没有得到运用的材料不久就会被忘却。(3) 长时记忆，这是神经元网络关系的信息编码。它是指保持时间从一分钟到几年或更长时间的材料。长时记忆的能力在一切记忆系统中是最大的．人们认为既然长期记忆中包含了如此之多的材料，那么就必须有保持信息有条不紊的高度的有效组合。

3. 创造心理信息存储

创造心理信息存储是心理学信息加工理论的核心问题之一。信息以什么方式存储于大脑中将决定信息的检索提取和输出。例如，职业棋手与初学者在看了一盘棋布局几秒钟后，回忆的能力相差很大。棋手大多能回忆出80%～90%，而初学者只能记住几个棋子的位置。这两者之间的差异，一是由于长时记忆中贮存的信息“组块”大小不同，二是由于对新信息编码的方式不同。因此，初学者的回忆只能凭借机械记忆个别棋子的位置，而棋手则能用一种整体的方式对信息加以编码，回忆时只需要回想出某种布局就可以知道这些棋子的具体位置。

输入大脑的信息按时间相关性原理存储，即同时或继时呈现于大脑中的信息捆绑在同一记忆结构中，长时记忆以功能离散的单位化的形式存贮于人脑系统中。记忆的信息负载于多种通道多种载体的多种水平之上。

4. 创造心理信息激活

创造心理信息激活是大脑信息加工过程的重要组成部分。没有创造心理信息的激活谈不上输入信息与记忆信息之间的相互作用，信息激活的状态决定心理活动特定时刻的输出，离开信息激活的描述就不能建立整体的心理活动信息加工模型。凡内容相同或相似的心理状态及相应的记忆单元之间，表现为知、情、意、需要、兴趣、动机、气质、能力、性格等具体心理活动内容的相同或相似单元之间具有相互激活的关系。这叫心理状态信息的“共鸣激活”原理。

5. 创造心理信息输出

创造心理信息输出是思维活动信息加工的重要组成部分，存储于大脑中的信息要用于指导人的行为就必须从记忆系统中检索和提取出来，信息输出是信息利用的前提。

创造心理信息输出的机制就是人脑按照所要解决的问题的目标的等级，依赖于记忆的语义网络结构来调用信息。1968 年 M. R. 奎利恩提出了一种语义记忆的理论，他认为，人们说话或理解别人的话都离不开记忆。在人们的记忆中是概念以及概念与概念之间的关系。这种看法后来被发展成为语义网络模型，成为人工智能的理论基础之一。这种语义记忆理论认为人脑是一个由结点与链节组成的极其复杂而又不断变化的网络。人的学习、记忆过程就是在人脑里建立一个不断扩大的概念网的过程。人脑处理新材料的方法就是把它同既有的概念和方式联系在一起。当人们要提取信息时，就通过一种称为“延伸激活”的技术来加以检索。人类记忆中这一内容丰富的联系网络，就是人脑同计算机的最有深刻意义的区别。人脑能在几百万个神经原中同时检索信息。这种延伸激活的检索能力利用了概念之间的联系，经由一个或几个交织的联网程序，能灵活地唤起语词、概念或记忆。反过来，通过这个网络程序，我们也能将经验和知识化整为零，存储在记忆的不同部分，以便我们能够更好地进行概括，作出更有用的预见。

（二）创造心理信息的整体性突现

创造心理的信息加工过程从理论上讲，有上述五个方面内容，但在实际上，创造心理的信息加工过程具有整体性突现特征。创造心理的信息加工过程不能还原为信息要素的线性加合。由于创造心理状态间的非确定性决定了创造心理信息加工过程近似于马尔可夫过程即非线性动力学过程，这是因为人脑还具有高度的抽象综合能力，它能利用各种学科的“深层知识”，也就是那种表现着事物本质规律性的科学范畴的框架，能动地从这个领域到另一个领域，或从这个等级层次到另一个等级层次，实现跳跃性的转移，并作出开创性的发现。

目前，有的人工智能科学家正在研究一种新的逻辑即非单调逻辑来作为人工智能系统的逻辑基础，以便更近似地模拟人的思维过程。前面我们介绍的脑科学成就，尤其是对裂脑人的研究，证明人脑的左右半球虽然在功能上高度专门化，然而又是互补的。任何意识活动，包括创造性思维活动，始终是一种复杂的机能系统，它的实现依靠前述的信息输入、编码、存储、激活与输出的共同活动，参与其中的每种结构都为机能系统的实现作出自己的贡献。人类对人脑的研究，从定位研究逐步走向综合的整体论。人们正在探索人脑将各个部位的组合单元活动综合起来而产生统一的意识经验的机制，企图找出在脑的一百五十亿至二百亿个神经原内部把相互作用的过程译成密码的方法。可以预示，随着脑科学以及相关学科领域的新成果的出现，关于创造心理的信息加工过程的机制的研究将会得到进一步发展。

# 第三章　人格与创造

【知识框图】

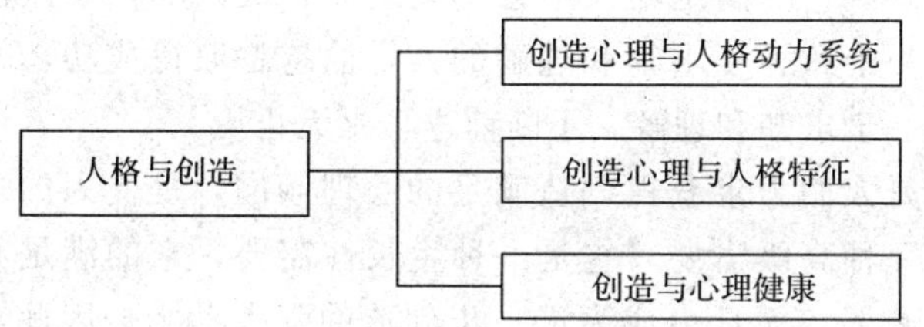


创造的源流在哪里呢？美国人本主义心理学家马斯洛说：自我实现的创造能力，直接来源于人格。人的智慧潜在能力，是从伟大的人格中流淌出来。观念更新、知识丰富固然重要，但是它无法取代人格的力量。技术高超、方法纯熟也很重要，但是它根本不能同人格抗衡。因此，从某种意义上来说，人格的高低决定了潜能的形成、发展和利用，而潜能最核心的组织就是高水平的创造力。

## 第一节　创造心理与人格动力系统

创造力主要来自人格动力系统和心理特征系统。人格动力系统是决定并制约人的创造活动的进行、方向、强度和稳定水平的结构，包括需要、动机、兴趣、价值观和世界观等。

### 一、创造需要

#### （一）需要与创造需要

需要是有机体感到某种缺乏而力求获得满足的心理倾向，它是有机体自身和外部生活条件的要求在头脑中的反映。它常以一种“缺乏感”体验着，以意向、愿望的形式表现出来，最终导致为推动人进行活动的动机。需要总是指向某种东西、条件或活动的结果等，具有周期性，并随着满足需要的具体内容和方式的改变而不断变化和发展。

美国心理学家马斯洛把人的需要由低到高分为七个层次：生理需要、安全需要、归属和爱的需要、尊重需要、认知需要、美的需要和自我实现的需要。马斯洛认为，人的需要是由低级逐渐向高级发展的。只有适当地满足低一级的需要，才能形成高一级的需要，自我实现的需要是人类最高层次的需要。马斯洛还将上述七种需要进一步划分为两类：一类叫缺失性需要，包括生理、安全、归属和爱及自重的需要。这类需要如果得不到满足，寻求满足这些需要的动机就会增强；反之，这些需要一旦得到满足，相应的动机就会减弱。另一类叫生长性需要，包括认知、美、自我实现的需要。这类需要是人类的高级需要，它的满足不仅不会使动机停止或减弱，反而使动机进一步加强。例如，一个致力于求知和理解的人，他越是取得成功，就越是精力旺盛地致力于进一步求知和理解，不断前进，永无止境。

创造需要是人们力求获得创造满足的心理倾向，是受人的理想、信念和世界观支配的一种高级需要。它是一种生长性需要，它的满足不仅不会使创造动机停止或减弱，而且会成为进一步创造的强大动力。因此，人在创造活动中取得的成功越多，他的创造的愿望和动机就越强烈，以致迎难而上，不停攀登，废寝忘食，甚至不惜牺牲，并且螺旋式上升，永无止境，成为人不断地进行创造活动的力量源泉。

（二）创造需要与创造心理

创造需要与创造心理的关系表现在以下几个方面：（1）在创造活动中，需要层级越高，创造的层级也越高，如爱因斯坦等伟大人物，其创造心理都是反映人类的最高需求的。（2）在个体发展中，高层级的需要相应出现得迟些，这使得个体的创造心理有一个逐步提升的过程。（3）创造心理是在创造需要的基础上形成的，创造需要的满足比底层级的需要的满足愿望更强烈，创造需要的满足更能产生深刻的幸福感，是人进行创造活动的推动力量。

## 二、创造动机

创造动机是个体激发和维持创造行为的内在动力。创造动机是人类诸多动机中的一种动机，由于它是人类独有的，又具有深刻的社会性，所以它最能体现人的本质，无论对于人的自身发展，还是推动社会进步，都具有重大意义。

（一）创造动机的形成

从具体的角度来看，促使人们产生创造动机的因素主要包括这样三个方面：一是人的本能冲动；二是人对自我实现的追求；三是人的社会责任感。

人的好奇和好胜的本能冲动，其外在表现就是天然的好奇心，天生喜欢面临挑战，并追求最后的成功。本能冲动是促使一个人投入创造活动的最基本和最原始的动因，也是一切其他创造动因的源泉所在。从历史上许多伟大创造者的身上，我们都不难看到这种本能冲动的存在。事实上，凡是具有高度创造力的人，他们身上都较好地保留了这种本能。这具体表现为他们始终都保持着一种纯天然的、儿童般的强烈的好奇心和自然而广泛的兴趣爱好，使得他们所从事的许多研究很少带有功利的性质。这一点在现实中也恰恰是为许多人所不具备和难以理解的。

比本能冲动更高一层次的创造动因是人对自我实现的追求，或者说，就是人对自身的人生价值、人生理想的追求。这种追求显然已经不再是一种天生的本能，而是一种有意识的行为。它是由后天环境的影响而形成的，所以也就不是人人生来都具有的。实际上，创造本身就是人生价值的最高体现，可以说，世上再没有什么事情能比创造更重要、更美好和更有价值了。所以，最有价值的人生就是不断创造的人生。

比自我实现更高一层次的创造动因是人的社会责任感。社会责任感来源于一个人对自身作为社会的一员而理应担负起的社会责任的认识。任何一个具有高度修养水平的人都会懂得，个人与社会是紧密联系在一起的，社会的发展需要每一个人不断努力、不断创造。没有个人的这种不断努力和创造，社会就不能进步，这反过来也不利于个人的发展。一个人一旦真正懂得了这个道理，他就会自觉地把社会的需要当成自己的需要，切实以创造为己任，努力通过创造来促进社会的进步和发展。人的社会责任感是创造的最强有力的动因所在，而这种动因绝不是一般人所能有的。只有当一个人达到了很高的修养水平，才能真正具备这种动因。

对于一个完美的创造者来说，以上三个方面是缺一不可的。其中，本能冲动是基础性动因，社会责任感则是最高层次的动因，而自我实现则介于两者之间。当然，在现实中不同的人身上，这三方面所起作用的大小往往是不一样的，并不存在绝对一致的哪一方面起主导作用的问题。在有些人那里，可能是本能冲动起着主导作用，而在另一些人那里，则可能是自我实现的愿望或者是社会责任感在起主导作用。不同的人有着不同的情况。在这个问题上，不能笼统地一概而论，而必须作具体的分析。

### （二）创造动机的功能

创造动机是个体发动和维持创造活动的心理倾向，是激励人去达到创造目标的主观原因。创造动机对人的创造活动有三种功能：1. 发动功能。对创造活动起启动作用；2. 指向功能。对创造活动起导向作用；3. 激励功能。对创造活动起维持和加强作用。形象地说，动机是“发动机”，给创造活动以原动力；动机是“方向盘”，控制创造活动进行的方向；动机是“加油站”，不停地为创造活动输入能量。动机的这些功能对于创造心理非常重要。首先，人的创造行为多有一定的目标。人为了达到那个创造目标进行活动。人为什么要达到那个创造目标呢？激励他达到那个创造目标的原因是什么呢？这就是动机的问题。动机和创造目标关系密切，但有区别：动机是行动的原因，而创造目标是行动期望达到的创造结果。创造动机和创造目标是一致的，但在复杂的活动中，创造动机和创造目标既可能是一致的，也可能是不一致的，同样要创造某种产品，有的人可能是为了社会需要，有的人可能是为了个人私利，目标相同，动机各异。

创造动机和创造目标在创造活动中也可能变化，这是因为创造活动的复杂性和不确定性决定的。一是目标转移。例如，一个叫柏金的药剂师，原本想用铬酸钾对苯胺进行氧化，想要从中得到治疟疾的药物——奎宁。可是，不知道为什么，他居然得到了一种黑色的粘稠液体。他认真地观察研究起这个东西来，又经过了多次试验，这种液体竟然巨变为美丽的紫色。从此以后，世界上就有了第一种人工合成染料——苯胺紫色，柏金先生也成了闻名世界的发明家。二是动机变化。丹麦的科学家芬森，原本懒散而自私，经常与猫一块晒太阳，后来从晒太阳中获得启发，发现了紫外线的杀菌作用，立志“为人类的生活做点改善”，从而获得了诺贝尔奖。

（三）创造动机与创造活动效率

创造动机发动和维持创造心理，需要一定的强度。研究表明，在一定限度内，动机的强度越大，对人的创造心理的推动量也越大，在这种情况下，人更容易集中注意、紧张思考、积极行动，因而解决问题的效率较高，创造性成果容易形成；而动机越小，对人的创造心理的推动力量也就越小，在这种情况下，缺乏积极性，松散拖沓，活动效率低，甚至会半途而废。但是这不是说，动机的强度越大越好。相反，如果动机的强度超过了一定限度，那就会引起思维程序的混乱或大脑皮质的抑制，效率反而降低。正是这种原因，在创造心理过程中，思考者急于求成，结果往往适得其反，欲速则不达。动机强度与创造心理效率之间的关系，可以用一条倒置的“U”形曲线表示。这条曲线告诉我们：在创造心理过程中，必须有一定强度的动机和积极的态度，同时又要自觉地调控自己的心理水平，使其不要过分强烈，避免焦虑和高度的紧张，否则，会不利于创造任务的完成。

那么，适宜的创造动机与什么因素有关呢？

1. 创造目标的价值与期待

创造目标对个体的意义越大，个体对实现创造目标的概率估计或期待越大，创造动机力量就越强。

创造动机力量＝效价×期待

其中，动机力量是指目标激发人的内部力量的强度，效价指目标对个人的价值，期待是指个人依据经验判断达到目标的可能性。从中可以看出，创造动机强度与期待的高低成正比。

2. 成就动机

适宜的创造动机与成就动机有关。成就动机是指人们力求获得成功的内在动力。一个人对自己认为重要的、有价值的事情，会努力去克服困难，尽力达成目标的一种内部推动力量。个体的成就动机中含有两种成分：追求成功的倾向和回避失败的倾向。一般认为，成就动机较高的人喜欢选择富于挑战性的任务，其追求成功的倾向大于回避失败的倾向，成就动机水平较低的人则因害怕失败而回避困难的任务。成就动机是一种后天习得的动机，一般来讲，成就动机水平较高者具有以下特征。(1) 具有挑战性，喜欢探新求异，喜欢富于挑战性的任务，并全力以赴获取成功。(2) 具有坚定信念，行为目标明确，对自认为有价值的事情会持之以恒，坚持不懈做到底。(3) 正确的归因方式，常把以往的成功归因于能力与努力，而把失败归因于缺乏努力这种可变的内在因素上。

## 三、创造兴趣

### (一) 兴趣与创造兴趣

兴趣是人积极探究某种事物的认识倾向。它促使人对某种事物总是给予优先的注意，表现出积极的态度，并伴随着一种快感和期待感。兴趣也是在需要的基础上发生并发展的。兴趣的对象也是需要的对象，凡是人们感兴趣的事物，总是以他对该事物的直接或间接的需要为基础的。在较低级的需要基础上产生的兴趣是较短暂的，建立在精神和文化等高级需要基础上的兴趣是持久而稳定的。

兴趣有不同的分类。按指向对象，可分为直接兴趣和间接兴趣。直接兴趣是对活动本身和客体内容的兴趣，如对引人入胜的电影的兴趣；间接兴趣是对事物或活动结果的兴趣，如对记外语单词的兴趣。按延续时间，可分为暂时兴趣和稳定兴趣。前者多产生于活动之中并随活动的结束而消失，后者相反，它不因活动消失。按广度，可分为广泛兴趣和中心兴趣。广泛兴趣指同时具有多种兴趣。中心兴兴趣是在人的活动中占主导地位、决定活动方向的兴趣。

创造兴趣是对创造对象的特殊认识倾向。从本质上看，它是一种间接兴趣、稳定兴趣、中心兴趣和精神兴趣，是与事业心相联系的高级心理质量。丁肇中教授说：“任何科学研究，最重要的是对自己从事的工作有没有兴趣。

换句话说，也就是有没有事业心。”兴趣是创造活动中非常重要的心理因素。

（二）创造兴趣对创造心理的作用

创造兴趣使创造心理者乐其所为，不觉疲劳。古人云：知之者不如好之者，好之者不如乐之者。创造性兴趣是一种特殊的认识倾向，其特殊性在于创造者总是带着满意的情绪和向往的心情主动积极地进入创造活动。进行创造活动是极为艰苦的，但创造性兴趣使创造者不觉其苦，反而乐在其中。达尔文说：“热衷于一切我所认为有趣的事物，且以了解任何问题与事件为极大的满足。”这是他的特点之一。物理学家卢瑟福认为，“我认为没有再比在几乎是未经勘探的原子核世界里的漫游更令人神往了。”其所以如此，是因为创造兴趣实际上是创造需要的延伸，而创造需要的满足是可以给创造者带来心理上的满足和愉快情绪。诚如认知心理学家皮亚杰所说：“兴趣是能量的调节者。它的加入便发动了储存在内心的力量”，因而使工作“看起来容易做而且能减少疲劳”。

创造兴趣是创造心理的助产士。创造活动存在未经语言中枢符号化解释的过程，也存在理性思维的过程（99%的汗水），那些未经语言中枢符号化解释的直觉思维过程通过语言中枢符号化解释最后的结果，并呈现出来（1%的灵感），这样灵感就突然出现了。没有那99%的汗水，也就没有这1%的灵感。之所以有的人灵感多一些，有的人少一些，那只是他们各自的专注程度，思考深度不一样而已。创造兴趣使人们全身心地投入创造，欲罢不能，甚至达到“入迷”的地步。在这种情况下，创造者能注意集中，观察敏锐，想象丰富，思维灵活，灵感的火花不断出现，克服困难的决心和勇气不断加强，因而能提高创造心理的效率。据研究，一个人对工作有兴趣，工作积极性高，就可以发挥他全部才能的80%～90%；如果对工作没兴趣，工作的积极性不高，就只能发挥他全部才能的20%～30%。也就是说，创造兴趣容易催生创造心理，是创造心理的助产士。

创造兴趣又是创造心理的把手。创造过程中，灵感突然而来、倏然而去，并不为人们的理智所控制，具有突然性、短暂性、亢奋性和突破性等特征。人们灵感闪现时，特别是普通人大脑中突然产生了与自己工作生活无关的灵感，大多数人不能独自开发保护灵感，更难确保实施完成创新，调动其他资源更不是一般人能够奢望的。大多数人都把自己的灵感白白丢弃了，太多本来都可能通过创新发展成为伟人的普通人最后都归于平庸。古今中外，无不如此。只有那些有创造兴趣的人才能抓住灵感，不折不挠地完成工作活动，实现了创造价值，成了发明家、科学家。这是因为创造兴趣乃是一种“价值系统”，它与行动的目标相联系，“能支配内在的力量”，从而能把握住稍纵即逝的灵感。郭沫若《我的作诗的经过》：“在晚上行将就寝的时候，诗的后半的意趣又袭来了，那种发作大约也就是所谓‘灵感’（inspiration）吧？”这里讲的“意趣”其实就是创造兴趣。

（三）创造兴趣的质量

良好的兴趣质量包括四个方面：（1）兴趣有良好的倾向，即倾向于比较高尚的事物。富兰克林说，他从不到酒馆、赌场或任何其他娱乐场所消磨时光。前苏联昆虫学家谢比歇夫说，一个学者的衣着最好保持最低水平，不要把穿一套好衣服当做真正的乐趣。我国有句格言“玩物丧志”。对物质享受的过分追求，会影响自己实现远大志向的决心。（2）广阔兴趣与中心兴趣。广阔兴趣是形成广博知识的必要前提，中心兴趣是完成某种创造的基本保证。一个人兴趣狭窄固然不好，但样样都喜欢、样样都不精、一无所长也不好。有成就的创造者，总是既兴趣广泛，又有一定的中心。张衡在天文、地理、数学、机械、文学、绘画等方面都有建树，但中心兴趣是天文学和地震学，他的时间和精力主要用在这两个方面，发明了水运浑象和地动仪，写了《灵宪》和《浑天仪图注》两部著作。（3）兴趣持久稳定，不是朝秦暮楚，见异思迁。（4）兴趣的效能性较高，不把自己的兴趣停留在期望和等待的状态上，而是积极行动，切实探索，充分发挥自己兴趣的效能。

## 四、创造理想

（一）理想与创造理想

理想是符合客观规律并同个人的生活愿望相联系的想象。创造理想是创造者力争实现并有可能实现的创造想象，他常用幻想艺术的形式，表现科学技术远景或者社会发展对人类影响。因此，我们也可以把创造理想称作科学幻想。科学幻想分为“软科幻”与“硬科幻”，具有理工背景的科幻家，通常比较注重科学根据，对科幻因素的描述与解释也较为详尽，非理工背景的科幻家，通常以故事情节、寓意与人物性格取胜，在描写科技内容时避重就轻，故称作“软科幻”。

科学幻想有三个特点：（1）指向未来，是将来才能实现的；（2）体现着想象者的愿望，是想象者希望实现的；（3）符合科学发展的规律，科学是科幻的源文化，是基于关于科学和它的合成技术的人类体验的理性的思考，是有实现可能的，不是空想。

（二）创造理想对创造心理的作用

创造理想对创造心理的作用有两个方面：

1. 创造理想为人们接受某些超自然现象做了心理准备。创造理想之所以是科学与人的桥梁之一是因为它具有前瞻性。并且这前瞻性具有警世的作用——它关注现在又高于现在，从现在预言未来，从现在中思考远古，思考未来，思考人类、生物乃至地球、太阳系甚至整个宇宙的未来！它的题材既有厚重又有活泼，形式多样，无疑激发了人们的从童年时期就有的好奇心。它的深厚的思想性与思考性为创造活动提供了心理准备。

2. 创造理想是创造思维的起点。创造性思维的目标是提供新事物新设想，而这些新事物新设想的“雏形”最初都是以创造理想的形式出现的，“嫦娥奔月”、“龙宫探宝”、“脚踏风火轮”、“千里眼”、“顺风耳”等，都是古人为了征服自然而产生的创造理想，现在已分别被宇宙飞船、潜水艇、摩托车、望远镜、收音机等创造发明变成了现实。可见，科学幻想是科学预见的一种形式，是创造性思维的原动因。

（三）创造理想的无限与有限

俄裔小说家纳布可夫有句耐人寻味的名言：“科学离不开幻想，艺术离不开真实”，创造理想中的科学并没有任何局限，天文、物理、生物、化学、机械、电子都可以提供很好的题材。除了自然科学之外，社会科学同样能作为科学幻想的素材。但是，实际上，科学可能性的大小必须保持适度的大小才有利于创造活动，因为对技术的幻想要求过于严苛往往限制了想象力的展开，而幻想的科学含量过低，则失去了科幻的创造意义。将预言类科幻当成科研成果，或者把写科幻当成科学研究，这给科幻艺术的发展带来了相当的负面影响。北师大科技史专家田松先生长期跟踪研究“民科”现象：社会上有相当一部分人，既没有受过系统的科学教育，不掌握科学研究的方式方法，又与科学共同体没有正常的联系。但却认定自己作出了某某重大发明创造。将自己的精力投入到虚无漂渺的“科研”上去。他们的基本出发点，就是不知道文学创作和科学研究之间不是一回事。这些“民科”关于科幻的言论，恰恰授人以柄，在社会舆论中造成科幻的一种负面印象。

## 第二节　创造心理与人格特征

人格特征系统这里主要是指气质和性格，创造能力我们放在后面专门讲述。

### 一、气质与创造心理

（一）气质类型

气质是由人的生理素质或身体特点反映出的人格特征，是人格形成的原始材料之一。在新生儿期即有表现：如有的婴儿安静，有的好哭，必然影响其父母或哺育者与婴儿的互动关系，从而影响人格的形成。表现在心理活动的动力特征上，如心理过程的速度、强度、稳定性、指向性和灵活性等。具体表现为情绪体验的强弱、意志力的大小、注意集中时间的长短、知觉或思维的快慢等。使个体的全部心理活动呈现独特的色彩。气质与人格的区别在于，人格的形成除以气质、体质等先天禀赋为基础外，社会环境的影响起决定作用；而气质是人格中的先天倾向，并受到人的世界观和性格等的控制。它的特点一般是通过人们处理问题、人与人之间的相互交往显示出来的，并表现出个人典型的、稳定的心理特点。

古希腊医生希波克拉底（公元前460—公元前377年）很早就观察到人有不同的气质，他认为人体内有四种体液：血液、黏液、黄胆汁和黑胆汁。希波利特根据人体内的这四种体液的不同配合比例，将人的气质划分为四种不同类型：（1）多血质：体液中血液占优势；（2）黏液质：体液中黏液占优势；（3）胆汁质：体液中黄胆汁占优势；（4）抑郁质：体液中黑胆汁占优势。巴甫洛夫认为有四种典型的高级神经活动类型，即活泼的、安静的、不可抑制的、弱的，分别与希波克拉底的四种气质类型相对应，四种气质类型即四种典型的高级神经活动类型的行为表现。除这四种典型的类型外，还有许多中间类型。

（二）气质与创造活动

创造者的气质类型不影响其创造心理的质量。无论何种气质类型的人，都可能拥有创造心理，都可能获得高质量的创造成果。俄国诗人普希金属于胆汁质，作家赫尔岑属于多血质，寓言作家克雷洛夫属于粘液质，作家果戈理属于抑郁质。这些人气质类型不同，创造风格大相径庭，但不影响其创造心理的层次，在世界文学史上都留下光辉的一页。但是，创造者的气质类型对创造活动的影响也是客观存在的，主要表现在以下两个方面：

1. 创造者的气质类型影响创造风格。不同气质类型的人，他们在创造活动中，所表现的风格可能大不相同。普希金的豪迈、赫尔岑的机灵、克雷洛夫的沉稳，果戈理的细心都给世人留下深刻的印象。斯腾伯格（Sternberg）认为，创造风格是人们进行思维时，表现和运用能力方式的偏好。按照他对创造风格的界定，创造风格（thinking style）是运用能力的一种偏好，它本身不是能力；能力决定人在执行任务时完成质量的好坏，而风格则决定这个人会采取什么方式来完成任务；能力有高低之分，而风格则没有高低好坏的分别；能力水平或能力类型相同的人可能拥有不同的创造风格，而具有同样的人格特点的人也可能拥有不同的创造风格；就算拥有同样人格特点及同样能力水平及能力类型的人，在不同的环境下也有可能表现出不同的创造风格。宋朝著名词人苏东坡和李清照都是宋词大腕，其词坛地位难分伯仲，但一是豪放气派，一是婉约风韵，其气质对创造风格的影响是不言而喻的。

2. 创造者的气质类型可能制约创造的内容选择。多血质和胆汁质的人更适合于从事那些要求迅速做出灵活反应的工作，而粘液质和抑郁质的人则更适合从事那些要求持久细致的工作。以参加体育运动为例，胆汁质的人比较适合于从事中短距离跑、跳高、跳远、拳击、球类等动作急剧爆发力强的项目；多血质的人比较适合于从事体操、跳水、花样滑冰、击剑、武术等动作灵活的项目；粘液质的人比较适合于从事棋类、登山和长跑等耐受性要求较高的项目。这说明属于不同气质类型的人，在进行创造活动时，其选择的操作内容是有差异的。

## 二、性格与创造心理

性格是指表现在人对现实的态度和相应的行为方式中的比较稳定的、具有核心意义的个性心理特征，是一种与社会相关最密切的人格特征，在性格中包含有许多社会道德含义。性格表现了人们对现实和周围世界的态度，并表现在他的行为举止中。性格主要体现在对自己、对别人、对事物的态度和所采取的言行上。性格与创造心理的关系表现在以下几个方面：

### （一）性格对创造心理的社会性方向有支配性影响

性格是具有核心意义的心理特征，它与个人的理想、信念、世界观相联系，并带有一定的社会倾向性。因此，它对人的其他心理特征（如气质、能力等）有支配作用，对一个人的心理活动的社会方向有重要影响。

创造心理其终极目标是提供创造性产品。但是，什么样的创造性产品，为什么提供这样的产品，换句话说，创造者将自己的聪明才智用到什么地方，那是因人而异的。人们发明锁是为了防盗，小偷发明撬锁的方法是为了偷窃。这两种人思维的社会方向是不同的，这种不同是由他们各自不同的性格支配的。

### （二）性格特征影响创造性活动的效果

性格特征表现于四个方面：态度、意志、情绪、理智。

1. 态度特征与创造心理

主要指在处理各种社会关系方面的性格特点。如对社会、对集体、对他人的态度：适应社会、热爱集、正直、诚实、爱交际、有同情心。与之相反的对抗社会、反对集体、狡诈、虚伪、孤僻、冷酷无情等；对劳动、工作、学习的态度：勤劳或懒惰、认真或马虎、负责或敷衍、节俭或浮华、有首创精神或墨守成规等；对自己的态度：谦虚、自信、自尊、自重以及与之相反的骄傲、自卑、自轻等。在这一态度体系中，事业心、勤奋和自我批评是最重要的。

事业心是性格的态度特征之一，表现为对自己的事业有强烈的责任感、进取心和饱满的热情。据我国心理学家王极盛统计，25 种非智力因素的作用，在自然科学基础研究、应用研究、发展研究、社会科学研究、科技管理研究等五大领域的总体中，事业心的作用处于第一位，是影响创造性心理最重要的因素之一。事实也是如此，凡是取得重大创造性成果的人，无一例外地都具有强烈的事业心。强烈的事业心可推动创造者坚持不懈、披荆斩棘、热情探索、创新不已；而那些事业心不强者，则往往安于现状不思进取，或半途而废。

勤奋也是性格的重要态度特征之一。在王极盛统计的 25 种非智力因素中，勤奋对创造的影响作用名列第二，实际上与事业心相差无几。勤奋对于创造心理的重要性是由创造心理本身的特点决定的。创造心理不仅是一种探索未知的过程，而且也是一种长期艰苦的脑力劳动过程。灵感是创造性思维重要的心理成分，但灵感与懒惰无缘，它是长期艰苦劳动的产物。可见，勤奋是保证创造心理成功的一个十分重要的性格特征，没有勤奋，就没有创造。

自我批评是对自己的态度特征之一。自我批评对创造心理的完善和高水平发展至关重要。创造心理是要解决前人还没有解决的问题，一举成功、百发百中的事是极少见的。相反，创造心理的成功往往要经历曲折复杂的过程，不完全符合客观规律，甚至完全不符合客观规律的情况是常有的。所以，创造者对于自己的创造性产物具有自我批评的精神，能严格而公正地评判自己的成果，发现它的不足并加以克服，是完善创造性产品、推动创造心理的高水平发展的重要一环[①]。

2. 理智特征与创造心理

是指在认知过程中表现出来的个人特点。如主动与被动、迅速与迟缓、概括与罗列、形象与抽象、广阔与狭窄、独立与顺从、深思熟虑与不求甚解、积极提出问题与消极、回避问题、创造性解决问题与宁肯借用现成答案等。性格特征有积极的，有消极的。积极的性格特征有助于创造性心理的进行，消极的性格特征对创造心理有抑制性影响，不利于创造心理的发展。

好奇是性格的理智特征之一，是推动创造活动的又一重要的心理因素。吉尔福特说："具有高度创造性的人，必定是受好奇心驱动的，而且，如果他有了这种态度就会对问题更敏感。他必须感到有必要去解决问题，并始终努力去解决这些问题。"好奇心是进行创造性活动的动机因素，可以驱使创造者想象丰富、思维活跃。可能正是由于这个缘故，科学家们都对好奇心给予高度评价。贝弗里奇说，也许，对于研究人员来说，最基本的两个质量是对科学的热爱和难以满足的好奇心，创造的好奇心很重要。一般来说，科学研究

---

① 段继扬．创造力心理探索．开封：河南大学出版社，2000

爱好者比常人有更多的好奇的本能。好奇心也是一种生长性需要，它不是随着满足而减弱，而是随着满足而增强。一个好奇心满足了，另一个新的好奇心又出现了，接连不断，永无止境，它是创造心理的一种连续性的推动力量。

3. 意志特征与创造心理

意志是人自觉确立目的，用来支配和调节行动、克服各种困难、努力实现预定目标的心理过程。其心理特征有：第一，目标明确的目的性。目标是意志存在和发展的根据，一个人的行为目标越明确，行为意志水平也就越高。坚韧不拔的创造意志在创造性活动中能使人产生顽强、持续的向预定创造目标运动的趋向力，促使人发挥更大的心理创造潜能。第二，坚强的持久性和贯彻性。任何人在为实现目的而采取行动的过程中都不是一帆风顺的，都会遇到各种障碍和困难。意志能够发动和坚持实现符合目标的行为，并使预定目标贯彻下去。第三，自身心理活动的调节性。意志总是根据预定目标的要求不断调节在实现目标过程中的心理活动。坚韧不拔的创造意志能抑制、消除、克服消极不利的心理因素，强化积极有利的创造因素，促进创造心理活动整体效应的发挥。

4. 情感特征与创造心理

情感是人对客观事物是否合自己的需要而产生的态度的体验，是人对客观事物一种好恶倾向。主要表现为喜、怒、哀、惧等情绪。其心理特征有：第一，情感的倾向性。积极饱满的情感对于创造性心理活动产生积极的推动作用。第二，情感的深刻性。人的倾向性越强，对情感对象的本质认识越全面、越深刻，它所富于的情感也就越深刻。第三，情感的效能性。情感对人的行为、活动产生激励作用。理智、清醒的情感能够促进心理活动向积极的创造状态转化，力求创造目标的实现。

## 第三节　创造与心理健康

什么是心理健康？从广义上讲，心理健康是指一种高效而满意的、持续的心理状态。从狭义上讲，心理健康是指人的基本心理活动的过程内容完整、协调一致，即认识、情感、意志、行为、人格完整和协调，能适应社会，与社会保持同步。

在心理健康与创造力的关系问题上，人们历来存在两种认识：负相关与正相关。前者的代表人物如Lombroso，他因为观察到一些患者，特别是脑部受伤的人，在受伤之后表现出创造力增加，进而认为有些疾病会刺激创造性思维。在心理上，创造者由于过度敏感而表现出情绪不稳定，由于精神过于集中而造成其感受性因疲惫而麻木，精神分析学派的代表人物艾森克（Eysenck，H.J）认为，天才——无论是艺术领域还是科学领域里的天才，都表现出高水平的精神分裂症状，认为创造者身上本我与超我之间存在严重的冲突，这种情绪困扰是创造的源泉。另一种认识是正相关，人本主义心理学家认为，只有那些具有高自尊的个体才能获得高水平的创造力。托兰斯（Torrance，1978）认为，人的大多数需要都通过创造性活动得到满足，如果没有得到满足，就会导致疾病，创造性问题解决可以和心理治疗有效地结合起来（林崇德 2006）。

## 一、负相关研究

关于心理健康水平与创造力的关系比较复杂，弗洛伊德精神分析学派认为，艺术的高创造性与心理健康总是有矛盾的，高创造性的个体有一种神经症的焦虑感，凡·高自己就认为“我要是正常人，就绝不会成为画家。”[1]自然科学界也有这方面的声音：有位著名的物理学家曾说过这样的话，优秀的科学家必定是某种狂人。的确，许多科学家、哲人和学者的性格表现怪僻。例如：爱因斯坦经常蓬头散发，穿着随便；昆虫学家法布尔为观察昆虫习性，可以在烈日下疯狂奔跑或爬在田间长时间一动不动，像中邪之人；尼采患了多年的疯狂病等等[2]。

有人对醉心科学的人进行了调查研究，结果表明，天才中的精神异常者占12%—13%，而普通人中则只占0.5%，对35%的世界杰出天才的调查中发现，精神病患者占40%，加上神经质共占90%。在阿米·沙夫斯坦着的《哲学家的生平及其思想的性质》一书中的一个表格里，所列举的20位大哲学家（包括尼采，康德，叔本华等）中14位有病态的自疑患病和心情抑郁，甚至有三分之一的人选择了自杀。在天才与疯狂之间，的确存在某种关系，极富创造性的人，他天性中的某些东西随时可以压倒自我，从而不时地显出疯狂。弗洛伊德早就指出了变态心理与创造现象之间有着某种关系，这两者之间是否存在着某些合理的心理因素呢？这便是我们所要探讨的问题。

### （一）变态与创造现象

变态的界定，霍布士说：“对于某事物之情感超乎寻常者为癫狂。”伏尔泰说：“当想象过于热烈，过于纷乱的时候，它就坠入疯狂。”从社会标准来看，凡是一个人的思想行为不符合社会规范，道德标准与价值观念，不为社会普遍所接受者（注：犯罪除外）为变态。这里的变态包括：智能异常、情绪变态、性格变态，特殊嗜好等几个方面①。将艺术家与疯狂病患者等同起来

① 张业强．名人的变态心理研究［J］．人大复印资料，心理学．1988（1）

固然不对，但要说艺术家在创作过程中必须也必然出现不同程度的疯狂或变态也完全是有根据的。美国心理学家贾米森的研究表明，人的创造才能与情绪有明显的联系。贾米森对47位杰出的英国艺术家和作家做了一次调查，发现38%的人有情绪失常现象的比例，高于正常人的六倍。那么，变态与创造之间究竟有哪些合理的心理因素呢？

创造思维是一种违背常规，与众不同的求异思维。所以，许多富于创造的天才人物，在世俗的眼光里的确有点“癫狂”，这实际上是一种偏见和社会的误解，不过，名人中有许多人确有真正的心理失常与精神变态。人类的许多作品，正是这样的一些疯狂天才在变态中创作和产生出来的。例如，凡·高的《蝴蝶花》（1987年以三亿法郎约合5300万美元被拍卖）便是在精神病突然发作，痛苦到极点时所作。而且凡·高将作画说成是“驱魔法”，是防止自己生病的“避雷针”[①]；柴可夫斯基为《悲怆交响曲》打腹稿时，时常失声痛哭；果戈里却拿着手稿狂笑不已；斯马特（ChristopherSmart）所写的被公认为最伟大的诗正是他患宗教疯狂时写出来的[②]；卢梭自述《新爱洛伊丝》是热烈幻想的白日梦的产物；歌德说自己是因失恋而痛苦，如梦游一样写成了《少年维特的烦恼》；而柯勒律治的名诗《忽必烈汗》据说完全是一场缥缈的幻梦的记录。这一切，我们绝不可能将之看成是常态下的创作，我国东汉文学家，书法家蔡邕认为：“任情恣狂之际才能创作。”发狂和变态是情的王国，人情和人性往往在狂态中才可以淋漓尽致地表现出来，许多艺术家都有这种创作体验。郭沫若说他的《地球，我的母亲》是在“神经性发作中”写出来的；曹禺在创作《日出》时，“曾摔坏了东西”，“绝望地嘶嘎”，“宁愿一切都毁了吧！”[③]

从这些例子中，我们可以看到艺术家与疯狂症的某些类似。从精神病患者的变态心理中，我们也可以看到疯狂者与艺术家的某种类似，例如，一些“计算癖”患者内心感到一种不可抗拒的意向去对之所见的人或电线杆、窗户等做一种毫无意义的顽强计算。例如：19世纪苏格兰大数学家哈密顿对四元数的运算便怀有一种疯狂的热情，成年累月，他一直处在这种状态而不能自拔，直到15年后一个偶然的机会他感到问题解决了为止。就是说，这种疯狂状态至少纠缠了他达15年之久。这是多么令人惊叹的创造精神，没有这种固执和恒定性，没有这数十年如一日的创造毅力和乐此不疲、欲罢不能的强烈欲望，就不会有创造发明，人类就不会有进步[④]！难怪亚里士多德说：“所有

① 刘长祥．创作中的无意识动机［J］．汉中师院学报，1988（2）
② （美）康克林．变态心理原理［M］．上海：上海文化出版社
③ 曹禺．日出·跋
④ 吕俊华．艺术创作与变态心理［M］．北京：三联书店，1987：103，126，123

的艺术家都是疯子，这是他们身上最好的东西”，并认为，“但凡优秀的人都免不了是个半疯。”[①] 弗洛伊德亦认为：“一切艺术都是神经病性质。”就连恩格斯也只得这样来描述：“由于劳动，人之手才达到这样高度的完善。在这个基础上它才能仿佛凭着魔力似地产生了拉斐尔的绘画，托尔瓦德森的雕刻以及帕格尼尼的音乐。”[②]

（二）变态与创造之间的合理因素及结论

美国心理学家推曼（Lewis. Madison. Terman）等人对1500名超常学生进行了长达50年的追踪研究，结果发现最成功者与最不成功者之间的差别是：取得成功的坚持力，为实现目标具有不断积累成果的信心和克服自卑的能力。总的看来，这两类人之间最大的差别在于多方面的感情和社会的适应能力以及实现目标的内驱力的不同。显然，卓越的成就所要求的不仅是较高的智力，更重要的是人格因素（即非智力因素），它是取得成果的决定性因素。这一结论成为本文探索变态与创造之间合理因素的基本出发点。

1. 变态中的“需求——紧张系统”的作用

作为非智力因素的创造动机是创造行为的直接动力，它是创造活动的重要因素。创造性课题在人脑中形成后，随之而来的是解决课题的心理需求，而在此种状态下形成的“需求——紧张系统”，便成为创造活动的直接动力，这种状态可以使人念念不忘，催人采取某种行为去满足要求，若得不到满足，紧张系统会使人心神不定。在这种方面，拓仆心理学创始人德国的勒温（Lewin）及其弟子做了大量实验，证明了在这种状态下人的记忆、思维等功能都大大优于平常的松弛状态。

在变态中，创造者的“需求 紧张系统”的作用将会更大，从而成为创造的直接动力。大凡伟大的艺术家在其生命的黄金时代都蕴蓄着一种不可名状、不可遏制而又欲罢不能的驱动力，这种驱力使其生命躁动，使其灵感迸发，从而产生出伟大的作品。毕加索创作的原动力便来自于他自己所说的“内心狂澜”。他说：“画家如果想超越理智给他设下的重重限制，就必须尽可能地进入自己的内心世界。”；凡·高知道要获得那种在他的阿尔油画中占支配地位的强烈的黄色调子，他就得紧张，就得进入兴奋竞技状态，就得有一阵阵的冲动和强烈的感受，他的神经就得受刺激，如果他允许自己进入这种状态，便可以画得辉煌夺目，如果他不画，就会觉得活着也没有任何意思。正如郭沫若在《论节奏》中所说：“我们在情绪气氛中的时候，由声音的战颤演化为音乐，由身体的摇动演化为舞蹈，由观念的推移表现为诗歌。”他写

---

① 欧文斯通．凡·高传——渴望生活［M］．上海：上海人民美术出版社，1982

② 马克思恩格斯全集［M］．第20卷．北京：人民出版社，1971：511

《凤凰涅》时，全身乍冷乍寒，连牙关都打战，感情像火山爆发，这种状态，正说明了变态中“需求——紧张系统”对创作的作用。

2. 变态创造过程的心理分析

创造过程的艰巨性、持久性以及创造成果的新颖性和价值决定了创造者必须有顽强、坚韧的意志和拼搏精神，必须有敢于自辟蹊径，勇于开拓的精神，敢于怀疑他人的成果，突破旧有的框框，向权威挑战，这一切直接影响创造成果的孕育和产生。而处于变态创作中的天才人物正是具有了上述精神，大数学家哈密顿正因为对四元数运算长达十数年的疯狂热情，才有问题的最终解决。巴斯德认为成功的唯一力量是他的坚持性。创造过程就是产生超常观念，超常理论，超常实践的过程，而变态中的创造也正是这样的一个过程。达尔文怀疑《圣经》而有了划时代的巨著《物种起源》，西班牙医生塞尔维特主张血液循环说而忍受了宗教狂的火烤，这些新的创见在当时的社会是不被接受的。另外，创造自己的人格本身就是一种创造，有许多天才人物自创了属于自己的独特的风格或个性。这些人赋予自己以不平凡的存在，将自己的各种禀赋发挥尽致，例如海明威、凡·高、毕加索、柴可夫斯基、贝多芬、瓦格纳等，他们在创造各种文艺作品的同时，也独创了自己的个性风格，这些杰出人物本身也说明了变态的创造性思维量。

3. 变态中幻想的创造性思维量

列宁认为，幻想可能赶过自然的事变过程，它甚至可支持和加强劳动者的毅力，如果完全没有幻想的能力，“那我就真不能设想什么刺激力量会驱使人们在艺术科学和实际生活方面从事广泛而艰苦的工作，并把它坚持到底。”①，“否认幻想在最精确的科学中的作用，那是荒谬的。”，这些说明了幻想在人们的生活和创造中的作用。创造者所要做的是以非常认真的态度，怀着极大的热情来创造一个幻想的世界，同时又明显地把它与现实世界分割开来。显而易见，幻想的能力根本就是在这个或那个学者、发明家、艺术家、作家的头脑中进行创作的个人的独特能力。创造心理学也正考虑到人的精神活动的个体因素。因此，列宁说：“幻想能给工作以推动力。”② 而变态创造中的天才人物的幻想也正是推动他们进行创造的一股巨大力量。卢梭认为，他的才华就是由内心的超逸而豪迈的幻想方式产生出来的。在毕加索眼里，“除了画布，其他都是一片漆黑，这样画家就能陶醉在自己的作品里，仿佛置身于幻境之中。”在64岁时，他仍以丰富的想象力改造了传统平版画程序，并扩大了陶瓷制品的创作领域。毕加索以其永不衰竭的生命力和想象力勤奋地

---

① 列宁全集［M］. 第5卷. 北京：人民出版社，1986：48，421

② 列宁全集［M］. 第5卷. 北京：人民出版社，1986：48，421

工作着，“好似从一座山顶向另一座山顶不停地跳跃前进。”在谈到1936年创作的《多拉·玛尔》这幅画时，毕加索认为“只是盲目地听从强加在我身上的一种幻觉”，是其内心深处的一种现实感①。弗洛伊德认为，艺术家就如一个患有精神病的人那样，从一个他们所不满意的现实中退缩下来，钻进他自己的想象力所创造的世界中，但艺术家不同于精神病患者，因为艺术家知道如何去寻找那条回去的路，而再度把握现实。变态使艺术家进入其幻想的世界，推动着他们去进行那神奇的创造，使之高度专注，如醉如痴，像一位精神病人，但他始终有一种理智在控制着自己的神经不至于使之坠入精神病的深渊。而正是在这种变态中，创造性思维有了神奇的体现。

4. 变态中的“高峰体验”

马斯洛在研究自我实现的人时，首创了“高峰体验”一词。这是指一种最佳的心理状态，是一个人最快乐，最激动的时刻，是一个人最能发挥作用，最具有独特性，最感到充实的时刻。任何处于顶峰体验的个体，在刹那间都具有“自我实现者”（创造者）所具有的特质。此时的知觉可达到相当忘我，甚至超我的程度，因而更能洞察事物的许多具体、特殊的层面，做出创造发明。

马斯洛认为“高峰体验”只有在出奇的关键时刻或伟大的创造时刻才会产生。这时，体验者感觉到他对知觉对象正付出全部注意力而且可能达到心醉神迷的程度。马斯洛是把这种顶峰体验作为异常意识，即变态心理来对待的。这表明：创造者的最高境界是在变态心理中达到的。这就毫不足怪为什么富于创造性的天才总是充满了奇异的精神，以致那些世俗的人往往把他们视为古怪者。这种顶峰体验是前逻辑的或非逻辑的，表面上看来不科学，但创造活动往往离不开它，一切艺术、宗教和真正的哲学，甚至连真正的科学都离不开这种思想。

正是由于进入变态情境，天才人物才会时常得到这种“顶峰体验”，凭着强烈的情感，深邃的直觉以及来源于本能的天性的智慧，从而创造出有价值的作品来。

5. 神秘的潜力——变态中的忧郁和孤独

忧郁因现实或想象中关于对自我受到威胁的知觉而产生。文艺复兴时期，人们把忧郁与天才等量齐观，认为具有这种气质的人在认识世界，把握人生方面具有较高的价值。忧郁以否定的形式，促使人们反思自己和考究社会，达到对自身使命的自觉，为人格升华提供动力。忧郁激活人们最大限度的潜能去应付外界刺激物，排解忧郁之源而导致成就感和信心，忧郁是浸透着高

---

① （英）赫伯特·里德．现代绘画简史［M］．上海：人民美术出版社，1979

自我知觉的情绪体验。亚里士多德说："一切伟人都是孤独忧郁的。"① 叔本华的"知识越多越悲苦"道出了忧郁与自我意识的内在关系。

天才创造者的内心世界，几乎都曾强烈地体验过这种情绪。毕加索就觉得自己"像生活在一个孤独、寂寞的世界里"，他从来不愿和人说心里话，只顽强绘画，以此作为避难所②。爱因斯坦认为自己实在是一个孤独的旅客，总是生活在寂寞之中，对他来说，孤独就意味着脱离世俗的束缚而保持心灵的自由，这是从事创造活动所必不可少的。对于富有创造精神的人来说，他们可以从抑郁中奋争而出，创造性思维能达到前所未有的水平。美国心理学家贾米森认为，躁郁性精神病与高度的创造能力是可以共存的。因为患者的思想是清醒的，而他们在忧郁时所受的痛苦为他们在狂躁时的工作带来了深度。据有关研究考证，卢梭晚年的孤独忧郁和精神失常并没有影响他的创作，即使在他精神错乱最严重时期的著作《对话录》也是以严谨的逻辑写成的，其中推理也是非凡的，《漫步随想录》则不仅是《忏悔录》和《对话录》的续篇，而且可以说是早期《论人类不平等的起源和基础》的续篇。因而，可以断言，变态的忧郁与孤独埋藏着创作的神秘潜力。

6. 变态创造中的其他因素

心理学家荣格认为，一个人不必把自己完全看成是理智的，人也不可能是完全理智的。这样便会吸引着最大的心理能量，发展出一种狂热，一种偏执狂或者着迷，一种对心理平衡危害最厉害的极度夸张的片面性，这种片面性的能量无疑是成功的秘诀③。因为它激起心理能量的堆积，这对于艺术来说是绝对必要的。事实上，如果停留在一般心理水平上，就不能创造，要创造则总会有某种程度的反常与变态。许多受精神疾病困扰的艺术家拒绝治疗，理由是随着症状的消失，他们的创造性思维也将消失。许多人在发病的高峰时觉得特别敏锐、冲动、热情和富有创造性，例如：享德尔就是在狂躁症发作最厉害的 24 天内完成著名的《弥赛亚》的。作为艺术家，他们注定一生受"苦"，他们是痛苦的人，他们痛苦是因为创作，他们创作是因为痛苦。他们为艺术而生，为艺术而死。当贝多芬发现自己耳聋时，他几乎绝望了，是音乐留住了他，使他觉得应"扼住命运的咽喉"，不能离开这个世界，而应"活他一千辈子"。艺术家在创作时，常常忘记了自己，在病态中一往情深地追求和寻找自己心灵的归宿。他们根本不是想创作，而是必须创作，不得不创作！英国小说家萨克雷说："似乎有一种神秘的力量在移动我的笔"，瓦格纳也直言不讳地宣称："追随我内心冲动是我至上的法律，我所要做的出自我的本

---

① 李林．论忧郁的伦理价值［J］．人大复印资料，心理学，1988（4）

② 徐继曾．漫步随想录［M］．译者前言

③ 高觉敷编．西方心理学家文选［M］．北京：人民教育出版社，1982

能。”弥尔顿非创作《失乐园》不可，就像蚕非生产丝不可一样。忘却自我，进入变态，任潜意识支配，这便是“自由——自然”的创作，这便是天才的秘密，便是艺术生命之所在。

德谟克利特曾断言，诗人只有处在一种感情极度狂热或激动的特殊精神状态下，才会有成功的作品。而这种情绪上的昂扬自得的特殊精神状态就是创造的变态。我们只是力图从创造心理的角度寻找并论证变态与创造之间的合理因素，而并非认为变态是创造才能的先决条件。许多天才的创造者并非精神病患者，如莎士比亚，就找不出他有什么变态的地方。

## 二、正相关研究

罗杰斯和马斯洛的研究却认为病态对创造力没有利，只有障碍。库比（Kubi）则从临床角度分析心理健康对创造有正相关性，他认为尽管心理健康与创造力之间的因果关系很难确认，但二者呈正相关关系已得到了不少研究的初步证实。吉尔福特的研究也表明，尽管每个儿童具有巨大的创造潜能，但由于心理健康水平高的儿童比其他儿童善于对待他人的批评和社会的压力，对他人的批评和社会的压力采取更为合理的取舍，因而他们在创造力的测验中成绩更高。

近年来，我国学者从不同角度对创造力和心理健康的关系进行了研究。俞国良（2002）从理论上具体阐述了创造意识和创造精神、创造力和创造性人格、创造能力与实践能力，以及这些特征与心理健康的关系，并明确提出以心理健康教育为突破口，全面培养和提高儿童青少年的创造素质。然而这类研究多是采用调查法进行，设计简单，控制不够严格，因而尽管得到一些结论，但并没有完全解除人们对二者之间呈负相关的错误认识。由于心理健康、创造力本身就是模糊的概念，是不能直接测量的“潜变量”，使用特定测量工具测量过程中常包含大量测量误差。因此，由于过去统计技术的限制，难以揭示这些潜变量之间的关系。有鉴于此，我国心理学家林崇德等人通过问卷法对我国八大行政区10所不同类型学校的1043名大学生进行调查研究。从创造力和创造性人格多侧面认识大学生创造力的特点，从医学模式以及人格角度了解大学生心理健康的状况，在此基础上，借助现代统计技术——结构方程模型，揭示心理健康、个性和创造力之间的关系；将创造力作为内源潜变量，心理健康和创造性人格作为外源潜变量，三者构成的结构模型是可以接受的，该模型表明，大学生的创造力受其创造性人格和心理健康的积极影响。

这一研究目的是要探讨大学生心理健康和创造力之间的关系。他们建立以下三个假设结构模型进行比较验证：（1）将艾森克问卷的P、N、E分量表和威廉斯创造力个性问卷的冒险性、好奇性、想象性和挑战性综合在一起，作为人格特征潜变量的指标。结构模型存在两条路径：一条是心理健康作用于创造力；一条是人格特征作用于创造力；（2）将艾森克问卷的P、N、E维度作为一般人格特征，将威廉斯创造性思维人格问卷的冒险性、好奇性、想象性、挑战作性为创造性人格特征分别指向创造性思维潜变量，结构模型存在三条路径，分别指向创造性思维；（3）模型中只保留创造性人格特征，两条路径：一条由心理健康指向创造性思维潜变量；一条由创造性人格指向创造性思维潜变量。该研究选用SCL－90各项得分、自评焦虑量表（SAS）、自评抑郁量表（SDS）作为其观测变量；对于人格潜变量，选用艾森克个性问卷、威廉斯创造性人格问卷各个维度得分作为其观测指标。从研究中结构模型的$t$值来看，创造性人格和心理健康两个潜变量之间的关系存在着显著的负相关，说明具有创造性人格的人更容易成为心理健康的人或者心理健康的人更容易具有创造性人格。另外两条路径分别提示，创造性思维受到创造性人格和心理健康的积极影响。

### 三、心理健康与创造心理的辩证关系

无论是负相关研究还是正相关研究，我们可以看出，心理健康和创造力有密切的关系，它作为非认知因素和认知因素一起影响人的创造性行为。但是，心理健康与创造心理的关系既不是单纯的负相关，也不是单纯的正相关。如何正确认识心理健康与创造心理的关系呢？我们认为：

#### （一）心理健康是创造心理发展的需要

心理健康的实质是个体的各种心理机能的协调和完善，是各种心理机能的充分发展。而创造力是人类的一种普遍的心理能力，是人类心理机能的高级表现。因此，个体创造力的发展也必须建立在一定的心理健康的水平之上，即心理健康是个体创造力发展、发挥的基础。心理健康有广义和狭义之分。广义的心理健康是指一种高效而满意的、持续的心理状态；狭义的心理健康是指人的基本心理活动的过程内容完整协调一致，即认知、情感、意志、行为、人格完整和协调。基于以上观点，我们认为心理健康是指个体在适应环境的过程中，生理、心理和社会性方面达到协调一致，保持一种良好的心理功能状态。保持良好的心理功能状态，必须符合三项基本原则：其一是心理活动与客观环境的同一性原则。不论在形式上还是内容上都与客观环境保持同一。失去统一，即失去平衡，则心理失调，行为异常。例如，学生富于想象，幻想未来，无疑是正常现象，但一个人若整天想入非非，甚至产生幻觉，则是心理异常表现；其二是心理过程之间协调一致性原则，即一个人的认知、情感、意志等心理活动保持自身的完整统一，协调一致，保证准确有效地反

映客观现实。如果失去这种协调和统一，必然会出现异常心理。例如，当一个人对令人愉快之事做出冷漠的反应，而对使人痛苦之事却做出欢迎的反应，这是心理异常的表现；其三是个性特征的相对稳定性原则。即一个人在长期的生活经历中形成的个性心理特征，具有相对稳定性，一般是不易改变的。但是，如果在外部环境没有巨大变化的情况下，一个人的个性出现明显的变化，就应考虑到心理活动是否出现异常。例如，一个平常热情活泼的人，突然变得沉默寡言，一反常态。上述衡量一个人是否达到良好的心理功能状态的三项基本原则，也是我们分析和诊断一个人心理健康或心理异常的理论依据。

此外，创造力的发挥可能还需要其他一些条件，比如创造动机的强度、创造的社会环境因素等等，这些积极的因素在个体身上汇集得越多，个体的创造潜能就越可能得到充分的发挥和实现。这对于我们在学校实际工作中，把心理健康教育和创造性心理的培养有机结合起来，把促进学生的心理健康水平作为提高其创造心理的突破口，作为创新教育发组成部分，全面培养和提高学生的创新素质，塑造出心理健康、勇于创新的新一代接班人，具有重要的理论价值和现实指导意义。

（二）心理健康的状态在创造过程可能发生变化

如前所述，历史上天才或创造者的心理既有常态的，也有变态的，比如凡·高、海明威在功成名就前后，就表现出某种心理失调或心理疾病。这有三个方面需要探讨：一是有许多有助于创造的个性特征，如对现实不满、喜欢冒险、敢于挑战、我行我素等，常被社会排斥或拒绝，而那些敢于向权威挑战，有点古怪的“天才”们正是长期生活在强大的压力下，再加上功成名就后无法自我否定和自我超越，才会出现各种心理失调或心理疾病。这一现象更应从他们的成长背景和当时的社会文化历史环境中去理解和解释（林崇德）。二是与所从事的研究领域有关。比如波司特（Post，1994）使用精神疾病诊断标准 DSM－Ⅲ，对通过取样得到的 291 名颇具创造性思维的科学家、作曲家、政治家、艺术家、思想家、作家进行研究，结论显示艺术家、作家身上心理病态的检出率高于科学家。还有研究显示艺术类大学生抑郁得分高于科学类大学生等等。第三，不能用常态的心理健康标准去测定创造过程的人，那将会失去准星。心理测验通过有代表性的取样、成立常模样本、检测信度、检测效度和方法的标准化，才能形成测评量表，可以在一定程度上避免专家的主观看法，但是，这类心理测验的取样对象是常态人，并不是特指创造者的。例如马斯洛和密特尔曼（MITTELMAN）曾提出人的心理是否健康的 10 条标准中：是否有充分的安全感、是否对自己有较充分的了解、自己的生活理想和目标能否切合实际、能否与周围环境事物保持良好的接触、能否保持自我人格的完整与和谐、能否具备从经验中学习的能力、能否保持适当和良好的人际关系、能否适度地表达和控制自己的情绪、能否在集体允许的前提下，有限地发挥自己的个性、能否在社会规范的范围内，适当地满足个人的基本要求等等，这对常态人是合适的，而用此标准来衡量创造过程的表现，大多与创造心理相悖。

（三）必须认识到创造心理的复杂多元的特征

Isksen（1987）曾提出，创造心理的样式在不同的人身上表现的程度和方式都是不同的，创造心理样式应该被看做一种多侧面的现象，而不是一个可以精确定义的单一的功能结构。创造者在创造活动过程中就是要打破陈旧的自我延续下来的心理模式，而不是重新制造一个样式。许多研究者也认识到，创造者的心理健康状态也是形形色色的，既有常态差异，也有创造过程的变态差异。如果把创造力看作是一个静态结构和动态结构相统一的心理系统，那么它就是一个包括创造性思维、心理健康和创造性人格构成的结构模型。林崇德将创造性思维作为内源潜变量，心理健康和创造性人格作为外源潜变量，三者关系是互相联系，互相作用，互相矛盾，相互独立，相互制约也是相互补充的，关系错综复杂。

# 第四章　智力与创造

【知识框图】

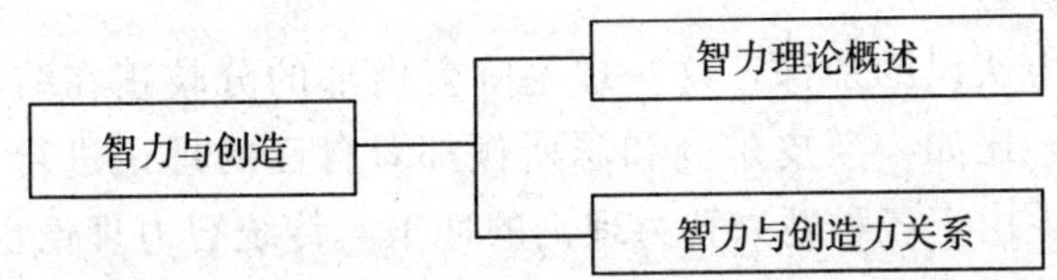


智力和创造心理之间的关系一直是广大学者讨论的问题。智力是通过改变自身、改变环境或找到一个新的环境去有效地适应环境的能力。创造力是知识、智力、能力及优良的个性品质等复杂多因素综合优化构成的。智力偏向先天性因素，可以通过开发来提高。创造力与后天的教育有关，可以通过不断地培养来提高。智力会影响创造力，但并不是创造力的全部，同时创造力的提高也会促进智力的开发。

## 第一节　智力理论概述

智力通常是指生物一般性的精神能力。指人认识、理解客观事物并运用知识、经验等解决问题的能力，包括记忆、观察、想象、思考、判断等。这个能力包括以下几点：理解、计划、解决问题，抽象思维，表达意念以及语言和学习的能力。当考虑到动物智力时，“智力”的定义也可以概括为：通过改变自身、改变环境或找到一个新的环境去有效地适应环境的能力。传统的智力理论如智商理论（the theory of IQ）和皮亚杰的认知发展理论（the theory ofcognitive development）都认为智力是以语言能力和数理逻辑能力为核心、以整合方式存在的一种能力。而 20 世纪 80 年代中后期特别是 90 年代以来，西方不少心理学家在批评上述两种理论的基础上提出了新兴智力理论。

## 一、传统智力理论

从1904年斯皮尔曼提出最早的智力理论以来，智力理论一直是心理学研究领域最有意义也最活跃的课题之一。一百多年来，心理学家们纷纷提出了许多智力理论，然而，在20世纪80年代以前，智力研究领域基本为传统智力理论所统领。传统智力理论，以心理测量学为基础，认为智力由因素构成，通过因素分析可以探索这些因素，进而认识智力的内核。许多颇有影响力的智力理论，比如斯皮尔曼的二因素论、瑟斯顿的群因素论、吉尔福德三维结构的多因素理论、卡特尔的三层智力理论等，都从属于这一理论阵营。这些智力理论，虽然在构成智力的因素数目以及层次上存在分歧，但都承认存在着一个一般的智力。

随着对智力认识的加深，这一理论阵营内部的分歧正在缩小，在理论主张上更加接近。比如，斯皮尔曼和瑟斯顿都对自己的理论进行了修改、相互承认。特别是，由于各种新兴智力理论的冲击，传统智力理论也发生了演变。1993年，卡罗尔提出了认知能力层级模型，该模型指出智力由三个层级组成，最低一层是各种特殊因素，最高的层级是一般智力因素g，居于二者之间的是受g因素影响的中间层级，由流体智力、晶体智力、记忆容量、视知觉、听知觉、一般流畅性、一般加工速度七个因素构成。卡罗尔的理论受到了大多数该派学者的拥趸，被认为代表了该派理论的最新发展。

传统智力理论对社会最大的影响就是建立在其基础之上的智力测验或者说IQ测验，经过多年的发展，如今IQ测验作为一种很好的标准化方法，已经开发出了适应各类人群的智力量表，并在世界范围内普遍使用，而作为其基础的传统智力理论也由此更加深入人心。因此，虽然传统智力理论受到了许多研究者的种种批评，但其固有的基础和理论上的不断发展使其仍占有重要的优势地位。

## 二、新兴智力理论

从20世纪80年代以来，各种新兴智力理论开始出现，有些智力理论已经得到了广泛的认同，建立了重要的地位，并形成了与传统智力理论相抗衡的强大力量，其中最具影响力的主要有三种。

### （一）加德纳多元智能理论

多元智能理论是由美国哈佛大学教育研究院的心理发展学家霍华德·加德纳（Howard Gardner）在1983年提出。华德·加德纳是世界著名教育心理学家，最为人知的成就是“多元智能理论”，被誉为“多元智能理论”之父。

加德纳认为过去对智力的定义过于狭窄，未能正确反映一个人的真实能力。他认为，人的智力应该是一个量度他的解题能力（ability to solve problems）的指标。根据这个定义，他在《心智的架构》（Frames of Mind，Gardner，1983）这本书里提出，人类的智能至少可以分成七个范畴（后来增加至八个）：

1. 语文（Verbal/Linguistic）
2. 逻辑（Logical/Mathematical）
3. 空间（Visual/Spatial）
4. 肢体运作（Bodily/Kinesthetic）
5. 音乐（Musical/Rhythmic）
6. 人际（Inter－personal/Social）
7. 内省（Intra－personal/Introspective）
8. 自然探索（Naturalist，加德纳在1995年补充）

另外，有学者从内省智能分拆出“灵性智能”（spiritual intelligence）。

加德纳强调，这九种都是各自独立的、不同类型的智力，而不是同一种智力的不同成分，每一种智力代表了以大脑为基础的一个能力的模块，这也是加德纳和传统智力理论的一个根本区别。

加德纳和传统智力理论的另一个根本区别是方法学上的不同。传统智力理论从因素分析出发，而加德纳受生物制约观思潮影响，依靠了大量神经生理学证据。他搜索了与智力相关的各门学科的文献（含实验数据），特别是对神童、天才、脑损伤病人、白痴学者等的研究，采用他所谓的“主观因素分析”的方法，列举了确定上述九种智力模块的八条标准。

与传统上认为智力是遗传因素决定的观点不同，加德纳认为智力可以在任何年龄阶段发展，或任何能力层次的人都可以通过学习让自己在各方面都变得很聪明。加德纳多元智力理论承认智力具有生物基础，具有发展的潜力，而且也承认文化在智力发展中的重要作用，不同社会对特定能力给予的文化上的价值也就成为了人们谋求发展在该领域的能力的动力。“文化影响了每一个个体，而且它因此便必然会影响潜能从刚开始所进行的那种发展方式”。这为教育提供了一个机会，也对教师创造一个适合儿童智力发展的环境提出了要求。也就是说，除了要多方面、多维度地看待智力，发现智力的多样性，还应该以发展的眼光来看待智力，寻求智力的发展。即使某些领域不是儿童所擅长的甚至是儿童的薄弱之处，也都是可以发展的。

加德纳智力理论的创新在于突破了传统的智力范畴，提出了多维智力的理念，并相应引发了人们对教育、人才、智力开发、教育评价的思考；另外，既注重神经生理学证据，又不忽视社会文化作用，也使得其理论更具说服力。因此，其理论在世界范围内对教育理论和教育实践都有极大的影响力。

（二）三元智力理论

同样颇具影响力的是1985年由斯腾伯格提出的智力的三元理论，他认为智力是适应、选择和塑造环境背景所需的心理能力。该理论由三个子理论：背景子理论、经验子理论、成分子理论构成。背景子理论指出要从发生的背景看待智力。经验子理论强调个体应付新事物的能力和加工自动化的程度高度依赖于经验。成分子理论是斯腾伯格的信息加工模型，包括三个基本的信息加工成分：元成分、操作成分和知识获得成分。斯腾伯格认为正是个体在这三个成分上的差异导致了人们信息加工的差异，从而造成了个体间智力的差异。

然而，从智力的内隐研究出发，斯腾伯格认为三元智力仍不足以解释现实社会中的人类智力，因此，1996年斯腾伯格在三元智力理论的基础上提出更具实用和现实取向的成功智力理论（又称成功智力的三元理论），强调智力不应仅仅涉及学业，更应指向真实世界的成功。他认为成功智力有四个关键元素：(1) 应在一个人的社会文化背景内，按照个人的标准，根据在生活中取得成功的能力定义智力；(2) 个体取得成功的能力依赖于利用自己的力量改正或弥补自己的不足；(3) 成功是通过分析、创造和实践三方面智力的平衡获得的，其中分析性智力是进行分析、评价、判断或比较和对照的能力，也是传统智力测验测量的能力，创造性智力是面对新任务、新情境产生新观念的能力，实践性智力是把经验应用于适应、塑造和选择环境的能力；(4) 智力平衡是为了实现适应、塑造和选择环境的目标，而不仅仅是传统智力所强调的对环境的适应。斯腾伯格还强调，成功智力的基础是跨越文化普遍存在的智力加工过程，即三元理论中曾经论述过的元成分、操作成分和知识获得成分，其中最重要的是元认知成分，它负责计划、监控和评估。

斯腾伯格进行了大量的实验研究来证实其理论，结果发现确实存在着源自于同样信息加工成分的三种不同的思维能力：分析、创造和实践能力；并且发现，传统的教育只重视鼓励学生记忆和分析的分析性智力，不利于发展创造性和实践性智力；如果能够以与学生智力模式或者思维类型相匹配的方式进行教育和评估，学生表现会更好。

与加德纳相似，斯腾伯格的理论同样拓宽了传统智力理论的狭窄视野，发展了人们的智力观和评价观；同时，这种多侧面的理论也更符合人类智力复杂性的特点。而斯滕伯格的大量实验，不仅为其理论奠定了坚实的基础，使得理论更为流行，也改变了许多人传统的教育观念，并引发了一系列教育实践，受到了心理学家和教育学家们的广泛欢迎。

（三）情绪智力理论

情绪智力理论是对传统智力理论仅仅把智力局限于认识领域的一大超越。

基于情绪控制对个体成功与生活满意度的重要作用，1990 年萨拉维和梅耶尔首次提出了情绪智力，1995 年戈尔曼出版了《情绪智商》一书，更提出了情商概念并使其家喻户晓。1997 年萨拉维和梅耶尔修订了其情绪智力模型，提出情绪智力包括情绪的知觉和鉴赏表达、情绪对思维的促进、情绪的理解和感悟、情绪的成熟调节四方面内容。1998 年戈尔曼结合他人的研究结果，也对其情绪智力的理论体系进行了调整，把情绪智力划分为由 20 种子能力构成的四方面能力：自我知觉、自我管理、社会知觉、社交技巧。而巴伦也提出了由五个成分组成的情绪智力模型：个体内部成分、人际成分、适应性成分、压力管理成分和一般心境成分，并指出情绪智力是影响有效地应付环境需要和压力的一系列情绪的、人格的和人际能力的总和，直接影响着个体在生活中的成功和心理健康。

目前，尽管对情绪智力的理解各有不同、其具体成分有待确定，但其存在和作用已经得到了实验证明，并且发现它伴随着人的成长终生都在发展，训练、矫正措施和干预治疗可以使其改善和提高，因此，鉴别情绪智力已经成为该领域的首要任务。基于这种共识，情绪智力量表的开发成为了热点，迄今为止已有近十个版本，这些量表的开发为情绪智力进一步应用于各种实践领域如教学、诊断、选拔、培训以及职业倾向测试等奠定了基础。

情绪智力是对智力理论的一个新突破，它大大地拓展了智力的内涵，同时情绪智力的概念及理论、具体组成成分、情绪量表的验证、特定情绪量表的开发以及情绪智力的跨文化研究都将成为未来智力研究新的生长点。

### 三、其他智力理论

20 世纪 80 年代以来，除了上述三大智力理论以外，还有一些重要的支流，它们也在智力研究领域形成了不小的影响，并有可能在未来发展为智力理论的主流力量，它们分别代表了不同的智力研究方向。其中，比较有代表性的主要有三种。

#### （一）认知心理学方向

戴斯等人于 1990 年提出的 PASS 模型理论，是从认知心理学角度研究智力的代表。该理论表现出了鲜明的过程取向，即重点研究智力这种认知活动的过程。他们把传统智力研究的因素分析、认知加工理论及研究方法以及心理学家鲁利亚的大脑功能分区理论结合起来，提出了智力的“计划—注意—同时性加工和继时性加工”模型。该模型认为，智力由包含上述四种认知过程的三个认知功能系统组成，其中注意—唤醒系统负责引起注意和激活智力活动，影响着个体对信息进行编码加工和计划，对应于鲁利亚大脑皮层一级功能区的功能，是智力活动的基础；同时—继时加工系统（编码系统）主要是以同时性（并行）或者继时性（序列）两种加工方式接收、解释、转换、再编码和存贮外界信息，是智力活动的主要操作系统，对应于鲁利亚大脑皮层二级功能区；处在最高层次的计划系统负责计划、监控、调节、评价等高级功能，与鲁利亚大脑皮层三级功能区相对应，对另外两个系统起监控和调节作用；这三个系统各具功能又相互作用，保证了一切智力活动的进行。戴斯等人同样进行了大量的实证研究为他们的理论提供了证据。

戴斯等人批判传统智力测验注重实用的鉴别性而理论化不足，在其理论和实验研究的基础上，编制了一个适用于 5 至 17 岁儿童的标准化测验(CAS)，测量与学习有关但又独立于教育的基本认知机能。该测验 12 个任务类型的 4 个子测验，分别测量了计划、注意、同时性加工和继时性加工四种认知过程。由于所评估的能力宽泛、诊断具体、能为干预提供基础，目前 CAS 已经作为传统智力测验的补充而被普遍采用。

PASS 模型建立在神经心理学基础上，整合了信息加工心理学和心理测量学的观点，不仅比较完整、系统，而且把对智力的研究深入到了动态过程层面。另外，该理论在把理论向智力评定方法转换方面也取得了成功，对未来智力理论的发展和走向具有重要的启示意义，也为以后的智力测验提供了新的视角。

（二）生物生态学方向

随着生态学思想进入到心理学界，这一取向也反映在了智力理论上。1996 年塞西提出了生物生态学智力理论，他强调智力是天生潜能、背景以及内部动机的函数，并把背景作为其理论的中心。指出背景影响了能力的获得、获得类型以及能力的表达，对于智力的发展是关键性的。塞西定义了四种类型的背景：物理的、社会的、心理的和历史的，并通过许多实验证明了背景的作用。

塞西认为，虽然人的潜能都具有生物学基础，但还是不能分割背景的作用。塞西指出，智力是领域特异性的，并不存在一个单独的、基础的智力因素，决定智力发展水平的是个体在某一领域的知识（基本事实、解决问题的程序、策略等）及其整合和精细化，而学校教育使得获得知识基础成为可能，因此，它无论对 IQ 分数还是以后的生活结果都起着重要的因果作用。塞西还通过实验证明了学校教育解释了儿童 IQ 差异的大部分，个体受教育数量和质量直接或间接地影响着其智力。

人与环境构成了一个生态系统，它们一同演进，作为影响个体智力发展的单元，同时又是发展整体中的成分，这种生态学的思想使我们对智力有了更加有机完整的认识。而塞西对学校教育作用的考察也给教育者努力提高学生智力的实践以更大的信心。

（三）认知神经科学方向

智力理论最新的取向源于认知神经科学的蓬勃发展。2002 年加里克等人综合了神经科学和认知科学的发现，通过对人工神经系统的研究提出了智力的神经可塑性模型。该模型提出，个体的智力随着大脑神经系统的可塑性发展，而可塑性简单地说是神经系统使其联系适应于环境的一种能力。神经可塑性的高低，反映了个体神经联系对环境的适应性，也标志着个体的智力发展水平。个体的神经可塑性不是一成不变的，一方面，环境刺激可以激发神经系统对任务的调节而发展神经可塑性；另一方面，神经系统的调节和适应能力随时间、区域而不同，表明了智力发展关键期的存在。因此，要发展某一特定智能适当的神经联系，就要在关键期呈现适当的刺激。

加里克等人认为，神经可塑性模型可以很好地把传统智力理论的 g 因素与后来神经科学、认知科学发现的能力的模块论、特异性等发现整合起来，并能解释智力研究中许多未能解释的其他发现，如简单任务反应时的差异、Flynn 效应、干预研究效应、发展的阶段性、大脑大小和智力关系、g 因素负载与遗传的关系、个体智力表现差异的稳定性、不同环境条件下智能表现总体水平的不同、智力发展关键期的存在、天才的能力发展等。除了这些支持，该模型还通过计算机模拟得到了验证。

加里克等人把多领域的智力研究整合起来的努力，使神经可塑性模型对智力有了更强的解释力。而且，它开辟了许多通向未来研究之路，首先是对智力发展关键期的研究，另一前景是低 IQ 儿童智力差异原因的推断。最令人激动的是一旦确定了造成智力差异的神经过程，将使提高低 IQ 个体智力的生物干预（如基因分析、基因治疗）成为可能。

综观智力理论最近的发展与演变，传统的智力理论尚未退出舞台，新兴智力理论已经纷纷登场；多元智力、成功智力、情绪智力日臻成熟，成为与传统智力理论抗衡的力量；智力理论研究摆脱了传统的狭隘与单一，逐渐走向宽泛并呈多元化方向。丰富多彩的智力理论，从不同的角度丰富了我们对智力的认识，加深了我们对智力本质的理解。

## 第二节 智力与创造力关系

创造力是一种探索未知的创新能力，它是在丰富的知识经验的基础上综合认识、情感、意志过程的各种特性和个性特征达到最高水平的表现。因而它与智力和个性有密切的联系。无可否认，创造力的运用、自由的创造活动，是人的真正的功能；人的创造活动，是人的真正的功能；人在创造中找到他的真正幸福，证明了这一点。智力与创造力关系比较复杂，从统计学出发，一般创造力、高创造力与智力的关系呈现出不同的规律。另外，各种智力要素与创造力之间的关系也是不同的。

## 一、一般创造力与智力的关系

对创造力研究的一个重要方面是从研究智力开始的。吉尔福特把创造力作为智力的一个部分进行研究，在他的三维智力模型中以思维的运算为中心研究智力活动的结果，其中根据发散思维的特点进行的测验结果表明：智力与创造力在个人能力上，两者之间有正相关的趋势。智力高者其创造力也有较高的倾向。但智力越高者与创造力的相关越低。智商在130以上的，他们的创造力分数，有的极高，有的极低，分布非常分散。这说明，智力高者不一定具有高创造力，但创造力高者必须具有中等以上水平的智力。因而，智力是发展创造力的条件。

有人用美国心理学家推孟的研究说明智力与创造力存在着相关性。推孟曾从学龄儿童中挑选出857名男生，其平均智商接近150。在这857人中，后来有78人得到博士学位，48人得到医科学位，85人得到法律学位，74人正在或曾在大学任教，51人在自然科学或工程学方面进行基础理论研究，104人担任工程师。科学家中有47人编入1949年版《美国科学家年鉴》。所有以上数字和从总人口中任选800名相应年龄的人相比较，几乎大10～20倍或30倍，表明高智商者在事业上作出成就的比例大大高于一般人的比例，说明智力与创造力有关。

但是由于鉴定智力的智力测验基本没有测验创造力的题目，吉尔福特曾对有名的个别智力测验以及团体智力测验作过因素分析，他发现这些测验大多测量认知力、记忆力以及聚合思维，只有极少的试题是测量发散思维以及评价能力的。而发散思维是创造力的重要成分，因此吉尔福特认为智力测验是不能测量创造力的，这样一来，智力与创造力的相关就是很低的了。

盖泽尔斯（J. Getzels）和杰克逊（P. Jackson）所获得的中小学生的创造力分数与智商分数的相关平均为0.27。这些学生的高创造力测验分数与高智力分数有很少相关的趋势。瓦勒茨（M. A. Wallach）和温（C. W. Wing）以大学一年级学生的发散思维能力与其学业能力倾向（作为智力测验）的分数相比较，二者很少有直接的相关。

“阈限理论”是阐明智力与创造力二者之间的关系的理论，这种理论说明一个人所具有的创造力至少比智力的平均数要高一些。

耶莫莫托（K. Yamomoto）的研究认为，智商在90以下者，智力与创造力的相关为0.88；智商在90～110之间者，智力与创造力之间的相关为

0.69；智商在110～130之间者，智力与创造力的相关为－0.30；智商在130以上者，二者之间的相关为－0.09。这就是说，智商在110以下者，高智商分数与高创造力是相伴随的，高于110这个点时，二者之间就很少相关或无关。其他许多项类似的研究也都证明了这一理论，这些论据都支持创造力必须以一定数量的智商（智力）为阈限点，超过了这个阈限的临界点，创造力与智力的相关是微弱的。怎样理解智力与创造力既相关又不相关的情况呢？这可以从以下两图中大致地看出来。

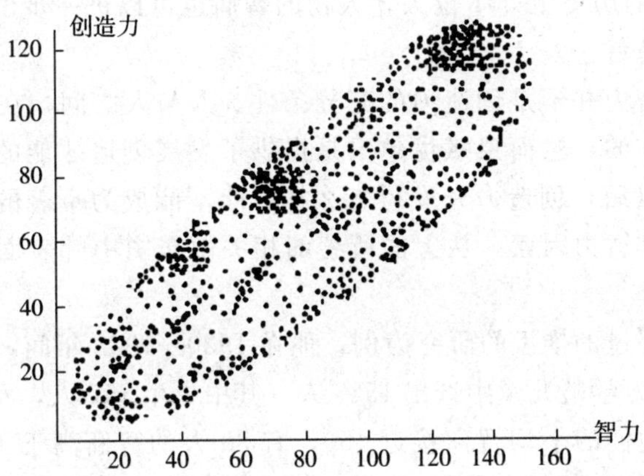


上图假定智力与创造力的全距在坐标上所分布的情形具有集中在一条直线附近的趋势，这表示有一种中度的相关。而下图则说明，如果将智力与创造力的全距分为上、中、下三段，那么，智力与创造力几乎没有什么相关。

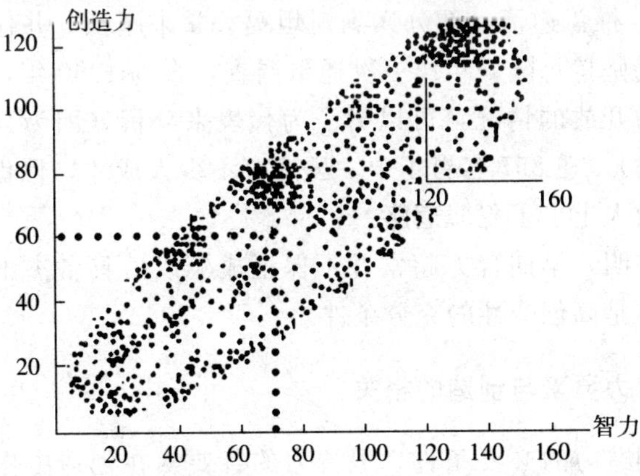


这两图上的分布点是理论上的分析，这种分析与实际也是相符的。理波与梅奕于1962年研究发现，如果从一组未经选择而具有全距智商的人数中就智力与创造力加以比较，这两者的相关是中度的，其相关系数从1.00～0.73不等。如果将整体人数或智商的全距分为上中下三组而分别予以计算，则两者间的相关一般都很低，各研究所得的数字从0.00～0.45不等。

## 二、高创造力与智力的关系

虽然智力与创造力在上、中、下各智力等级范围之内的相关很低，但这并不表示创造不依靠智力。在葛采儿斯与杰克逊所研究的449名学生中，他们最低的智商是120。其他许多研究也表明这一类似情况。因此，比较普遍的观点是认为较高智力是高创造力的必要条件。上面所说的美国考克斯博士在1926年所收集的历史上301位天才人物的智商也可以进一步说明高智力是高创造力的必要条件。

但是，高智力并不是创造力的充分条件。人与人之间，在禀赋上有某些差异是客观存在的，然而禀赋优越只是提供了发展创造才能的基础。禀赋超常的儿童长大以后，创造力开发得怎么样，能不能成为卓著的人才，除智力因素外，还有非智力因素。从上面所绘的相关散布图中叶表面智力不是创造力的充分条件。

再以前面提过的推孟的研究为例，他在1920—1923年间，用斯坦福—比内测验，从25万学龄儿童中选出1528人（其中男生857人，女生671人）作为研究对象。他们的平均智商接近150，有80人的智商高于170。推孟对他们作了学校调查和家庭访问，详细了解了老师和家长对他们智力的平价，还对三分之一的人作了体格检查。1928年，他重防了这些学生所在的学校和家庭。了解他们进入青少年时期以后智力发展和变化的情况。1936年，这些研究对象都已长大成人，近90%的人上过大学。其中30%是优等生，30%没有毕业。1940年，推孟邀请一部分人到斯坦福大学来座谈，并作了一次心理测验。以后，他仍坚持每隔5年作一次通讯调查，直到1960年，这些早慧儿童成年以后创造力开放的情况，可以男子为代表来分析（因为只有少数妇女离家担任专业职务）。在857名男子中，虽然有不少人成才，但也有许多人成绩平平，还有少数人走上了犯罪道路。

这项研究表明，早期智力超常并不保证成年以后具备杰出的才能卓有建树，高智力并不是高创造性的充分条件。

## 三、各种智力要素与创造的相关

高智力是创造力的必要条件，但智力的各要素在创造中作用的大小并不是等同的。我国心理学工作者王极盛曾对此作过研究。他将智力分为观察力、记忆力、想象力、思维能力、操作能力五要素。对150名科技工作者采用自我评价方法进行调查，结果智力五要素在五类科技创造中作用大小的排列次序如下：

自然科学基础研究的科技创造是：思维能力、操作能力、想象力、观察力、记忆力。观察力与记忆力作用分数的均数相等，二者并列第4位。

自然科学应用研究的科技创造是：思维能力、记忆力、观察力、想象力、操作能力。

社会科学研究的科技创造是：思维能力、想象力、记忆力、观察力、操作能力。

科学管理研究的科技创造是：思维能力、想象力、记忆力、观察力、操作能力。

总的科技创造（上面五类研究的科技创造的总体）是：思维能力、记忆力、想象力、观察力、操作能力。

这个结果表明，智力五要素在五类研究的科技创造中作用的次序不尽相同，但是思维能力在五类研究的科技创造中作用的次序都是第一位，说明思维能力在五类研究的科技创造中作用最大。

此外，王极盛还对思维能力在五类研究中作用分数的均数分别于观察力、记忆力、想象力、操作能力作用分数的均数进行了显著性考验，结果是除在自然科学基础研究中与操作能力、在科技管理中与记忆力的差异不显著外，其余在统计学考验上差异都是显着的。这就更进一步说明，思维能力在五类研究的科技创造中起着最重要的作用。

# 第五章　思维与创造

【知识框图】

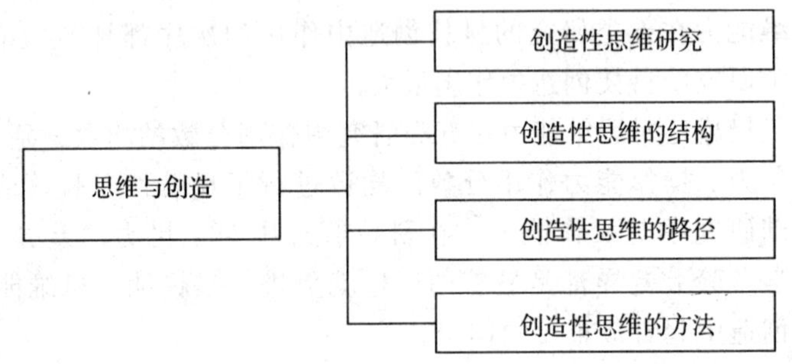


创造性思维，既是创造心理研究的重要对象，也是思维活动的最高神韵。古往今来，人们所取得的一切成就，无不与创造性思维有关。本章将就创造性思维的概念、特征、运行过程以及内外制约因素做较为详尽的论述。

## 第一节　创造性思维研究概述

### 一、创造性思维的概念

什么是创造性思维？

目前在我国，较一致的看法是把创造性思维定义为：根据一定的目的，运用一切已知信息，产生出某种新颖、独特、有社会或个人价值的产品的思维。这里的产品既指思维成果，也指物质成果。这个定义，对于我们全面理解创造性的内涵和创新人才的培养有如下两点启发：首先，这里所讲的产品是指以某种形式存在的思维成果，它的范围很广，包括新概念、新思想、新理论、新技术、新工艺、新作品、新决策等等。我们不能狭隘地理解创造性的成果，并不是只有科学家提出的新理论才可以用创造性来标志或衡量。创造性的产品是多样化的，所有行业和领域都可以存在创造性。创造性人才是不拘一格的，创造性的产品也是不拘一格的。其次，上面讲创造性的各种产品，之前总是冠以“新”字，到底新到什么程度才算是创新的或者创造性的？对于这个问题要从不同层面来回答。如果从人类进步和社会发展这一宏观水平上讲，产品的新颖性和独特性必须是具有社会意义的。譬如，科学家的创造必须为人类增加有价值的、崭新的“公共知识”，艺术家必须能给作品的欣赏者提供新的“公共体验”。然而，我们也可以从个体发展水平上衡量创造性。如果一个人能以他从未使用过的方式和策略解决了某个新问题，那么对于他个人而言，就具有创造性的意义。由此，理解创造性或创新就具有了社会的和个体的两个标准。社会的标准，是判断创造性或创新程度的高端标准，甚至是终极标准。在这个意义上，并不是每个人都能产生创造性的产品。然而，我们不能因此就否认了每个人身上都可能具有的创造倾向和可能。认识到创造的个人标准，有利于鼓励每个人（无论是成人，还是儿童）积极地、创造性地思考和解决问题。总之，“创造性”是一个连续体，而不是全有全无的。另外，创造性的个人和社会标准也是互补的。一种产品，只有对个人是创造性的，才可能对人类和社会具有创造价值。因此，创造性并不总是属于某些“精英”人物，人人皆可创造，只不过我们不仅应该朝着个体的标准努力，还应该努力达到社会的标准。

创造性思维是相对于常规性思维提出来的。后者是指对于客体只要求重用过去在类似情况中所用过的办法即可解决的思维活动。该定义实际上已反映了创造性思维的功能特征，但是要对思维的创造样式进行梳理，仅仅依据这样一个高度概括的定义是不够的。我们必须认识到思维的创造样式复杂多元的特征。Isksen（1987）曾提出，思维的创造在不同的人身上表现的程度和方式都是不同的，思维的创造样式应该被看做一种多侧面的现象，而不是一个可以精确定义的单一的功能结构。创造性思维就是要打破陈旧的自我延续下来的模式，而不是重新制造一个样式。许多研究者也认识到，思维的创造是一般人共同具有的智力品质，它的表现是形形色色的。如果把创造力看作是一个静态结构和动态结构相统一的心理系统，那么它就是一个包括创造目的、创造过程、创造材料、创造结果中的认知和非认知因素等诸多复杂心理结构的系统。

## 二、创造性思维的主要特征

创造性思维是人脑的特殊机能，是一个由多种思维要素和多种思维能力相互作用、协同进行的系统化的整体思维过程。与常规思维相比，它具有以下突出特征：

（一）新颖性

所谓新颖性就是在思路的选择上、在思考的技巧上、在常人的思维水平基础上有新的见解、新的发现和新的突破，思维成果必须是与他人或前人不同，独出心裁、不同凡响。单纯的模仿，缺乏独创性，谈不上什么创造性，只有继承，没有创新，不具有独特性，也不属于创造性的范畴。创造性思维活动的特点是创造，也就是要突破，突破一般性、习常性思维的常规和惯例，突破陈腐的观点、观念，突破思维上的重重障碍等等，得出新颖性的思维成果或物质成果，即有所“标新立异”。这种“新”就在于它的革命性，因而与传统观念、因循守旧的思想是格格不入的。没有“标新立异”，没有自立体系，就没有思维的创造性，就没有科学技术的革命，就没有今天的文明。

（二）求异性

这一特征贯穿于创造性思维活动的始终，这种求异性在具体的思维过程中表现为两个方面：一是求同中之异，即不满足某些已被人们奉为经典的结论，而是勇于打破常规惯例，致力于从不同的角度求得新的理解和认识，独辟蹊径，提出一些崭新的有价值的见解；二是求独到之异，即不满足于众人正在研究的已知领域，更注重去探求人类认识的未知天地，力图开创人类认识的新领域。俄国数学家罗巴切夫斯基、德国数学家高斯、匈牙利大学生鲍耶正是不满足当时被奉为经典的欧氏几何，凭着他们强烈的求异意识，大胆推翻欧氏几何的第五公设，创立了非欧几何这一崭新的数学分支，从而开辟了新的数学领域，并在人类科学发展史上留下了一座不朽的丰碑。我国著名国画大师齐白石先生在谈到师承关系时说过：“学我者生，似我者死。”这实质上是一句饱含创造哲理的名言。求异思维正是创造的生命力的体现，它是产生创造性思维成果的摇篮，是新思路、新方法、新理论的生长点。

（三）独立性

思维的独立性是指思维主体善于独立思考，善于独立地发现问题。它不囿于现有的方法论，不迷信教条，不盲从权威，更不轻易苟同于常人的认识和见解，并表现出果断、坚定和自信。在创造活动中，创造性思维的这一特点表现为两个方面：其一，它在创造者身上表现为一种科学的怀疑态度。这种科学怀疑不是怀疑人们认识世界的能力而消极无为，而是以事实为依据，积极地从反面对现存的理论、方法进行思考、探索和研究的思维活动。它既是创造性思维的起点，又是创造性思维继续发展的环节和工具，起着打开思路、促进科学发展的重要作用。其二，它在创造者身上表现为一种积极的批判精神。这种批判精神是与科学怀疑紧密相连的，它表现为冷静地思考问题，对大家通常认为是完美无缺的结论，从新的角度予以修改或“扬弃”。它的实质在于对对象的相对价值做出判断，从而导致新见解的诞生。

（四）多维性

思维的多维性就是指思维主体善于从不同的角度和层次思考问题，它在认识客体面前，既是纵向思维和横向思维的融合，又是发散思维与收敛思维的交织和统一。它主要表现为两种思维形式：其一，是指发散思维。即思维主体沿着不同的方向去思考，重组眼前的信息和记忆系统中的信息，从而产生新的信息的思维过程。其二，是指反向思维。即思维主体善于克服思维定势，一反固有的惯常思路，从别的甚至是相反的角度去思考问题，观其反面，从而在逆向思路中找到问题的答案。现代美国著名学者库恩在谈到思维的收敛与发散问题时曾指出，收敛式思维可使人们牢固地扎根于当代科学传统之中，而发散式思维又使人们思想开放、活跃，善于开辟新的方向，他认为两者都是科学进步、科学发现必不可少的。

（五）突发性

创造性思维与那些毫无根据的胡思乱想是截然相反的，但它的确又是一个从艰苦思索到茅塞顿开的量变和质变交融渐进的过程。而所谓思维的突发性就是指思维过程的非预期的质变方式。古希腊物理学家阿基米得洗澡时由于受到水的浮力启发而豁然开朗，发现了举世闻名的浮力原理；爱迪生从电话筒膜片的振动顿悟出声音的力量，进而发明了留声机；英国数学家汉密尔顿在和妻子散步时茅塞顿开，发现了对代数学具有重要意义的“四元数”；费米则在捕捉壁虎过程中，悟出了量子物理学著名的费米统计……古往今来，各国学者摘取科学发现和技术发明的朵朵绚丽之花，都生动地体现了创造性思维的突发性特征。

## 第二节　创造性思维的结构

迄今在创造性思维研究领域所取得的成果，一类是建立在传统心理学基础上的理论，另一类是建立在脑神经科学基础上的理论。其实，对创造性思维研究远未结束，一个不可忽略的事实是：思维的创造样式在不同的人身上表现的程度和方式都是不同的。思维的结构应该被看做一种多侧面的现象，而不是一个可以精确定义的单一的结构。创造性思维就是要打破陈旧的自我延续下来的模式，而不是重新制造一个固定不变的样式。人类的大脑是一种特殊系统，具有非凡的效率。该系统可以在对立和混乱中建立秩序，而且也只有在矛盾的对立统一中创造。非平衡是有序之源，这对创造性思维也极有启发。创造性思维是对思维的平衡状态的突破，因此，能否突破思维的平衡状态对创造性思想的产生至关重要。人的创造性思维经常发生在由思维的平衡态向非平衡态转化的过程中，这是一个由混沌走向有序的过程。因此，如果说创造性思维一定有结构样式的话，那它就像两个缠绕着的螺旋盘升系统：求同与求异、发散与聚合、纵向与横向交织在一起，平衡→不平衡→平衡→不平衡……盘升而上，以其特有的方式创造与守护、突破与更新着思维的机器。

求同思维与求异思维、发散思维与聚合思维、纵向思维与横向思维交织在一起，在许多情况下，它们共存于同一思维过程中，各有其所长和所短，在功能上互为补充，在思维的不同层面上不断分合，不断产生思维产品，不断推进思维，如同不断旋转上升的螺旋通道。总之，根据唯物辩证法的对立统一规律，求同与求异、发散与聚合、纵向与横向是矛盾的统一。

## 一、求同思维与求异思维

根据在解决问题时，思维活动的方向和思维的成果的特点，可将思维分为求异思维与聚合思维。

### （一）求同思维

求同思维是人们利用已有知识经验，向一个方向思考，得出唯一结论的思维。求同思维是一种有条理的思维活动。例如，由 A>B，B>C，C>D，得出唯一结论：A>D。许多人只掌握一种精心利用大脑的方法，也就是求同的方法，包括抽象思维。求同思维遵循一条最明显的思维路线，即直上直下地思考。这是大脑自我完善系统的工作方式（虽然它可能需要利用逻辑技术进行加工）。头脑根据大脑自我完善系统的工作方式制造模式。这些模式一旦形成，头脑就会将它们存储下来；而这些模式被反复应用时，它们就被更牢固地确定下来。模式应用体系是一种高效率的掌握信息的方法。模式一旦确立，它就形成了某种代码。代码系统的优点是一个人不必收集全部信息，而只要收集足以辨认代码模式的信息就行了。这就像在图书馆里，根据目录代码找到一本关于某一具体科目的书籍一样。人脑可以根据这些代码找到已有的模式。

### （二）求异思维

求异思维是指人们沿着不同方向思考，得出大量不同的结论的思维。求异思维得出的各种结论是否适当，需要通过求同思维进行检验。一般说来，创造性思维就是求异思维，求异思维从本质意义上是指，在人类物质文明、精神文明的一切领域、一切层面上，能先于他人，见人之所未见，思人之所未思，行人之所未行，从而获得人类文明的新发展、新突破。

求异思维的内核是：敏于生疑，敢于存疑，勇于质疑。并由此源源生发出新异、多彩、多元的发展性、创造性、突破性的新构思、新思想、新思维。

求异思维的内涵具有广博的开拓创新性和迁延性，运用求异思维能够克服思维模式的凝固化和一统化弊病，把思维从狭窄、封闭、陈旧相因的体系中解放出来，在一个新的领域中进行思维的创造性、开拓性的辐射与复合。显然，求异思维有益于启迪和挖掘人们潜在的智力。求异思维是与创造性紧密联系的。但是创造性常常只是对结果的描述，而求异思维却是对过程的描述。

（三）求同与求异的盘旋样式

1. 求同做选择，求异促生成

在求同思维中，重要的是正确性；在求异思维中，重要的是丰富性。求同思维通过排除其他途径来选择一条途径；求异思维不是选择途径而是试图开辟其他途径。人们用求同思维选择出解决某一问题最有希望的方法，查看某一形势的最佳方位；求异思维则使人们生成尽可能多的方法。使用求同思维人们也可能寻找多种不同的方法，直到找到有希望成功的一种；使用求异思维，即使在找到了有希望成功的方法之后人们还要继续生成尽可能多的方法。使用求同思维，旨在寻找最佳方法；使用求异思维则是为生成不同方法而生成不同方法。求同思维只是在有方向时才运动；而求异思维运动可以生成方向。一个人在进行求同思维时，他是朝着解决某一问题这个明确规定的方向运动，使用的是某种确定的方法或某种确定的技巧。人们在进行求异思维时，则为运动而运动，并不一定朝着什么目标，倒有可能要离开某种东西：重要的是运动或变化。在进行求异思维时，运动的目的不是要遵循某一方向而是为了生成某一方向。在进行求同思维时，人们设计了一种实验以显示某种效果；在进行求同思维时，人们必须总是朝着某一方向做有用的运动。一个人在进行求异思维时，他可以毫无方向地反复实验，对模式，对概念，对思想进行反复考虑。求异思维的运动和变化本身不是目的，而是进行重新构建模式的手段。一旦出现运动与变化，头脑中的择优功能就会注意有用的东西的出现。求同思维说："我知道我在寻找什么。"求异思维说："我在寻找，但在我找到所寻找的东西之前我不知道我在寻找什么。"

2. 求同按序，求异跳跃

一个人在进行求同思维时，他每次挪一步，下一步总是直接来自上一步，两步之间紧密相连。一旦做出结论，结论的合理性由导出这一结论各步骤的合理性证实。求异思维不必按部就班。它可以向前跳进一个新观点，而由此产生的空白以后再填补，这就是试误法。在尝试失误的经历中，成功的尝试和错误的尝试交错进行着。有时会有这样的情况：在达到某一点之后，则可以建立起一条回到起点的合理的逻辑途径。这种途径一旦建起，它是从哪一端建的并不重要，而且很可能只能从后往前建。有时可能需达山顶之后才能找到上山的最好道路。

3. 求同定向，求异试误

求同思维的要素是思维中的每一步都必须正确。这是求同思维的基础。没有这一点做保证，抽象思维与教学就不能进行。而在进行求异思维时，不必每一步都正确，在思维过程中，求异往往是试误性的，只要结论正确就行。这恰如建造一座桥梁：在建筑中，并非每个部件都必须能自立，而当最后一个部件安装就绪，大桥顿时便能自立了。如果有人说：子弹可以拐弯。对这一判断可能有三种不同态度：(1) 你错了，子弹不可以拐弯。(2) 太有意思了，请你告诉我，你是怎么样得出这个结论的。(3) 很好。接下去做什么？你准备怎样从这一思想出发继续向前发展？一个人想要发挥求异思维的启发性能，他接下去也必然能够使用求同思维的选择性能。为了获得正确的结果，过程中有时出现错误也是难免的。求异的试误实践可能会导致许多失败，甚至很惨烈，但总有一些试误会胜利，这些胜利推动着我们的进步。这包括根据当时的参照来判断一个人是错的，而后来参照系变了，又认为这是对的。这种情况在社会大变革中尤为经常，如我们近半个世纪所作的"社会主义"这篇大文章，昨非今是的不在少数。即使参照系不改变，为了达到某个正确目的，可能依然需要通过错误地段。经历错误地段之后，可能更容易找到正确途径。

4. 求同求纯，求异迎新

求同思维靠排除进行选择。思维是在一定参照系中进行，它会尽力排除不相干的东西。而求异思维欢迎外部的多元信息和影响，因为它们具有激发作用。这种外部信息和影响越是不相干，就越有可能改变既定模式。对于求同思维，只有当范畴、类别及名称是一致的时候，这些东西才有用，因为求同思维是靠认定某一东西属于某一类别或将其从该类别中排除出来进行。如果某一种东西被确定了名称或归入了一个类别，那么这种名称、这种类别就应纯净地保持下去。对于求异思维，对某一事物忽儿从这个方向看，忽儿从另一方向看，因此，名称可以改变。范畴与类别并不是帮助鉴别的固定分检格子，而是帮助运动的路标。对于求异思维，名称不是永远不变的，而是为了临时方便使用的。求异思维可能故意违反常理，一个人在进行求异思维时，他试着勘察最不明显的路径而不是那些最有希望的路径。重要的正是这种勘察最无希望的途径的意愿，因为常常不可能有其他理由来探察这些途径。在刚刚进入这些途径时，没有任何东西说明这些途径值得探察，但是走下去也许可以找到有用的东西。而在进行求同思维时，人们则是沿着一条方向正确、路面宽阔的途径前进。

5. 求同有限，求异无疆

进行求同思维者期望找到一种正确答案；对于求异思维，也许根本没有答案可言。求异思维增加了重新构建模式的机会，增加遇到洞察解决办法的机会，但有可能这种机会永不出现。求同思维许诺至少可以找到一种最差的解决办法；求异思维增加了找到最好解决办法的机会，但不做任何许诺。如果一个袋子中装着几个黑球却只有一个白球，那么掏出白球的机会很少。如果你不断增加袋中白球的数量，那么掏出白球的机会也就不断增加。但哪一次也不能绝对肯定掏出的是白球。求异思维增加了产生洞察再建的机会。一个人越善于求异思维，出现这种机会的可能性越大。求异思维的过程酷似向袋中追加白球，然而其结果仍具有概率性。然而求异思维很值得一试，因为我们可以由新思想的产生或旧思想的洞察再建而收益巨大，却不会有任何损失。当求同思维碰壁时，我们只能使用求异思维，即使此时求异思维成功的可能性很小。

总之，求异思维与求同思维有着根本区别，两种过程截然不同。问题不在于哪一种效率更高，因为两种思维样式都是必需的。问题在于我们必须认清二者的区别，以便更有效地使用它们。在进行求同思维时，人们把信息当成信息使用，以求达到问题的解决；在进行求异思维时，人们并不把信息当成信息使用，而是当成一种启发，以求重新构建模式。

求异思维与求同思维在创造思维的完整体系中，既有求异思维的活跃，也需求同思维的介入。在功能上是捆绑在一起，相互缠绕盘旋上升着。有些人对求异思维感到不快是因为他们认为求异思维威胁着求同思维的合法性。其实完全不是这样，这两种思维方法是相辅相成而不是相互对立的。求异思维用来生成新观念与方法，求同思维用来发展这些观念与方法。求异思维为求同思维提供更多供其选择的对象，从而提高求同思维的效力；求同思维很好地利用求异思维所生成的观念，因此使求异思维的效力成倍增加。一个人大部分时间可能都是在使用求同思维，但是当他需要使用求异思维的时候，不论求同思维多么好，也代替不了求异思维。当应该使用求异思维的时候，仍坚持求同思维是危险的。两类思维样式的技巧都是需要的。求异思维恰似汽车变速器的倒车挡，谁也不会一直使用倒车挡行驶；而另一方面倒车挡是必需的，而且我们需要学会使用它，以便能够从死胡同里把思维之车退出去。

### 二、发散思维与聚合思维

创造能力研究中广为使用的发散思维和聚合思维，是美国心理学家吉尔福特在“智力结构的三维模式”中明确提出并予以界定的两种思维方式。所谓发散思维，又称扩散思维、求异思维、辐射思维，是指从已知信息中产生大量变化的、独特的新信息的一种沿不同方向、在不同范围、不因循传统的思维方式。所谓聚合思维，又称收敛思维、求同思维、复合思维、集中思维，是指从已知信息中产生逻辑结论，从现成资料中寻求正确答案的一种有方向、有范围、有条理的思维方式。

（一）发散思维

与聚合思维相比，发散思维的特征是：（1）流畅性。即心理活动流畅少阻，在短时间内表达较多的观念和设想；（2）变通性。即思维变化多端，能举一反三，触类旁通，多角度、多方向思考问题，不受思维定势的束缚；（3）独创性。即对事物有超乎寻常的独特见解。这三个特征是相互关联的，其中关键是变通性，它是高度流畅和独特的前提。发散思维的这些特征同时也是创造性思维的内容，因此，发散思维常常用来代替创造思维。

发散思维的功用有两个；一是寻找更多的可能性。英国当代德·波诺思维训练教程就认为"从每一个我们能够想象出来的新选择中我们都能得到某种快乐"。这个教程中有一道题目是这样的：请你想一下一个放在桌子上的盛满水的杯子，任务是请你弄干杯里的水却又不允许你损坏杯子或使杯子倾斜，你能想出多少种不同的方法呢？你可以把书放在一旁，自己列出这些方法。或者你可以接着读下去，然后增加更多的你自己提供的选择：

（1）用虹吸管或者用嘴把水吸出来；

（2）把水吹出来；

（3）使用发泡剂，用发泡的方法把水排出；

（4）利用毛细原理（比如一块抹布）；

（5）使水沸腾蒸发；

（6）把水冻成冰，再把冰取出来；

（7）让杯子在离心作用下把水甩出来；

（8）放人沙子、卵石或其他物体把水排挤出来；

（9）使用海绵或其他吸水材料；

（10）用气球把水灌进去，再把它提出来；

……

这个任务是相对容易的，因为几乎没有什么约束条件。在有些情况下则比较难于发现其他的选择。

发散思维的第二个功能是维持思维的开放。它与聚合结构不同，聚合结构的有序状态可以在孤立的环境中不需要从外界环境补充物质和能量就能保持下去，而一个生命力长久的系统，必然是一个开放的系统，发散思维系统必须不断地与外界进行信息与思想交流。信息与思想的交流具有互补性与互增益性，它可激活人们的思维，头脑风暴法在决策科学中的有效应用就是一例。只有通过开放，引进负熵，不断地吐故纳新、推陈出新，创造性思维才会日益丰富多彩，产生越来越多的新质，形成各种新的有序结构。同时，开放的创造性思维系统还必须是动态的，只有不断变化与发展，才能保持与发展创造性思维的活力。

（二）聚合思维

与发散性思维相对应的是聚合思维，是指依据研究对象所提供的信息，使思维对已知信息进行多方位、多层次思考，寻求或选择解决问题的最佳方案或最新途径的思维形式。在进行聚合思维时，人们可以通过一系列有根据的步骤得到一个结论。由于步骤是坚实的，人们会肯定这个结论是正确的。但是不论这个结论如何正确，出发点却只是一种目的性很强的选择，这种选择塑造了所使用的基本概念。比如下棋，对方“当头炮”，你就来一个“马来跳”，一般是不会出错的。

从最后决策的角度来说，聚合思维显得比发散思维还要重要。哲学界有个“巴拉姆的驴子”的典故似乎就是证明这个重要问题的。“巴拉姆的驴子”更经常被人们称作“布里登的驴子”，但表示的意思是相同的。这只虚构的驴子刚好被置于距两堆完全相等的干草垛同样远近的中心点。这头驴子最终饿死了，因为它始终无法决定何去何从，两垛干草的绝对平衡使这头驴子进退两难。当几种选择方案具有同等的吸引力时，它本应当是最容易做的决定，因为你无论选中哪一个都会带来愉快的结果。但是为什么这样的决定又是如此难做呢？就像一个年轻的姑娘想要在两个符合条件的未婚男子之间决定取舍一样。这种状况的难处就在于让我们放弃一个有吸引力的选择。换句话说，这头驴子的问题出在无论哪一捆诱人的干草垛它都不肯放弃。因此，聚合思维的功能一方面是选择，一方面是放弃，放弃会使人的烦恼增加。“巴拉姆的驴子”的典故就告诉我们，在一般情况下放弃比选择更难。

由此可见，当我们一味强调发散思维而轻视了聚合思维时，当我们ˈ味把吉尔福特理论当做创造样式而忽略了两个缠绕着的螺旋系统时，“巴拉姆的驴子”就出现了。

（三）聚合与发散的的盘旋样式

一般来说，在创造活动的开始阶段，问题的情境往往不很明确。这时必须进行聚合思维，综合已知的各种信息，明确所要解决问题的关键并导出发散点。因此，聚合思维是发散思维的基础，是创造性思维的第一步。接下来，则必须以解决问题的关键为发散点，重新组合和应用以往经验，结合有关信息，广开思路，尽可能多地提出解决问题的可能途径和方法，这是一个发散思维的过程。最后，需要在上面发散的基础上，从多种设想、途径和方法中敏锐地抓住其中的最佳线索，使发散结果去假存真、去粗取精，找出最佳的解决方案来，从而创造性地解决问题，这又是一个聚合思维的过程。由此可见，创造性问题的解决，一方面是主体的思路沿着一些不同的有新意的通道发散，另一方面必须应用主体的知识，通过聚合——发散——再聚合的多次循环，按照严密的逻辑规律，以最佳的方式解决问题。

发散思维与聚合思维相比较，各有其所长和所短，发散思维注意变通，能产生较多的思维产品。聚合思维和发散思维各有其优点、缺点和独特作用，因此在思维过程中必须把两者辩证统一起来，使之相互补充、相辅相成。如果只有思维的聚合过程，而无发散过程，不善于多方向敏捷而灵活地思考问题，只沿着同一方向苦苦思索，也许会有所得，但往往会对新的领域、要素、方面无所涉及，使思维陷入呆板、保守和僵化，从而抑制思维的创造性，也不利于思维的全面发展。相反，如果只有思维的发散过程，而无聚合过程，尽管可以爆发出许多智慧的火花，但由于不能统一起来，不能形成集中的思维力量，会使思维失去控制，而陷入无序状态。所以，发散思维若没有聚合思维作补充，容易发散无边，变成幻想、空想、乱想。科学的方法应该是，当思维发散到一定程度，就要收敛聚合一下，进行比较，寻找较好的解决问题方案；然后又在新的基础上再进行发散，进而在更高的层次上再收敛聚合。总之，根据唯物辩证法的对立统一规律，发散思维与收敛思维是矛盾的统一。不“发”则“收”，则“收”是无本之木，只“发”不“收”，则我们只能得到众多的感性知识，不利于能力的提高。若“发”是“同中求异”，则“收”是“异中求同”，是一个抽象过程。要注意两种思维的功能互补，否则，创造性思维就如同“巴拉姆的驴子”一样不知所措。

### 三、纵向思维与横向思维

在创造思维活动过程中，对信息的挖掘和开拓有两个方式，即纵向与横向的挖掘和开拓。这两种思维在许多情况下共存于同一创造过程中，在思维的不同层面上不断分合，在功能上互为补充，如同不断旋转上升的螺旋通道，推进着思维的行进。

#### （一）纵向思维

所谓纵向思维，是指在一种结构范围中，按照有顺序的、可预测的、程序化的方向进行的思维方式，这是一种符合事物发展方向和人类认识规律的思维方式，遵循由低到高、由浅到深、由始到终等线索，因而清晰明了，合乎逻辑。我们平常生活、学习中大都采用这种思维方式。所谓横向思维，是指突破问题的结构范围，从其他领域的事物、事实中得到启示而产生新设想的思维方式，它不一定是有顺序的，同时也不能预测，不受范式的约束。有人把这种利用“局外”信息来发现问题的途径的思维方式同眼睛的侧视能力相类比，称它是“侧向思维”。中国古代《诗经》中的“他山之石，可以攻玉”即为这种思维的写照。

纵向思维通过纵向的挖掘，力图冲破多重复合函数中层层嵌套的掩蔽作用。这里分上下两个方向的挖掘。

向下挖掘：这是通过对当前某一层次的某个关键因素，努力运用发散思维和联想思维，并按照新的观点、新的角度或新的方向去进行分析与综合，以发现与该因素有关的新属性，从而挖掘出新的函数关系，对于第一层次的初始创造性目标来说，函数的复合则进入更深的一层。在发明电子计算机的例子中，冯．诺依曼之所以能提出“程序计数器”这一创新思想，就是对第四层次的“线性存储”这个因素，能够突破只按“存储方式”划分存储器的传统观念，而从“存储内容”这一新的角度去分析，从而得出有关存储器的新分类，在此基础上重新综合出“数据存储”和“程序（指令）存储”两大类。这样就在线性存储方式之下发现了一种新的与存储内容相关的函数关系，即挖掘出一种新的函数关系，与此同时，函数的复合也进入更深的一层。

向上挖掘：这是通过对当前某一层次中若干同现因素的已知属性按照新的观点、新的角度或新的方向去进行新的抽象与概括，从而挖掘出与这些同现因素相关的某种新函数关系，对于第一层次的初始目标来说，函数的复合则退出到上一层次。冯·诺依曼之所以能提出“中央处理器”（CPU）这一创新概念（CPU 至今仍是计算机的心脏），就是对第三层次的运算器、存储器和控制器三者的属性，从对“整个系统的运算与控制”这个新角度出发（而不是拘泥于原来的运算、控制、存储的纯功能模块划分）进行新的抽象，从而发现（即挖掘出），除了运算器与控制器以外，原属存储器的“程序计数器”也对整个系统的运算与控制有密切关系。于是在这基础上，他大胆地做出了新的概括，把“程序计数器”从存储器中划出来，将它和运算器、控制器结合在一起，组成一个新模块即“中央处理器”（CPU），而 CPU 与运算器、控制器、程序计数器之间则形成一种新的函数关系，对于初始目标来说，函数的复合则退出到上一层次，这就是“向上挖掘”的含义。

（二）横向思维

横向思维由于一改解决问题的一般思路，试图从别的方面、方向介入，使思维的信息广度大大增加，有可能从其他领域中得到解决问题的启示。因此，横向思维常常在创造活动中起着巨大的作用。人们在进行思考、解决问题时，常常存在着优势想法，这是一种建立在知识经验基础上的得心应手而且根深蒂固的对待问题的方式，它决定并支配着整个思维过程。显然，优势想法不利于提出新观念、新思维，是创造性思维的一种障碍。很多事实表明，运用横向思维有助于打破优势想法，冲破旧观念、旧秩序的束缚，产生新观点，推动对创造性问题的解决。横向思维是指通过发散思维和联想思维先确定同一层次中具有平行、并列关系的各个因素，尽量不要有遗漏（也叫“横向搜索”）。对于当前的创造性目标来说，同一层次中的诸因素其作用并不相同：有些因素是“可选择的”，只需选出其中最适当的一个即可。如发明计算机，处于第一、第二和第四层次的诸因素皆是可选择因素；有些则是“同现”的，每一个因素都应同时出现，每一个都有特定的用途，少了一个因素，系统的功能就不完善，如发明计算机的例子中处于第三层次的诸因素。因此在横向搜索结束后（即把有关因素尽可能不遗漏地联想出来后），还要作两种思维加工：一是分析、比较、选择，对可选择诸因素的已知属性进行分析、比较（或是通过直觉判断）从中选择出一个最适合当前创造性目标要求的因素；二是分析、综合、判定，对同现诸因素的已知属性进行分析，在此基础上进行综合，看看是否能满足当前创造性目标的各方面要求，从而判定是否还有遗漏的因素。

（三）横纵思维的缠绕盘升

横向思维已成为创造性思维的重要组成部分。但这绝不是说，在创造活动中，要完全抛弃纵向思维而由横向思维取而代之。相反，一个真正有创造性的人，往往是将两者有机地结合起来运用。一方面，当纵向思维不能解决问题时，应当尝试横向思维的方法；另一方面，应该看到，横向思维的许多结果也可能是无成效的，即使有成效，采用纵向思维作为补充、完善也是很有必要的。因此，横向思维与纵向思维的有机结合也是创造性思维所必需的。横向与纵向思维方法都属于比较性思维，由于比较的角度不同，就形成两种不同的思维活动。纵向思维侧重于从时间和历史的角度去思维，具有历时性的特点，它要求从事物的过去、现在的比较分析中，发现事件或社会在不同时期的特点和前后的联系，从而把握事件发展脉络及其本质的思维过程，探求历史事件或社会发展的内在规律和逻辑关系。横向思维是一种历时性的横断性思维。横向思维是截取事物的某一个横断面进行比较研究。它具有同时性、横断性和开放性的特点。纵向思维和横向思维是沿着不同方向运行的比较思维。由事物既有历时性的纵向过程，又有共时性的横向联系，因此在实践中我们应把这两种不同的思维样式结合起来，才能增强创造思维的力度。

创造思维相对因素的螺旋盘升性质，决定了它与辩证思维方法的内在一致性：一方面，创造思维样式应以辩证思维方法作为自己的前提；另一方面，辩证思维方法要从创造思维样式中吸取营养，丰富发展自身。辩证思维方法和创造思维样式，构成现代思维方式的最重要组成部分。创造思维样式就是辩证思维方式在现代的发展和深化，是现代实践活动方式与科学技术革命的产物。正如马克思说的，“那些发展着自己的物质生产和物质交往的人们，在改变自己的这个现实的同时也改变着自己的思维和思维的产物。”[①] 在新的历

① 马克思恩格斯全集．第3卷．北京：人民出版社，1971：30

史时期，创造思维样式内涵丰富，作用巨大，且又在不断总结提高之中。确立创造思维样式，是时代的需要，是社会发展的需要，加强对创造思维样式的研究，自觉地用创造思维样式改变我们的思维现状，对于开发认识能力，提高实践水平，是十分有益的。

## 第三节　创造性思维的路径

创造性思维活动必然按照一定的方向和路径行进，由一个环节、阶段向另一个环节、阶段过渡，形成有序的流向，带有明显的理性色彩。创造性思维结构和创造性思维运行模式是紧密相连的。也可以说，创造性思维中已包含、隐藏或决定着思维运行模式，思维运行模式是思维结构的显现和展开。创造性思维运行模式乃是创造性思维结构的动态表现，在这里，态势转变为动势。静态方面和动态方面结合起来，才能完整地表现创造性思维的方向和路径。

### 一、创造性思维路径概述

思维路径即思路，这里特指创造性思维的运行模式。思维的运行模式有起点形式、过程形式和终止形式。思维路径是这三种形式的统一。思维起点形式是指思维的出发点，一个特定的思维过程总是从外界信息和内储信息汇总出发，具有指向性的性质。思维过程形式是指思维运动的方向、线路、途径和程序。思维的终止形式是思维成果的证明形式。思维活动的运行起点、步骤、终点和规则等的有序过程就是思维的运行模式。思维的运行模式是由多因素综合作用的复杂的动态系统。在这个系统中，思维运动从什么“地方”出发，经历什么具体的步骤，达到什么目的、以及以什么作为检验思维活动正确与否的准则等。而要规定思维的路线，关键在于选择、确定思维目标，有了目标，思维的运行模式才有明确的方向，也才能获得相应的思维成果，从而显现出创造性思维的动态特征。

人的思维路径反映了思维过程中的转换和灵活应变的特征。思路畅达者，其思维活动触类旁通，灵活多变，不受定势和功能固着的束缚，能从一个方面通达另一个方面。顺应事态的变化而采取符合客观事物发展规律的举措。审时度势，及时发现潜在机遇，舍末求本，构筑最佳方案。月晕知风、缸润知雨、见微波而识暗流、闻强歌而明情思，这已实属不易，但也只是中等智力水平。要能在顺境中觉察危机，事先构想智谋方案，安排好回旋的余地，不是应变化而变，而是先变而待变，才称得上是上等智力。思路的畅通与豁达，会使得原本是“山穷水尽”的处境转化为“又一村”。

与思路畅通相反的是思路障碍，是指思维进程中思维连续性和广阔性的异常。正常人的思维是连续的，清醒状态下发育成熟的大脑皮层始终保持一定的兴奋性，概念的出现一个接着一个，按一种固定的思路，朝着既定方向进行联想，绝不发生某一思路到另一思路的跳跃或思路中断。一个人在形成一个新概念或解决一个新问题时，需要积极思维，周密地考虑、正确地判断，既要全面又要考虑重要细节，既注意问题本身又不忽略与此问题有关的一切条件。这取决于一个人脑中优势兴奋中心区域的大小，两半球兴奋中心区内容易形成新的条件反射，产生新的联想，使联想通路增加。思维的广阔性也与一个人已掌握的知识和经验的多少密切相关，缺乏丰富系统的知识经验，就会舍本求末、粗枝大叶，无法细致地发现并明确问题。在某种遗传、代谢、心理或社会因素的影响下出现精神障碍时，思维连贯性及广阔性就会受到影响、产生思路障碍。常见思维路径的病因有三种：（1）精神疾病：精神分裂症，精神发育迟滞，神经症，双相情感性障碍抑郁相；（2）癫痫：癫痫所致的精神障碍或人格改变；（3）器质性疾病：脑器质性痴呆综合征。

正常人思维的路径尽管复杂，但概括起来只有三类。在思维起点，思维一般都朝着事物发展的方向，就像指南针的朝向。但一旦进入信息编码阶段，思维的朝向就有可能改变。顺着事物发展的方向去思考问题和解决问题，这叫做顺向思维；在解决问题的过程中，充分利用已有的全部信息和条件，人的思维朝相反的方向发散，寻求问题解决的办法，这就叫反向思维；在知己知彼的基础上，明确主客观条件，如果不宜单纯采取正面或逆反的策略，就必须适应对方与外部的多重关系，采取迂回曲折的方法，利用、改变或者创造外部条件，间接作用于对手，这就是迂回思维。

## 二、顺向思维路径

### （一）顺向思维概述

顺着事物发展的方向去思考问题和解决问题的理性思维。顺向思维遵循事物的发展的一般顺序，比如说：从上到下，从左到右，从近到远，从前到后等等。因此，很容易被大多数人所掌握，并且很快形成思路。由于人们在日常生活中的学习、工作大多数处在常规问题的情境中，因此，每解决一次问题，那种特定的思维模式、方法、思路就在我们的大脑中烙印了一次。随着一次一次地重复，这种特定的思维过程和特点就成为习惯而被固定下来，以至于以后任何事物出现时，人们都首先自觉地或不自觉地沿袭着先前的思维习惯思考下去，所以，我们把顺向思维又称作习惯性思维或常规思维。顺向思维符合常理、常规、常情，有利于人与人之间的理解和沟通，因此，人们习惯于顺向思维，在对一些问题的看法上也比较容易达成共识。

顺向思维有其积极的一面，也有其消极的一面。如果我们面临的是常规性的问题，那么顺向思维可以使得我们很快地形成思路，提高我们的思考效率，节省时间，使问题得以解决。比如下棋，对方“当头炮”，你就来一个“马来跳”，用不着多考虑，一般是不会出错的。但是，如果客观事物的发展有了变化，或者我们面临新的事物、新的问题时候，顺向思维往往把人的思路固定在既有的轨道之中，堵塞了人的思路，阻碍了人们的创造活力，使问题难以得到顺利地解决。从这个意义上来说，顺向思维又很不可取。

（二）顺向思维与创造

顺向思维中的线型思维大多属日常生活中的理性思维类型，但顺向思维也内含有创造性。在解决问题的过程中，充分利用已有的全部信息和条件，人的思维延着事物发展的方向进行发散，从而寻求问题解决的办法，这就叫顺势变通。顺势变通是创造路径之一，它有二个基本特征：一是方向性。顺势变通与逆势变通在方向上是相反的，也就是说，逆势变通改变了事物原本运行的方向，顺势变通并不改变事物原本运行的方向，而是建立在顺向思维的基础上，充分利用原有的惯势行进；二是纵横连动性。一方面朝纵深方向探究客观现象的原因，做出突破性发现，另一方面进行横向检索，把相似、相关的事物加以联系，扩散思路以求思维的流畅性、求异性和独特性。顺势变通的这种发散性质与逆势变通是一致的，只是更强调它的连动性，这种连动能使思维的触角像发射的电波 样，朝前辐散，为解决新问题，创造新事物开辟道路。

顺势变通虽源于顺向思维，与一般的顺向思维在方向上是一致的，但本质却大相径庭。一般的顺向思维是定势思维，或称习惯思维，它对解决常规性的问题、进行常规性的思考较为有利，而且一旦遇到其他问题，也首先用顺向思维来进行思考。有位心理学家说：“只会使用锤子的人，总是把一切问题看做是钉子。”用一种固定的思维模式来思考繁复杂沓的问题，后果可想而知。因此，顺向思维不利于创造思考。顺势变通讲究“变通”，是创造性思维的组成部分。顺势变通往往源于顺向思维，却升华于变通之中。例如，20 世纪中期，美国和苏联都具备了将火箭送太空的科学技术条件。相比之下，当时的美国在这方面的实力比苏联更加强大，但双方都面对着一个比较严重的实际问题，这就是火箭的推动力不够强大，摆脱不了的地心吸引力。如何来解决这个问题，成了苏联与美国专家很头痛的问题。后来，他们根据各自长时间的实践经验，只是在尽量设法增加火箭的分级数量上入手，以求不断增加火箭的推动力，可是尽管火箭的数量增加了不少，但最终还是解决不了问题。后来，苏联的一位青年科学家摆脱了不断增加火箭数量的思路，产生一个新的设想——只串联起上面的两极火箭，把下面的火箭改成用20个发动机串联在一起的方法，经过严密计算和试验；这个方法终于得到了成功。这样一来，火箭的初始推动力和速度一下子就大大地增强了，完全达到了可以摆脱地球吸引力的速度。于是，一个长时间使许多科学家束手无策的技术难题，由于这样一个简单的新设想，很快得到了解决，所以苏联能够在美国之前，于1957年首先将人造卫星送上蓝天。这个例子很能说明顺向思维与顺势变通的区别和联系，不断增加火箭的分级数量与串连发动机都是为了增大火箭的推动力，思维方向是一致的，只是前者仅仅沿用传统的方法，而后者却是一种变通。

顺势变通讲究“大势”的作用。如时机、人气、主客观条件等因素，条件成熟了，机会抓住了即可顺势而为，这相对于逆势变通容易为人所接受。欧洲一体化的创造，听起来高深玄妙，其实就是顺应历史发展的趋势，欧洲各国取消关卡，畅行无阻，币制统一等等罢了。分析其中的奥妙，不就是顺势合一合、统一统嘛，之前那么多人不知是怎么回事，没有认识到它的意义，但当莫尔振臂一呼，立即得到许多国家的认可。莫尔的大创意是顺势变通的典例。它顺应了欧洲发展的大趋势，大潮流，莫尔因此被尊为“欧洲之父”。

顺势变通的形式是多种多样的。其中最基本的变通样式就是，在原有的事物运行规道上进行量的增减扩缩，从而促使事物的内涵、功能、作用等方面的飞跃，达到既定目的，甚至使事物的质也发生一定变化。有一家大商场的电梯过于陈旧，运行缓慢。顾客们每坐一次就抱怨一次，说太慢太慢。如果要改装新式电梯，必须花上几百万元钱，而商场的正常运转与财力都不允许这样做，后来有人想了个办法，他在电梯前放上舒适的座椅、躺椅、还有鲜花，茶水，还放上人们喜爱的各类杂志，还有一面正衣镜……顾客们的抱怨一下子就没有了。一个要花上几百万元钱的难题，结果只花几百元钱就解决了

## 三、反向思维路径

### （一）反向思维概述

与顺向思维对应的是反向思维，或者称作逆向思维，所谓反向思维，是与一般的正向思维相反，与传统的、逻辑的或习惯的思维方向相反的一种思维。它要求在思维活动时，从两个相反的方向去观察和思考，避免单一正向思维和单向度的认识过程的机械性，克服线性因果律的简单化，从相向视角（如上一下，左一右，前一后，正一反）来看待和认识客体，这样往往别开生面，独具一格，常常导致独创性的发现，取得突破性的成果。

反向思维不是人头脑的凭空想象或人为杜撰，而是有其客观依据的。首

先，事物之间的顺序关系都是相对的，“顺”与“逆”往往取决于思维者所处的位置。例如大会主席台前排就座的顺序，既可以从左到右排列，也可以从右向左排列，当然，也可以从中间往两边数。其次，事物之间的对立关系往往是可以相互转化的，否极泰来，泰极否反。物理能可以转化为化学能，化学能也可以转化为物理能；朋友可以相煎为仇，仇人也可以化敌为友。第三，还有不少事物在相反的极端条件下产生相同的结果。例如吃太饱和饿太狠都容易伤人；人太弱和人太强都难与人沟通；光太强或光太弱都会使人“伤眼”；水过浊和水过清都无鱼等等。以上种种规律佐证了反向思维存在的必然性和必要性，由此启发我们，反向思维是解决许多棘手问题的思维把手。

（二）反向思维与创造

美国科学家奥斯本在思维技法中提出了一条共同的基本要求和基本做法，那就是，见到大的东西就颠倒过来想一想，把它变成小的会怎么样？见到朝里的东西就倒过来想一想，把它变成向外的东西会怎么样？见到实心的东西就倒过来想一想，把它变成空心的东西会怎么样……这样“想一想”获得创造发明成果的实例，还真是不少。英国的物理学家戴维根据化学能可以转换为电能的原理，倒过来想一想，从而最终发现了电能也可以转化为化学能。发明家爱迪生发现声音能使音膜振动，倒过来想一想，使声膜振动产生原声，最终发明了能说话的机器——留声机。英国的物理学家法拉第根据电产生磁场，倒过来想一想，最终发现了磁场也可以产生电能。意大利物理学家伽利略注意到水的温度变化会影响水的体积的变化。倒过来想一想，由水的体积变化推测出了水的温度变化，最终设计出了最早的温度计。科学家们发现了各种元素都有自己独特的光谱以后，倒过来想一想，探测到某种光谱就能够确定相关的元素的存在。在这种思路的引导下，我们就可以用光谱分析法来判断宇宙某个神秘星球的物质元素了。

并不是所有的反向思维都是创造性的思维方法，那些反社会、反人类、反道德、反伦理的思想，很多是反向思维的结果，但并不是创造性思维。那些仅仅线型的反向思维，也难以完成创造活动。只有在正确思维指引下，在解决问题的过程中，充份利用已有的全部信息和条件，人的思维朝相反的方向发散，寻求问题解决的办法的逆势变通，才是创造性思维。逆势变通能够使我们注意到顺向思维想不到的或者是被忽略的问题，并进而产生新的突破，获得新的创造，从而使问题得到意外的解决。历史上的司马光“破缸救人”、军事上的“声东击西”、“欲擒故纵”、“空城计”，数学上的所谓“反证法”等都与逆势变通有关。司马光“破缸救人”早已被传为佳话，脍炙人口，这是典型的逆势变通的案例。按照通常的想法，人掉进水里以后，人们采取的办法就是把它从水里捞出来，也就是“让人脱离水”，这是顺应常规的思维。但是，对于一个年仅十岁的司马光来说，要把另一个掉进水缸里的小孩子抱出水面，既不现实也不可能，也就是说，常规的方法只能使他陷入困境。司马光的聪慧之处就在于没有按照常规的方法，而是从相反的方向，开通出一条思路，也就是“让水脱离人”。他打破了水缸放水，从而顺利地把水缸里的小孩子抢救了出来。事实上，有许多问题用顺向思维无法解决的时候，要攻克这个难题，摆脱困境的最好的最有效的方法就是把我们的脑袋反转一下逆势变通。

逆势变通有三种基本样式：时间逆反、空间逆反和因果逆反。

1. 时间关系逆反

由于时间思维形式是要对事物的“时间顺序特性”（与事物运动的先后顺序及持续时间长短有关的特性），即事物处于运动状态（或显著地变动的状态）的本质属性作出概括与间接的反应，显然，这种思维的基本特点就是要从一维线性的时间轴去把握事物运动过程的本质属性，而建立在语言基础上的逻辑思维正好最适合这种需求。建立在语言符号序列直线性基础上的逻辑思维，尽管其优势只是对一维时间轴上展开的活动事件作出反映，但由于三维空间中的视觉景象也可转化成一维时间轴上的一系列活动事件，所以，只要时间不受限制（不要求瞬间作出决断），逻辑思维原则上可以满足人类对思维提出的全部需求。也就是说，它既可适用于时间思维的场合，也可适用于空间思维的场合。但就逻辑思维的实质来说，由于它是建立在语言符号序列基础上，具有一维、线性的特点，最适合反映具有顺序性、持续性的运动变化过程，所以，显然它更适合于时间思维的场合。不过，我们并不同意像目前学术界绝大多数人的看法那样，把它称之为“抽象（逻辑）思维”或“抽象逻辑思维”，更不能简称之为“抽象思维”。而是应当把它称之为“时间逻辑思维”或“线性逻辑思维”，其简称则为“逻辑思维”。这是因为：

第一，抽象性、概括性是所有思维的特征，并非只是逻辑思维才具有。在逻辑思维之前冠以“抽象”，或干脆称之为“抽象思维”，容易使人误认为只有这种思维才具有抽象性，从而不适当地抬高了逻辑思维而贬低了其他形式的思维，而这点恰恰是当前学术界（尤其是哲学界和心理学界）的一大弊病；

第二，由于逻辑思维是建立在语言符号序列的基础之上，如前所述，其本质特征是直线性、顺序性，最适合于反映事物在一维线性时间轴上顺序展开的运动变化过程。因此，将这种思维命名为“线性逻辑思维”或“时间逻辑思维”是最合乎情理、最顺理成章的事情。

时间逆反主要表现在事物的程序反向变化上。顺序是事物的时间特性，显示事物的某种发展趋势，当事物的发展顺序颠倒时，其趋势和性质也会产生变化。程序颠倒的目的就是找寻更简约、更方便、更有效益的捷径，而思维途径往往顺着原有程序朝相反的方向行进，其长度既可是全程性的，也可以是某一阶段或流程的。顺序颠倒也会反作用于人的大脑，引发出一些奇思妙想来。例如，工厂里的生产环节，都从前往后，即先要采购原料，然后再进行加工、组装、出厂。前一道工序决定后一道工序，而前一道工序生产多少个零件，则决定了后一道工序就要组装多少零件。为了保证每道工序都能顺利进行，就需要有大量的生产资料准备。否则，前一个程序出了问题，后面就会停工待料。所以，每一个生产工序的车间都要有一个零件储备仓库。这种样式，有明显的占用资金和场地等问题。而日本的丰田公司第一任总经理丰田喜一郎，却改变了这种样式，他偏偏实行了从后向前的样式来安排生产，社会上需要什么样的汽车以及多少数量，他就生产多少。采取了“以需定产”的样式。市场情况调查清楚以后，再决定采购的数量和品种，也就是说，让后一道工序决定前一道工序的生产规模和样式。现在，这种样式已成为现代化生产管理样式的一个方向。

2. 空间关系逆反

由于空间思维形式是要对事物的“空间结构特性”（是指和事物在空间的存现形式与性质以及该事物与其他事物相联系时的空间位置、组合关系或排列次序等有关的特性），即事物处于存现状态（或相对静止状态）的本质属性和事物之间内在联系的规律作出概括与间接的反映，显然，这种思维的基本特点就是既要从整体上去把握事物的基本属性即事物在空间的存现形式与性质（这重要通过反映事物属性的空间视觉表象去把握），又要从整体上去把握事物之间内在联系即空间位置及组合次序等结构关系（这主要通过反映事物之间结构关系的空间视觉关系表象去把握）。由于这两方面的特性（事物的基本属性和事物之间的结构关系）都要通过空间视觉表象去把握，而空间视觉表象具有整体性与结构性，正是由于这个原因，所以这两方面的特性就被称之为“空间结构特性”。反映“空间结构特性”就是空间思维的最主要特征。为了强调这种特征，我们也可以将这种思维形式命名为“空间结构思维”，或简称之为“结构思维”。事实上，这种“空间结构特性”不仅是某个事物通过视觉表象的具体体现，也是事物之间内在联系规律性的直观透视。人们都有这样的经验：如果把某种事物从它所在的背景（即空间结构）中分离出来，从而使事物之间的内在联系改变，该事物就将成为完全不同的另一种事物。

对空间结构特征的把握既是对事物属性的直观形象的整体把握，也是对事物之间内在联系规律作出的快速综合判断，这就是对事物处于存现状态（相对静止运动状态）本质特征把握的具体含义。我们必须明确地认清这一点。在解决问题的过程中，按照常规的思路解决不了问题时，可以将事物的空间关系倒过来想一想，俗话说："你顺着河流走，你能发现大海；你逆着河流走，你能发现源头。"采用与现有的思维结论、思维对象、思维样式相反的思路来思考空间问题，往往能够有重大的发现。

3. 因果关系逆反

对具有因果关系的事物，采取由因求果的反向思维策略，往往能够寻找到被隐蔽的思维切入口。当我们用常规思维无法排除各种干扰因素时，从作为结果的事物乙出发，倒回去思考作为原因的事物甲，以及其间演变的过程和规律，往往能更便捷地解决问题。俄国的大作家列夫·托尔斯泰设计了一道题目。从前，有一个农夫在死之前，留下了一些牛要分给自己的亲属。这位农夫在遗嘱中写道：他的妻子可以分到全部牛的一半再加上半头牛；他的大儿子可以分到剩下来牛的半数再加上半头，所得的牛是他的妻子所得牛的一半；他的第二个儿子可以分到剩下来的牛的半数再加上半头，所得的牛是长子得到牛头数的一半；他女儿可以分到最后剩下来的牛的半数再加上半头，所得的牛是第二个儿子的牛头数的一半。这样一来，一头牛也没有杀，正好全部分完。问题是，农夫在死的时候一共留下了多少牛？这个问题看起来比较复杂，人们通常在解决这个问题的时候采取假设法。比如说，假设农夫死的时候留下了二十头牛，要按照遗嘱中对妻子、长子、次子和女儿所分配的数量，逐一进行检查和核对，看是否完全相符。如果全部分对了，做出的假设便是问题的正确的结论。如果不相符，那就要另作假设然后再逐一去检测核对。用这种思路来思考和解答这道题目当然是可以的，但要浪费很多的时间和精力，效率非常之低，的确是一个比较笨拙的办法。

比较起来，解方程的方法更好一些，但是，也需要列出很长的方程式，也是非常繁琐和复杂的。于是，有人就想起了一个非常简洁的办法，思路是倒过来想一想：女儿所得到的牛的头数，是最后剩下来的牛的半数加上半头，结果一头牛也没有杀掉。既然说剩下来的牛的半数加上半头：那么女儿得到的牛是多少，这个问题十分明显，只能是一头牛。沿着这个思路想下去，女儿得到的牛是第二个儿子的一半，那么，第二个儿子得到的牛应当是两头。第一个儿子得到的牛：第二个儿子得到的牛是长子的一半，那么，长子的牛就应该是次子的牛的一倍，也就是四头。最后，妻子得到的牛：长子的牛是妻子的一半，那么妻子得到的牛是长子的牛的一倍，也就是 8 头。然后把这四个人所得到的牛数加在一起，1＋2＋4＋8＝15。这就是农夫所留下来牛的总数。

4. 理论逆反

因果逆反延伸到理论创造更具意义。所有的理论都是人的主观意识的产物，它们归根到底都是客观事物及其规律在人们头脑中的反映。客观事物的空间属性和时间属性在一定条件下是可以互为颠倒的，那么，人们的思想观点和理论观点也可以作相应的颠倒。“理论颠倒”是思想解放、知识创造的一个方面，并应由实践来证实。

例如，欧几里德的几何学是建立在五条公理之上的。可是许多数学家对其中的平行线公理持怀疑的态度。他们认为，这条公理可以通过其他的几条公理加以证明，所以它并不是一条公理而是一条定理。历史上也有许多的数学家为了证明这条公理不是独立的而付出了大量的心血，但是都没有成功。后来，到了19世纪，俄国的罗巴切夫斯基、匈牙利的鲍耶等人敏锐地意识到，既然不能证明这条公理的正确，就说明它不可能成立，那么就可以倒过来想一想，如果认为它是独立的，并且可以将这条公理倒过来想，建立一条新的平行线的公理，从而给公理一条直线之外的某一点，可以引起无数条直线与这条直线平行。以这样倒过来想一想作为突破口，经过努力，几位杰出的数学家各自独立深入研究，人类数学知识宝库中才有了新的不同于欧式定理的几何学。

## 四、迂回思维路径

### （一）迂回思维概述

在知己知彼的基础上，明确主客观条件，如果不宜单纯采取正面或逆反的策略，就必须适应对方与外部的多重关系，采取迂回曲折的方法，利用、改变或者创造外部条件，间接作用于对手这就是迂回思维。这种思维类型更能体现思维的收益性、独特性和流畅性。

客观事物的发展，大都是由简单到复杂，由低级到高级，是不断前进、不断上升的。但在事物发展的某一个阶段，则又可能是后退的、下降的，这说明了事物发展的复杂性和曲折性。人的思维不仅应反映出事物前进和后退以及上升与下降的过程，还应采取相对应的策略。当我们所思考的问题面临障碍，特别是巨大障碍时，一般有两种对策：一是直线前进，或逆或顺，尽力消除障碍。这样做必须具备足够的力量和条件，力量不足要先积蓄，条件不够要先创造，否则，贸然向障碍发动进攻，即使付出巨大努力和代价，也常常落个徒劳无功，甚或惨败的结果。另一种对策是迂回变通，具体一点，就是考虑能不能避开障碍，走一条迂回曲折的道路；考虑能不能以解决甲问题为手段而达到解决乙问题的目的；考虑能不能为了前进而先后退，以求宽平之途等等。这样做，不去直接向障碍挑战，不直接触动和攻击障碍本身，而思考如何设法变不利为有利，至少不让其成为拦路虎、绊脚石。这样做似乎没有直接消灭障碍那样痛快酣畅，但最终却能取得令人满意的结果。

有这样一个被人传颂的金点子：北京的一个文化馆需要扩建，北京市政府为此拨款1400万元，当时，需要迁走的居民将近100户，按照当时的商品房售价，一套住房要16到18万元，总共需要两千万元，可是，市政府只给1400万元，还差600万元。后来，有人给他们出了个主意：可以在北京的郊区为搬迁居民购买100套住房，同时，再买100辆天津“大发”汽车赠送给每个搬迁户。搬迁户再将车租给北京的一家出租车公司，由他们每月付给千元以上的租金。当时，郊区一套住房只要3万多元，一辆“大发”只要4万5千元，两者加起来也不过8万元左右，这样，100户居民，总共只需要800万元就能解决问题了。政府的1，400万元拨款不仅可以满足需要，而且还能节约600万元。这个点子就是用迂回变通的方法，绕过了筹借600万元资金这么一个大难题，成功地解决了问题。

（二）迂回思维与创造

迂回思维的创造模式也是变通。迂回变通是建立在顺势变通和逆势变通基础上的。在解决问题的创造过程中，顺势变通和逆势变通交替进行。它有两个基本模式：先顺后逆和先逆后顺。前者是沿着事物原本的发展方向，再向前推进一步，然后逆转方向，采取逆势变通的战术取得成功；后者是先用违背常规思维的逆向变术打破事物的既定格局，然后再遵循事物发展的方向进行发散变通。迂回变通所能操作的，也有两个基本变量：时间变量和空间变量。前者主要在事物的顺序性和延序性上做文章，如田忌赛马之类；后者主要在事物形态、大小、位置的变换上做文章，如红军的四渡赤水等。

1. 先顺后逆

先顺势促进，待时机成熟，再逆势求成。《资治通鉴》卷六十四，汉纪五十六中记载着这样一个故事：东汉献帝建安九年（公元204年），丹阳（如今安徽宣城）大都督妫览带兵谋反，杀死了孙权的弟弟孙翊，妫览见孙翊的妻子徐氏十分美丽，想要霸占她。徐氏是一位很有才智的妇女，她对妫览说：“我的丈夫新亡，我身穿孝服，怎能与你成婚？等到了月底，我给丈夫设祭摆完了供品以后，脱去孝服换上艳装，再听任您的摆布。”妫览一心想得到徐氏，也就满口答应。可他不知道，这是徐氏的缓兵之计，她暗中找来孙翊的亲信孙高、傅婴和20多个知己，结盟宣誓，一定要为孙翊报仇。月底很快就到了，徐氏在妫览的面前装出了祭祀完了丈夫，情愿顺从的样子。妫看到徐氏的表情和举动，便不再怀疑了。新婚之夜，妫览醉醺醺到来，徐氏出门迎接，妫览十分高兴。只听到徐氏高喊一声：“可以动手了！”这时候，早已埋伏在一边的孙高、傅婴等20多个人闻风而动，举起了钢刀，杀死了妫览。徐氏除去仇人，又重新穿上了孝服，派人提着妫览的头，到孙翊的坟上祭祀。徐氏的举动震动了全国，孙权闻讯后急忙赶来，将妫览的余党全部杀光。

当陷入强大对手的包围之中，难以招架之时，采取避其锐气，假意顺从，投其所好，麻痹对方，（先顺），然后组织力量，选择或创造有利的时机进行反攻（后逆），从而有效改变不利的处境。屈原在《离骚》中写道：“屈心而忍志兮，忍尤而攘垢。”讲的就是忍受暂时的屈辱，为的是等待时机雪耻。

2. 先逆后顺

先蓄势不动，再伺机求成。历史长篇小说《斯巴达克斯》，有一段描写杰出的奴隶起义军领袖斯巴达克斯沦为角斗士的情节，在一场惊心动魄的团体角斗中，斯巴达克斯的同伴们一个个倒下去，最后，只有他一个人要对付三个对手，要按格斗技巧，斯巴达克思能够胜过对方的任何一个，可是，现在是三个人向他展开联合进攻，他就会因寡不敌众而难以招架。这个时候，斯巴达克斯突然转身就跑，三名对手在后面穷追不舍，由于这三名对手追赶的速度有快有慢，很快就拉开了彼此间的距离，这时候，斯巴达克斯突然返身，打倒了第一个追上来的对手，过了一会儿，又打倒了第二个，等第三个对手追到他面前时，他很容易就打倒了第三个。一开始的时候，斯巴达克斯转身逃跑，看台上的贵族发出了轻蔑的嘘声，这时，见他运用计谋，采取化整为零的战术而取得了成功，又一致为他叫起好来。

这一则是“武斗”战术，下面一则是“文斗”的计谋：一位商人向哈桑借了2000元金币，并且写了借据，在借据快要到期的时候，哈桑突然发现他的借据丢失了，这使他焦急万分，因为他知道：一旦没有了借据，向他借了这笔钱的人一定会赖账的。哈桑的朋友纳尔斯金知道了这件事情以后，对哈桑说：“你给这个商人寄去一封信，要他到时候把向你借的2500元金币还给你。”哈桑听了十分奇怪：“那个商人明明是向我借了2000元金币，现在要他还这些钱都成了问题，你居然还要加上500元?”可是，尽管哈桑没有想通，但还是照办了。信寄出后，哈桑很快就收到了回信，那位借钱的商人在信中写道：“我是向你借了2000元的金币，而不是2500元金币！你放心吧，到时候，我一定会还给你的。”有了这样一封信做依据，哈桑心里的石头落了地。原来，纳尔斯金要哈桑写信向商人要2500元只是一种手段，促使商人主动地承认他借了哈桑2000元，才是他的真正目的。

这两个例子中，斯巴达克斯用的是先退后进，各个击破的谋略；纳尔斯金用的是先攻后守的计谋，但从思维方向上分析，都是属于先逆后顺型。角斗士当进攻时却故意退却，这是逆动；借据丢失者当处被动时却主动出击索要债款，更属反常之举。这些逆反常规的做法，并非贯彻始终，而是为了改变眼前不利的状态。一旦形势发生有利己方的变化（斯巴达克斯在空间上分化了敌人、纳尔斯帮商人取得新证据），立即改变思维方向和套路，顺势而为，取得成功。

3. 时空迂回

迂回思维的主体形态，不是时间迂回就是空间迂回。时间迂回的思维过程主要是对事物的顺序性和延序性进行剖析、调度和安排；空间迂回的思维过程主要在事物形态、大小、位置的变换上进行分析、综合、比较和概括。在军事上，我们所用的“时空迂回”计谋，大多用转移搬迁以及运动的样式蛊惑对方，造成对方指向错误，以满足战略转移和战术调整的需要。如大家熟知的毛泽东四渡赤水，可谓时空调度、用兵如神的典范。空间迂回往往采取“声东击西”的计谋，忽东忽西，即打即离；声此击彼，欲进却退；不攻而示之以攻，欲退而示之以进；似可为而不为，似不可为而为之。对方按情推理，我却因势施计，从而达到出其不意而取胜的目的。空间迂回的关键在“隐”，如对方不明我情，用之则可取胜，对方已明了我情，用之则易遭失败，所以此为险招。

应该看到，反向思维、顺向思维与迂回思维之间存在着互为前提、相互转化的关系。反向思维与顺向思维是相对的，没有顺向思维，也就无所谓反向思维的说法。在某种情况下的正向思维，在另外一种情况下很有可能为反向思维，反向思维在很大程度上就是别的方向上的顺向思维。反向思维的运用常常是建立在一定的顺向思维的基础上，没有一定的顺向思维为基础，是很难产生反向思维的。建立在反向思维和顺向思维基础上的迂回思维也是如此。总之，反向思维、顺向思维与迂回思维不可分。许多问题的解决，从表现上看是反向思维所致，但在其产生过程中，既需要以正向思维为基础，又需要迂回思维来参与。因此，全面地说，解决问题的思维过程是反向思维、顺向思维与迂回思维的有机结合。

## 第四节　创造性思维的方法

“思维是地球上最美的花朵”，在一切令人不可思议的事物之中，最令人惊异和不可思议的是人的创造性思维方法。创造性思维方法是人们通过思维活动为了实现创造目的所凭借的途径、手段或办法，也就是创造思维过程中所运用的工具和手段。它具有系统性、创新性和定量性三个特征：（1）系统性。创造性思维方法本身构成了一个层次清楚、内容丰富的方法系统。从层次上看，创造性思维方法有哲学思维方法、逻辑思维方法、科学思维方法、具体科学思维方法等；从基本种类上看，有抽象思维方法、形象思维方法、灵感思维方法等。创造性思维方法以高度辩证的系统思维方法为核心内容和本质特征。创造性思维方法把系统的观点用于分析和综合事物，是系统性原则的运用，它最根本的特点是：始终把思维对象当作多方面联系、多要素构成的动态整体来研究，进而对思维对象之间及其与内外环境之间的作用与联系进行全面地把握和综合地分析。其基本原则主要包括：一是整体性原则；二是有序性原则；三是动态性原则；四是等级性原则；五是系统发育原则；六是模型和优化原则。（2）创新性。创新性是创造性色的本质特征，不但是自古以来人类生产、生活实践的基本要求，也是现代思维方法适应知识经济时代发展规律的本质需要。思维方法的创新主要体现为思维的求异性、多向性和综合性。（3）定量性。定量思维方法把数量分析作为创造思维过程的基本组成部分，并强调数量分析是创造成果的评估的依据。

## 一、类比法

所谓类比法，就是一种确定两个以上事物间同异关系的思维过程和方法。即根据一定的标准尺度，把与此有联系的几个相关事物（这既可是同类事物，也可是不同类事物）加以对照，把握住事物的内在联系进行创造。类比方法，在人们的日常生活中也是常常运用到的。比如，为了买一样称心如意的商品，常要跑几个商店，从商品的价格、功能状况、使用价值和经久耐用的程度等方面进行比较，然后确定是否买下。但这不是类比发明，因为他没有创造，只是在同类产品中挑选好一点的，与我们讲的类比发明法是不同的，这里要求的是在类比中，有新的创造。

瑞士著名的科学家阿·皮卡尔就运用类比发明沃创造了世界上第一只自由行动的深潜器。皮卡尔是位研究大气平流层的专家，他曾设计的平流层气球，飞到过15690米的高空。后来他又把兴趣转到了海洋，研究海洋深潜器。尽管海和天是两个完全不同的囊水和空气都是流体，因此，阿·皮卡尔在研究海洋深潜器时，首先就想到利用平流层气球的原理来改进深潜器。在这以前的深潜器，既不能自行浮出水面，又不能在海底自由行动，而且还要靠钢缆吊入水中。这样，潜水深度将受钢缆强度的限制一钢缆越长，自身重量就越大，也就容易断裂，所以过去的深潜器一直无法突破2000米大关。皮卡尔由平流层气球联想到海洋深潜器。平流层气球由两部分组成；充满比空气轻的气体的气球和吊在气球下面的载人舱。利用气球的浮力，使载人舱升上高空，如果在深潜器上加一只浮筒，不也就像一只“气球”一样可以在海水中自行上浮了吗？皮卡尔和他的儿子小皮卡尔设计了一只由钢制潜水球和外形像船一样的浮筒组成的深潜器，在浮筒中充满比海水轻的汽油，为深潜器提僻力，同时，又在潜水球中放入铁砂作为压舱物，使深潜器沉入海底。如果深潜器要浮上来，只要将压舱的铁砂抛人海中，就可借助浮筒的浮力升至海上，再配上动力。

深潜器就可以在任何深度的海洋中自由行动。这样就不需要拖上一根钢缆了。第一次试验，就下潜到1380米深的海底，后来又下潜到4042米深的海底。皮卡尔父子设计的另一艘深潜器“理雅斯特号”下潜到世界上最深的洋底——10916.8米，成为世界上潜得最深的深潜器，皮卡尔父子也因此获得了“上天入海的科学家”的美名。

类比发明法是一种富有创造性的发明方法，人们可以用各种不同的事物进行类比，将会不断地产生出新的创造设想，获取更多的创造成果。但是，从异中求同，从同中见异的类比发明法也有缺点，就是运用这种方法推导出来的结论，或提出的创造设想，成功的可靠性不高。有时会把人引入迷途，尽管如此，它仍然是一种最大的创造性的发明方法。

类比发明法，还可根据不同的类比形式分为许多种，下面大致介绍几种。

（一）直接类比法

发明者从自然界或已有的技术成果中，寻找出与发明对象类似的现象或事物，从中获得启示，从而发明设计出新的发明项目，这就叫做直接类比法。例如：1889年，法国的马莱运用直接类比法，根据视觉暂留现象进行类比思维，发明设计了电影机。1890年，马莱取得动态摄影机专利权。1891年，美国的爱迪生取得早期活动电影观赏机的美国专利权。1893年，马莱取得放映机的专利权。1895年卢米埃兄弟在法国巴黎首次经营商业电影院。

（二）间接类比法

就是用非同一类产品类比，产生创造。在现实生活中，有些创造缺乏可以比较的同类对象，这就可以运用间接类比法。如空气中存在的负离子，可以使人延年益寿、消除疲劳，还可辅助治疗哮喘、支气管炎、高血压、心血管病等，但负离子只有在高山、森林、海滩湖畔较多。后来通过间接类比法，创造了水冲击法产生负离子，后吸取冲击原理，又成功创造了电子冲击法，这就是现在市场上销售的空气负离子发生器。

（三）幻想类比法

发明者在发明创造中，通过幻想类比进行一步步的分析，从中找出合理的部分，从而逐步达到发明的目的，设计出新的发明项目，这就叫做幻想类比法。例如1834年，英国发明家巴贝治绘制出通用数字计算机图样。1942年，美国的阿塔纳索夫教授和他的学生贝利，运用幻想类比法，发明设计出电脑，并制成了阿塔纳索夫一贝利计算机（世界上第一台电脑）。

（四）因果类比怯

是指两个事物的各个属性之间，可能存在着同一因果关系，因此，我们可以根据一个事物的因果关系，推出另一事物的因果关系，这种类比法就是因果类比法。例如，在合成树脂（塑料）中加入发泡剂，使合成树脂中布满无数微小的孔洞，这样的泡沫塑料又省料，重量也轻，并有良好的隔热和隔音性能。日本一个叫铃木的人运用因果类比法，联想到在水泥中加入一种发泡剂，使水泥也变得既轻又具有隔热和隔音的性能，结果发明了一种气泡混凝土。

（五）仿生类比法

发明者模仿生物的结构和功能等，搞出新的发明项目，这就叫做仿生类比法。例如：人走路步行机。人体→机器人。人眼→人造眼。蛙眼→电子蛙眼。鹰眼→电子鹰眼。蜻蜓眼和苍蝇眼→复眼照相机。手臂→新式掘土机。

（六）综摄类比法

发明者借助于分析设法变陌生为熟悉，这是确定发明课题的前提；再通过亲身类比、比喻和象征类比等综合类比，发明设计出发明项目，这就叫做综摄类比法。

美国创造学家威廉·戈顿发现创造性思维明显地分为两个阶段：变陌生为熟悉的阶段和变熟悉为陌生的阶段。我认为他的这个看法是正确的。这两个阶段确实有不同的思维特点，在创造性过程中有不同的作用。

## 二、移植法

这是指通过将某一系统内的元素转移至另外一个系统内而引起该系统发生新变化的创造思维方法。移植可分为三种类型：其一，沿不同物质层次和运动级别进行的“纵向移植”；其二，在同一物质层次和运动级别内的不同系统之间进行的“横向移植”；其三，把多个系统内的元素引进到同一系统内的“综合移植”。

移植法的应用在现实生活中经常可以看到，诸如心脏移植、基因移植、技术移植、经验移植、概念移植、方法移植、理论移植等等。“他山之石，可以攻玉”，实践证明移植法是一种简便有效的创造思维方法。

常见的移植内容有四大类：

第一，方法移植。即将一门学科的研究方法移植到另一门学科中去，创造出新的交叉学科。一门学科的研究对象越是基本，其方法就越能广泛地移植于其他领域，如数学、力学、物理学、历史学、心理学中的许多方法，都可以移植到很多领域。如将力学移植于心理学，可创造出心理力学。将心理学移植于历史学，可以产生新学科心理史学等等。

第二，技术移植。在原来技术的基础上，利用先进技术，进行新的突破，创造出新的成果。如在地质勘探中所采用航空照相技术、重力探测技术、色谱分析、质谱分析、磁法、声法、电法等，都是移用物理技术而发明的。在技术移植中，相似条件越多，创造性越小；相似条件越少，差异越大，移植就越难，但创造性越大。

第三，理论移植。将一门学科或一个领域的理论，移用到另一门学科或另一领域中去。当然，这种移植并不是原封不动地机械搬移，而是在研究分析的基础上，移植其核心部分，再根据学科特点建立辅助部分，这样才能形成一个完整的新的科学理论体系。例如，量子化学就是将量子力学中的基本概念、基本原理、基本关系等核心部分移植到化学，再根据化学运动过程的具体条件，建立起辅助理论，并对量子力学的核心部分在化学领域的应用进行辩解。这样才完成了量子化学的理论体系。

第四，综合移植。将众多学科领域的方法、技术、理论汇集到一个复杂的研究对象上，进行综合性考察，从而获得新的创造性成果。在当今十分热门的工业机器人，宇航工程、基因工程、克隆技术、海洋技术等，无不是综合移植的产物。控制论、系统论和信息论中的一些概念和方法，正在不断地向其他学科特别是社会科学诸领进行移植，并创造出许多新的成果及组合创造思维方法。

### 三、关联法

此事物、现象、观念与彼事物、现象、观念之间，或者事物、现象、观念的各个方面之间，存在着某种或某些联结在一起的关系，人脑对这些关系的本质反映即为关联思维。抓住事物的本质和特征，推之于其他事物发展的情况，来解决问题，这就是关联的本质特征。牛顿从掉在头上的苹果，发现了万有引力；伦琴从底片感光上发现了 X 射线；奥斯特从电能产生的磁场中反向悟出了磁场可以产生电能；更有众多的考古专家从发掘出来的古生物化石的研究中，推断出远古时期的地理、气候等许多情况，这样的例子真是多得不胜枚举。这些触类旁通、举一反三的思维成果，都是从关联规律开始。当然，事物的关联规律都有一个渐进的认识过程，从表面上风马牛不相及的事物中，发现其中一些规律性的联系，发现隐蔽其里的真相，从而解决那些看似难以解决的问题。事物的关联方式，往往能够决定事物本身的性质，决定此事物与其他事物之间的区别。发掘事物的联系方式，发展事物的活泛关联力，无疑是活化思维、增加创造性的最重要手段之一。

在问题解决过程中，思维的关联选择犹如一个筛子或过滤器，从复杂繁多的认识材料、多种思路和方案中选择与其相关的认识对象、思路和方案，排斥与其无关的认识对象、思路和方案，从而使问题得到顺利解决。思维的关联选择具有两重性：一方面，思维都具有一定的条件和参考标准，因此一定的思维和选择功能势必限定思维的范围，使人们得到一个认识对象的“焦点”，这是使思维系统化、有序化的必要前提，有助于提高思维的效率；但另一方面，思维的选择功能也可能造成认识的局限性和片面性，特别是僵化、过时的思维有可能撇去许多有价值的东西，造成思维的保守性和被动性。

关联无处不在。关联思维的样式可以分成不同种类，按创造发明和解决问题的关联的显示状况，主要可分为侧向关联、逆向关联、链状关联、系统关联、中介关联、类似关联。

由于事物之间的联系是错综复杂的，真正要解决问题，常常不只是用一种关联，而是要将多种关联结合在一起思考，以产生联动。金字塔是埃及的奇迹，但在古埃及，要丈量金字塔的高度可不是一件容易的事。因为它们一般都巨大无比，如果按常规的办法去爬塔，不仅费人费力，由于操作复杂，丈量结果也难以准确。后来，这一问题在欧几里德那里得到很好解决：不必去爬塔，而是通过丈量自己的身体的影子来丈量金字塔的高度。即当自己的身高和影子一样长时，只需量一下金字塔的影子，就知道塔高的多少了。我们不妨需从关联的角度，对此一案例进行思路分析：欧几里德测量金字塔高度的思路分析。第一步：认识物体、光、影子的关系。任何物体在光线照耀下，都会在地上投下影子。因此，物体与影子存在对应关系；第二步：关联性质评判。影子与物的关联，具有可逆转性。即在懂得光与物体的关系（高度、角度等）的情况下，丈量物体高度，可以知道影子的长短。与此相对，丈量影子长短即可知道物体的高度；第三步：方案评判。上述方案可用，但是手续繁杂，必须具有仪器，还得掌握比较复杂的光影、代数、几何学等方面知识。应该考虑使用更简便的方式；第四步：找出另一种关联。在共同光影条件下，A 物体与其影子的比例，和 B 物体与其影子的比例相同。即当物体在某时间与其影子是某一比例时，同 时刻金字塔与其影子具有相同的比例；第五步：明确最好测量的时刻。当物体与其影子的比例一致时，最好测量；第六步：通过对应之物测量。任选一好测量之物（如人。当其与自身的影子一样长时，测量金字塔的影子，即得出金字塔的高度。在这里，我们看到的是多种关联的联合。

### 四、整合法

整合法是根据需要，将不同的事物或同一事物的内部要素进行重新匹配整合，择优除劣，优势互补，从而创造出新事物的过程。它是通过对系统内的元素进行新的排列组合而使系统发生新变化的创造思维方法。整合现象是十分普遍的，从浩瀚无垠的宇宙天体到原子内部的基本粒子；从简单的数字相加到复杂的人体结构……到处都有整合现象。在人类社会中，从文字组合到机器组合，从家庭组合到地区组合，不论是微观或宏观，组合现象都是普遍存在的。

整合是任意的，各种各样的事物要素都可以进行整合。例如，不同的功能或目的可以进行整合；不同的组织或系统可以进行整合；不同的机构或结构可以进行整合；不同的物品可以进行整合；不同的材料可以进行整合；不同的技术或原理可以进行整合。不同的方法或步骤可以进行整合；不同的颜色、形状、声音或味道可以进行整合；不同的状态可以进行整合；不同领域不同性能的东西也可以进行整合；两种事物可以进行整合。多种事物也可以进行整合。可以是简单的联合、结合或混合，也可以是综合或化合等。

（一）成对整合

将两种不同的技术因素整合在一起的发明方法。成对整合是整合法中最基本的类型，它是依整合的因素不同，可分成材料整合、用品整合、机器整合、技术原理整合等多种形式。如材料整合，一般是对现有的原料不满意或希望它能满足某种要求，与另一种不同性能的材料整合起来，从而获得新材料，例如诺贝尔为了使稍一震动就爆炸的液体硝化甘油做成固体易运输的炸药，将硝化甘油和硅藻土混在一起；用品或机器整合常将两个用品整合成一个用品，使之具有两个用品的功能，使用方便，如保温杯，带电子表的圆珠笔，带收音机的应急灯，有起罐头功能的水果刀等，这种用品整合一般是以一种用品的形式和功能为主，将另一种用品巧妙地置于该用品的形体之内，使之不仅增加功能，同时又给人以新颖、华贵的感觉。除此外，人文性成对整合也值得一提。例如有调查资料显示，我国城市所需刮胡刀的男士当中，有50%的人曾经用过美国产的吉利刮胡刀。剃须刀本应是男士专用，没有人另有他想。而吉利却不是这样认定的，他知道女人们因为爱美，也偷偷地用他的剃须刀剃去腋毛、腿毛，于是他干脆又设计了出色彩斑斓、五彩缤纷、造型优美的袖珍剃须刀，这种刀具又附加毛钳、毛镊、毛梳等物，专门供给妇女一次性使用。他还把女式刀具与男士剃须刀整合一起，另起了个漂亮的名字，叫“甜蜜吉利”，说是如果能以此具与心上人互为剃除“人类文明的障眼物”（西方人认为“有毛的动物是兽”，剃毛是人兽之别、文明之举），一定别具风情，其乐融融，这种配对出售的“甜蜜吉利”，很受情侣欢迎。世有男女之合，物有阴阳之配，连剃须刀都能配对于市，更何况他物呢？

（二）自由整合

按事物存在的空间所进行的分合。书柜、衣柜等原本都是独立存在，分开使用的，整合在一起，在色彩、造型等方面进行合理设计，形成统一的整体，这就是我们熟知的整合家具。整合家具既可合并排列，也可拆开另放，这种具有相对独立的物体构成自由整合态。早年，顾客不管买多少文具，都是用手袋子装回去，使用起来挺不方便。日本有一个名叫石村浩美的妇女经营文具生意，她注意到买文具的人，不论男女老少都绝不会仅仅只买一件东西，这本来是人人都熟悉的现象，但她却从中得到启示，联想到自己上小学的时候，常为文具的杂乱无章而烦恼。于是，一个经营创意从她的脑海中逸出："来一个文具组和!"。以后，石村浩美把那些小小的文具放进一个设计精巧，轻便易携带的盒子里，并在盒子的外联页上制作了色彩鲜艳、形象生动的图画。果然，新的文具盒上市以后，虽然价格定得比较高，却成了热门商品。经营了一段时间以后，石村浩美又进一步改善了文具整合：在盒子瑞安上了电子表、温度计、定时器等，从而迅速打入了世界文具的市场。

自由整合的形式是多样的，其最大特点在于保持原有事物的整体性，合则合，分则分，去留两便。自由整合的关键首先在于处理好点和面、面和面的关系，做到协调一致；其次，要抓住点和面、面和面之间的中介联系和中介过程；另外，不断协调磨合，相互反馈，再展新枝。

（三）功能整合

按事物功能性质所进行的整合。功能整合不是简单的1+1=2，而是要达到倍增效益的目的。功能整合首先要考虑不同事物的功能互补性，只有互补才能增效。追求多功能是创新的捷径，它大多由事物的功能缺漏而引发，但更主要的是通过功能整合激发出更多更妙的变通思路。德国巴伐利亚州的商人乔治创建了欧洲的一家流动旅馆，他把旅馆放在了车厢里，将旅客们的居住与游览合为一体，既方便顾客游山玩水，又随时随地提供住宿的场所。流动游览车一共有二十七个铺位，车上有酒吧、电灶、电视机等设备，如真正的旅馆一样方便。后来，游动旅馆从德国的布莱海港出发，由轮船运输到美国的纽约，第一次横渡了大西洋。还到了非洲，进入了南非的开普顿，通过了加拿大、美国、墨西哥，到了拉丁美洲的巴西。最近，又到了日本，澳大利亚，游遍了地球上五大洲。所到之处，备受人们的欢迎。

（四）分离整合

将事物进行合理切割的整合。分离整合把事物的属性、构成、要素等分解开来，独立操作，以轻装上阵，使分开的部分能扬弃整体存在的蠢态与弊端，操作后再归总合一，保持事物的统一性。这种分离整合法有两点必须注意，一是离合优劣比较，操作前提是利大于弊；二是分离后的可控性，如果分离后是"黄鹤一去不回留"，那么最终的整合也落了空。

日本的丰臣秀吉曾经不可思议地发动过"三日兴工"的奇事。日本是一个岛国，经常受到台风的侵扰，清州城有数百间的民房受到了严重的毁坏，秀吉向当局提出，他愿意承担工程修复的责任。当局同意了，但考虑到当时的诸多因素，只给了他三天的时间。这在当时，几乎所有的人都认为是不大可能的。但是，秀吉经过反复考虑和策算，竟然同意了。还痛下军令状：如果失败的话，他情愿切腹谢罪。接受了任务以后，秀吉把工匠师傅们叫来了，与大家一起举杯畅饮，亲切交谈，进行感情投资。然后提出了自己的想法，他要打破常规，将整体工程分割成许多的小块，成立一些小组，让每一组负责几间房子的维修，并且也让各小组立下了军令状。就这样，每个小组都唯恐自己完不成任务，以至于被降罪的危险，大家夜以继日地苦干三天，终于按时完成了全部工期。就这样，秀吉巧妙地将整体分成局部，再通过整合，归笼统筹，最终顺利地完成了任务。

（五）嫁接整合

将其他事物的原理、方法嫁接到新项目上的整合。嫁接整合的目的是改进工艺技术，或发明创造新事物、新产品。嫁接整合的过程实际是思维的迁移过程，也是事物内部规律的相互影响过程。嫁接整合的对象是不具形体的原理方法等，因此首要的一点要重视理论与实践的联系。富田良子是日本的一位家庭主妇，有一天，一位邻居要外出度假，走的时候把家中的几盆花托给她管理。可富田良子根本没有养花的经验，几天以后花儿全部死去了。这件事情叫她非常不安。她经常想，“外行人如何才能养好花呢。”有一次，富田良子做饭的时候，打开了一个牛肉罐头，突发奇想：如果能把罐头与养花的方法结合在一起考虑那该多好！人们只要打开罐头，每天浇上一点水，外行也能养好花。后来，在丈夫的帮助下，富田良子终于研究成功了一种“花罐头”，将配好的复合肥料，泥土和种子，封闭在罐头里销售。这种“花罐头”投放市场后，产品销路非常好，当年就获利两千万日元。富田良子也由一名家庭妇女一跃成为令人羡慕的，专门经营“花罐头”企业老板。

（六）辐射整合

辐射整合是以一种新技术或令人感兴趣的技术为中心，同多方面的传统技术结合起来，形成技术辐射，从而导致多种技术创新的发明创造方法。用通俗的话说，就是把新技术或令人感兴趣的技术进一步的开发应用；这也是新技术推广的一个普遍规律。现以人造卫星这种新技术为例，看它所引起的辐射整合。如图 6－2 所示，人造卫星技术成功以后，它与各种学科的辐射整合，发展了卫星电视转播、卫星通讯转播。卫星气象预报、卫星导航、全世界的时间标准、生物进化科学，以及对月、行星、恒星等宇宙研究的各技术等。

这种辐射整合的中心点是新技术，若把这个中心点改为一项具有明显优点，具有人们所喜爱的特征，也可以考虑用辐射整合来开发产品。例如闪光技术，小电机等也有许多辐射整合的新产品。以家用电器为例，由于电进入家庭，由电的辐射整合，现已发展了众多的家用电器，如电视机、电冰箱、全自动洗衣机、空调机、电炉、电饭煲、洗碗机、电热毯、抽油烟机、电烤箱、电取暖器、电子游戏机、电吹风等等。此外，还有一种类似辐射整合的方法，即某事物寻求改进或创新，把此事物作为中心点，与一些与改进事物毫不相干的甚至风马牛不相及的事物强行整合，形式上与辐射整合相似，这种整合大多数可能是无意义的、荒唐的，但往往也可以从中找到有价值的方案。

辐射整合有两个特征，一是不改变主体的要素和结构，仅仅是附加而已。二是附加物要能添加上主体中，必要时还得适当改变一下结构（即整合一下），使之与主体吻合协调。戴维的发明都具有这两个特征。在运用附加整合法时，可参考以下几个步骤：（1）确定主体；（2）分析主体的缺点，确定主攻目标；（3）选择可供弥补主体缺陷的附加物；（4）调整两者之间关系，整合一体；（5）试用改正。

组合现象又是极其复杂的。同是碳原子，以不同的晶体组合便可合成两种完全不同的物质：坚硬的绝缘体金刚石和脆弱的良导体石墨。人类社会也是如此，几个人组成了美满幸福的家庭或先进集体。同样数量的另外几个人却可能组合成危害人类的犯罪集团。人与物组合的情况更是千差万别。尽管组合现象纷繁复杂，千变万化，但就组合的性质来说，不外乎自然组合和人工从组合对象来看又分人与人、人与物、物与物这三种组合类型。

在创造活动中，运用组合法可以使既有的元素，经过不同的组合变化，形成新的东西或新的联系。儿童游戏中的积木和七巧板就是利用有限的元素的不同组合，衍生出多种多样的建筑和图案。可见，组合法是一种基本的创造思维方法。组合法不仅可以用于艺术创新，它在军事谋略方面也有其独特的功效。组合创造是无穷的，但是任何一种系统要通过自身分解和调整后，达到新的统一，最初都需要在概念或思想上破除旧的界限，改变对现有事物的看法，标新立异产生新构想，这样才能实现系统的重新组合。所以，在运用组合法进行创造性思维活动时，观念上的突破是最重要的。学会从多角度看问题，有意识破除思维定势，尝试思考多种非常规的可能性等等思维训练是掌握组合法的基本功训练。当然，丰富的专业知识和经验也是必不可少的，否则，我们不可能洞察系统内可能隐藏的另类模式或结构。只有当新观念与专业知识相结合时，我们才能在现有的基础上进行创造性的组合。

螺旋桨飞机发明以来，其尾部都安装着稳定翼。美国著名飞机设计专家卡里格·卡图按照空气的浮力和气推动原理，对螺旋桨飞机进行重组，将螺旋桨改放在机尾，仿佛轮船一样推动飞机前进，而稳定翼则放在机头处，设计出世界上第一架头尾倒换的飞机。重组后的飞机，具有尖端悬浮系统，具有更加合理化的流线型机体形状，不仅增加了飞行速度，而且排除了失速和误冲的可能性，提高了安全性。让儿童多玩玩积木、拼图、活动模型或经常拆装一些玩具，可以从小培养他们的重组意识和重组能力。成年人则可通过经常改变旧的工作习惯、生活习惯、与他人的交际方式等活动促使头脑活化，体验重组自我的乐趣。

## 五、离散法

是指将一个母系统分离为多个子系统的创造思维方法。日本人有一句名言："整合就是创造。"实际上离散也是创造。由于后者不像前者那样受到人们的重视，因此，更有必要予以强调。服装设计师把上衣的袖子与身子分离，发明了马甲；把领子从上衣中分离出去，发明了无领衣。科学家把扬声器从录音机中分离出来，发明了音箱；眼科学家把眼镜的镜架和镜片分离开来，发明了隐形眼镜。这些新产品都受到了消费者们的喜爱。

离散法的创新原理体现在三方面；其一，母系统分离解体，使整体环境发生种种新变化。其二，许多子系统具有一定的独立性，母系统存在时它们的独立功能被压制或封闭，当母系统分离解体后，它们得以以新个体的形象出现。其三，从母系统中分离出去一个或多个子系统，使母系统的功能发生种种新变分离之道不仅在产品创新方面得到大量应用，在军事、政治、经济等领域也不乏其创造性的智慧亮点。

运用离散法进行创造性思维的关键是选准离散对象，即母系统，有时候我们因眼界所限，往往不能超脱环境的局限来科学地分析问题，往往就找不到可离散的对象，这样就很难打开思路。离散法相对于综合法而言，用之于破坏性的创造活动比较多，因此不太为人们注意或喜欢。但无可否认，离散法是一种重要的创造思维方法，且不说日常分析问题和解决问题时人们会把大问题分解成小问题、复杂问题分解成简单问题以求思路突破，其实科学研究的历程也就是对大自然进行层层离散分解的探索认识过程。

## 六、还原法

还原创造思维法是指先剖析去除非本质的东西，找出系统的核心或问题的关键，然后在此基础上重新构造新系统或寻找解决问题的新办法的创造思维方法。任何创造活动都有创造的起点和创造的原点，创造的原点是唯一的，创造的起点有无穷创造的原点可作为创造的起点，而任何创造的起点都不能作为创造的原点。研究已知事物的创造起点，并深入到它的创造原点，再从创造原点另辟门路，用新的思想、新的方法重新创造该事物或者从原点解决问题，这就是还原创造的目的。

科技人员设计新产品时，往往会被那些同类产品的原理、结构、外形、包装等特征所干扰，"先入为主"，以至注意力难以集中在事物本质的特征上，影响思维的拓展，阻碍从根本上改变旧产品。运用还原法可以把创造对象的最主要功能抽出来，集中研究实现运用还原法的关键是还原这一步，“还原什么”是经常困扰人们的主要难题，由于缺乏明确的目标指向，许多人即使了解了还原法，在实际应用中也会有思绪杂乱无从下手的感觉。这固然与问题的复杂性、变化性有关，但更多的还是由于个人头脑思维的深刻性不够造成的。一个平时思考问题习惯于走马观花、浮光掠影的人，其思维的深度也只能止于一般的表面层次，不具备穿透力和洞察力，看不到错综复杂下所隐藏的井然有序，动荡不定中所遵循的必然法则。所以，要想真正掌握还原法首先必须进行思维的深刻性训练，努力提高自己的综合分析思维能力，只有这样才能在思维过程中做到心中有数，知道该还原什么以及怎样还原。

当然，运用还原法思考问题也是有一定的固定模式的，不是那么漫无头绪无规律可循。一般而言，还原的要点多半集中在主要功能还原、主要矛盾还原、主要因素还原、主要结构还原、主要目的还原、主要规则还原、主要关节点还原、主要联系还原等等。具体思维过程中会选择哪个作为还原对象，这还要结合实际创造目标而定。至于在还原思考过程中能达到哪个层次的深度，那又要视个人思维能力的高低强弱了。下面让我们看看古人是如何寻找创造原点的：公元前333年的冬天古希腊的亚历山大率领大军进入了亚洲的戈底乌姆城。城中的神庙内有一个著名的“戈底乌斯绳结”，十分难解。据当地流传的神谕说：谁能解开这个绳结，谁就能成为亚细亚之王。亚历山大绞尽脑汁也没想出怎样把它解开的办法，甚至连绳结的两端都没有找到。最后他对自己说：“我为什么要遵守他人的规则呢？我要建立自己的规则。”说罢便拔出佩剑，将绳结一劈两半。后来，亚历山大果真成为亚细亚之王。

### 七、换元法

换元创造思维法是指通过置换系统内的元素或联系从而使系统产生变化的创造思维方法。有个美国人，家里晚饭后，有吃冰淇淋的习惯。他家里的汽车是美国通用汽车公司生产的。他每次驾车去一家商店买“香子兰冰淇淋”都会在返回时出现汽车难以启动的情况；而同样是去这家商店，如果是买其他品种的冰淇淋，返回时汽车却很容易启动。他将这一情况向汽车制造公司反映后，公司派了一位工程师来调查。究竟是什么原因造成了这一现象呢？这位工程师为了能有根有据地思考和解决这个问题，对车主每次驾车去买冰淇淋的各方面有关情况都作了记录。一段时间后他发现，车主去的那家商店，由于“香子兰冰淇淋”很受顾客欢迎，一直都是把它摆放在售货员顺手就能拿到的地方，其他品种的冰淇淋则摆放得较远，售货员要费不少时间才能找出来。这一发现使这位工程师看出，汽车容易启动与否的原因，不在于买什么品种的冰淇淋，而在于停车时间的长短。于是很快便明确地意识到，他所思考的问题："为什么买香子兰冰淇淋汽车难以启动，买其他的冰淇淋汽车容易启动?"应该转换为另一个问题："为什么停车时间长汽车容易启动，停车时间短汽车则启动不了?"转换为后一问题思考后，他迅速得出了答案：买其他品种的冰淇淋，停车时间长，引擎可以充分冷却，因而容易启动。而买香子兰冰淇淋，停车时间短，开车时汽车引擎还很热，所以难以启动。

从这一事例可以看出，这位工程师之所以能迅速地找到问题的症结，关键在于他把一个生活型的问题转换成等值的专业型的问题，如果不做这样一番转换，那么，他思考和解决上述问题，恐怕始终会不得要领，因而要慢得多，也复杂得多。换元法又可称替代法或转换法，人们熟知的曹冲称象的故事就是换元法的典型案例。换元法也是数学运算中常用的解题方法，比如直角坐标和极坐标的互相交换以及还原，换元积分等等。

由此可见，换元法是着重解决具体问题的方法，而不是提出问题的方法。比如飞机驾驶员在模拟的飞行环境中进行训练；用充气的"大炮"、"坦克"迷惑敌人等等都是为解决某一难题而想出的换元替代。在创造活动中，换元法就是用一事物代替另一事物，通过代替某事物研究被代替事物的矛盾，使常规方法难解的问题获得解决，或发现新的办法，或者进一步完善被代替的事物。探测高能粒子运动轨迹的仪器"气泡室"的发明原理，就是美国发明者核物理学家格拉塞尔喝啤酒时，看到酒杯中一串串上升的气泡，猛然想到自己一直在研究的课题——怎样探测高能粒子的飞行轨迹。于是，他就用啤酒代替高能粒子穿越的介质，顺手拣起几粒碎小鸡骨代替高能粒子，等到酒杯中的气泡冒完了，将其丢入杯中啤酒里。只见随着碎骨粒的沉落，四周便不断冒出气泡，用气泡显示出了碎骨粒下降过程的轨迹。但是碎骨粒毕竟不是高能粒子，啤酒也不是高能粒子穿越的介质。换元试验成功了。他匆匆地赶回实验室，终于以这种方法清晰地呈现出粒子飞行的轨迹。格拉塞尔因此荣获诺贝尔物理学奖。

换元创造思维法作为一种独到的方法在科研、设计、计算、实验、决策等领域被广泛使用。需要采用换元求解的问题，在运用过程方面有以下特点：第一，换元创造思维法主要探讨的对象是科技、生产、管理、教育、艺术、军事等学科中，需要对事物进行各种定性、定量、定型分析和测算的方法，其目的是寻求解决问题的新方法。第二，换元创造思维法的创造成果一般是产生新的方法。诸如，检验产品的方法、热处理的方法、统计计算的方法、度量的方法、模拟的方法等等。第三，换元创造思维法关键的一步在于发现并决定可以相互代替的事及其等值关系和实施代替的具体方法。

这种相互代替的事物及其等值关系和实施代替的具体方法构成了解决问题的途径和发明新方法的摇篮。第四，换元事物之间的某种相互关系是客观存在着的事实，尽管有时人们还没有意识到它们的存在。如果，某些事物的某种功能、某种成分、某种条件……某种状态，在另外一个不同的事物上也能够或多或少地表现出来，即说明它们在某方面存在等值关系，我们就称这两事物之间具有可换元。

### 八、多元法

多元创造思维法是指通过对多个相关因素的离散整合，分别操作，连动解决问题的创造技法。多元创造思维法有两个基本特征：一是系统性。系统思维是指在分析和解决系统问题时遵循整体与部分的联系以及部分功能从属于整体功能的原则。一个系统并不是组成该系统的各部分的简单相加，系统会产生更多的功效。在考虑解决某一具体问题时，不是把某一要素、某一组成当做孤立、分割的单元来处理，而是当做一个有机关联的系统进行思考。系统理论来自亚里士多德的名言“整体大于各部分的总和”。在分析和解决系统问题时，要注意整体与部分的联系以及部分从属整体的原则。例如田忌赛马取胜的原因，在于他采纳了孙膑的系统思维方法。多元性思维的另一个基本特征是离合性。离即离散，合即整合，它们在思维活动中一般有三个步骤：(1) 母系统分离解体，使整体结构发生离散运动，产生策动效应。(2) 许多子系统独立运作，母系统由控制功能转向监督功能。(3) 子系统回归母系统，并进行整合，使母系统的整体功能发生新变化。以人为例：如果个体为母系统，那么脑袋、四肢、五脏六腑即子系统。但是任何个体绝非由脑袋、四肢、五脏六腑等拼凑而成的。个体在从事某项具体活动时，脑袋、四肢、五脏六腑各司其能，各用其功，发生离散运动。但所有的离散运动又不可能是独立的，它们都处于同一个系统之中，相互影响、相互制约、相互促成，时时产生互动效应。

# 第六章　图式与创造

【知识框图】

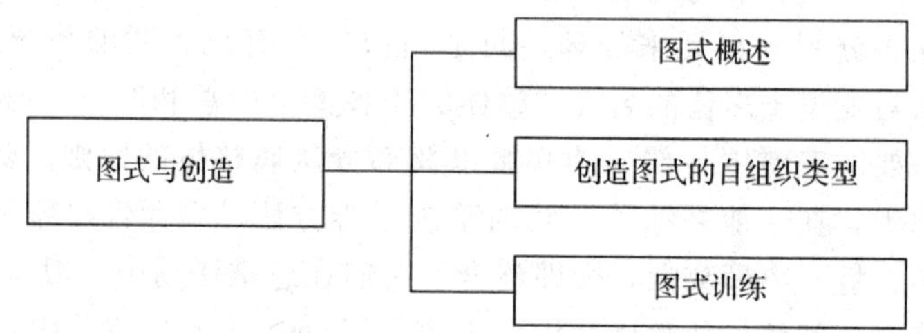


我们知道，逻辑作为抽象意识的形式，是理性思维的核心结构，但不是全部思维的核心结构。因为思维除理性思维外，还有感性思维和创造性思维的存在。既然抽象思维有一个核心的逻辑结构存在，那么，同样安家于大脑的感性思维是否也有一个类似的核心结构存在呢？根据相似论原理，我们认为，感性思维中也有一个相似于逻辑的核心结构存在，并且这个核心结构可能不会比逻辑结构原始和简单。我们认为，图式就是感性思维的核心结构。尽管感性思维的图式结构还没有像逻辑结构那样被人们广泛地接受，但是我们相信，感性思维的图式结构与逻辑思维的逻辑结构一样，是人的思维的核心结构。

我们还认为，图式不仅是感性思维的核心结构，也是创造性思维的原点和终了模式，他在人们的创造过程中起着关键的作用。

## 第一节　图式概述

图式是解决人们创造过程的一把钥匙，我们有必要对图式进行多角度的分析研究，找寻出图式与创造的规律。

图式的心理学意义，不同的心理学流派都有一些论述，最突出的是发展心理学、格式塔心理学和认知心理学。

（一）发展心理学的图式理论

皮亚杰理论体系中的一个核心概念是图式（在他后期著作中用 scheme 一词）。他把图式看做是心理活动的框架或组织结构，是认知或思维结构的起点和核心，或者说是人类认识事物的基础。因此图式的形成和变化是认知或思维发展的实质。

1. 图式定义

皮亚杰说，“图式（Scheme，Schma）是指动作的结构或组织，这些动作在同样或类似的环境中由于重复而引起迁移或概括。”这个定义较为简练，准确地把握其意思有一定难度。皮亚杰对这个图式定义作了一个说明，这个说明比较清楚地解释了上面的定义。皮亚杰说：“在一个活动中，我们把其中的那个能被从一个情景传递到另一个情景因而能加以普遍化和分化的东西称作动作图式。换言之，图式就是同一活动在多次重复和运用中共同具有的那个东西。举例来说，我们把幼儿堆积木的行为或较大的儿童搜集物品加以分类的行为称为‘聚集图式’。像这样的图式形式我们可以发现很多，甚至把两类事物联系起来的逻辑运算也是一种图式（父亲＋母亲＝父母，等等）。”按照皮亚杰的观点，认识发生、发展于主体和客体之间相互作用的过程中。如果我们把活动和图式纳入主体与客体相互作用的过程加以考察，可以这样认为，在这个过程中，活动是过程的内容，而图式则是在过程中形成起来的并组织活动的形式或结构。在对图式作这样的理解时应当注意，这种“形式”或“结构”只是一种智力的、认识的结构。对此，皮亚杰也指出，图式“只是具有动态结构的机能形式，而不是物质形式（在具有任何具体形式的意义上）”从上述皮亚杰对图式的定义和说明中可以看出，如果用比较简单的话来说，图式就是主体对于某类活动的相对稳定的行为模式或认识结构。在皮亚杰那里，图式与行为模式、认识结构是同等的概念[①]。

（二）格式塔心理学的图式理论

对图式所进行的一整套心理学研究，以及由此而产生的理论，被称为格式塔心理学（完形心理学）。格式塔心理学认为，图式首先是作为统一的整体被认知的，而后才以部分的形式被认知，也就是说，我们先“看见”一个整体的图式，然后才“看见”组成这一图式的各个部分。格式塔心理学派断言：人们在观看时眼脑共同作用，并不是在一开始就区分一个图式的各个单一的组成部分，而是将各个部分组合起来，使之成为一个更易于理解的统一图式。此外，他们坚持认为，在一个格式塔（即一个单一视场，或单一的参照系）内，眼睛的能力只能接受少数几个不相关联的整体单位。这种能力的强弱取

① 皮亚杰．心理发生和科学史．姜志辉译．上海：华东师范大学出版社，1998

决于这些整体单位的不同与相似，以及它们之间的相关位置。如果一个格式塔中包含了太多的互不相关的单位，眼脑就会试图将其简化，把各个单位加以组合，使之成为思维过程易于处理的整体。如果办不到这一点，整体图式将继续呈现为无序状态或混乱，从而无法被正确认知，简单地说，就是看不懂或无法接受。格式塔理论明确地提出：眼脑作用是一个不断组织、简化、统一的过程，正是通过这一过程，才产生出易于理解、协调的图式整体。格式塔原理在思维过程中的应用形式有：

（1）删除。删除就是从头脑构图中排除不重要的部分，只保留那些绝对必要的组成部分，从而达到视觉的简化。

（2）贴近。当各个视觉单元一个挨着一个，彼此靠得很近的时候，可以用“贴近”这个术语来描绘这种状态，通常也把这种状态看作思维归类。以贴近而进行视觉归类的各种方法都是直截了当的，并且易于施行。设计师可以根据需要使用贴近手法创造出完美的格式塔。这是因为由贴近而产生近缘关系，运用近缘关系无论对少量的相同视觉单元还是大量不同的视觉单元进行归类都同样容易。

（3）结合。在思维过程中，单独的视觉单元完全联合在一起，无法分开。思维可以使原来并不相干的视觉形象自然而然地关联起来，把两种或几种不同的视觉形象结合在一起，使其异形同构，在视觉表达上自然而然地从一个视觉语义延伸到另一个视觉语义。

（4）接触。接触是指单独的视觉单元无限贴近，以至于它们彼此粘连。这样在视觉上就形成了一个较大的、统一的整体。接触的形体有可能丧失原先单独的个性，变得模糊。

（5）重合。重合是思维结合的一种特殊形式。如果所有的视觉单元在色调或纹理等方面都是不同的，那么，区分已被联结的原来各个视觉单元就越容易；相反，如果所有的视觉单元在色调或纹理等方面都是一样的，那么，原来各个视觉单元的轮廓线就会消失，从而形成一个单一的重合的形状。重合，能创造出一种不容置疑的统一感和秩序性。

（6）闭合。有一种常见的视觉归类方法基于人类的一种典型心理：把局部图式形象当做一个整体的图式形象来感知。这种思维上的特殊现象，称之为闭合。当然，我们由一个图式形象的局部而辨认其整体的能力，是建立在我们头脑中留有对这一图式的整体与部分之间关系的认识的印象这一基础之上的。也就是说，如果某种图式即使在完整情况下我们都不认识，则可以肯定，在其缺乏许多部分时，我们依然不会认识。如果一个图式缺的部分太多，那么可识别的细节就不足以汇聚成为一个易于认知的图式。而假如一个图式的各局部离得太远，则需要补充的部分可能就太多了。在上述这些情况下，人的习惯思维就会把各局部完全按其本来面目当作单独的单元来看待。

（三）认知心理学的图式意义

认知心理学家认为图式应有以下的几个特点：

(1) 图式中有许多的变量。这些变量是可以发生多种变化的，可以是概括的，也可以是具体的。例如“人在看书”这样一个图式中，“人”可以是概括成所有的人，也可以是具体到老人、青年人、儿童或男孩子、女孩子等；至于有什么人，在什么地方，看什么书都是可以千变万化的。

(2) 图式是有层级性的。一个图式包含了许多个属于它的下一级的图式，而下一级的图式又包含着更下一级的图式。各种相关的、下一级的图式可组成上一级的图式，几个上一级的图式又可以组合成更上一级的图式。例如前面所说的“人”这一个图式，可包含老人、中年人、青少年和儿童，而“儿童”则包含有不同年龄段的男孩子、女孩子等。当然，也有最基本的图式，它不会再包含有下一级的图式了。

(3) 图式中蕴藏着各种各样的信息。我们头脑里的图式可以表征我们所具有的全部经验，包括了自然科学和人类社会知识，并可以把经验表征为各种抽象的水平。图式的作用可以帮助我们理解一个事物，对某一客体或某一情景进行各种解释。如前所说的“人在看书”的图式中，我们头脑里的“人”的图式可以呈现出概括成所有的人的信息，也可以呈现出老人、青年人、儿童或男孩子、女孩子等供我们作为参照的信息；至于有什么人，在什么地方，看什么书就需要根据我们的经验和当时的客观情景做出判断，选择恰当的图式来解释。

(4) 图式是一种认知或思维的手段，人的图式活动是人的主动认知过程。这里有两个过程，一是概念驱动过程——这是由上而下的图式启动方式，指一个图式活动起来，并使它的一个或几个下一级的图式也活动起来。这些下一级图式的活动就是一种预测，能由某一事物联想出与它直接相关的事物，如儿童在图书中看见“小狗”的图像并要评价它的合适性时，“小狗”的图式活动起来了，并引出了“小狗的头、身体、四条腿、尾巴”等下一级图式的活动。这种由上而下的图式启动过程，就是概念驱动的控制过程。

(5) 图式信息不像一个非常规范、整齐的图书馆，它的特点是有一个各种关系混合的大杂烩式的框架。无论在有序或无序的条件下，图式的呈现都是按一定的类别组织起来的。当各种图式信息在概念上有一定层次的逻辑关系时，在记忆中就会按照它们的共同特性构成一个多层次的概念体系。

## 一、现代图式理论

（一）现代图式理论要点

人的一生要学习和掌握大量的知识，这些知识并不是杂乱无章地贮存在人的大脑中的，而是围绕某一主题相互联系起来形成一定的知识单元，这种围绕某一个主题组织起来的知识的表征和贮存单元就是图式。现代图式理论要点有以下几个方面：

1. 图式描述的是具有一定概括程度的知识，而不是定义。也就是说，图式既描述事物的必要特征，又包括其非必要特征。图式所描述的知识由一部分或几部分按一定的方式组合起来，其中的组成部分称之为变量（variable）或槽道（slot）。例如：动物的图式包括有皮肤、能活动、吃食物、呼吸空气；鸟的图式包括有翅膀、有羽毛、能飞等。总之，一个符号、一种物体等均可以看成是一种图式。图式有两种：一种是反映事物属性的视觉图式（可简称之为"属性图式"）；另一种是反映事物之间结构关系的图式（简称之为"关系图式"）。根据这两种图式的不同，感性思维可进一步划分为两类：一类是以"属性图式"作为思维材料（即思维加工对象），称之为"形象思维"；另一类使以"关系图式"作为思维材料，称之为"直觉思维"。换言之，人类感性思维的基本形式（或基本类型）也可划分为两大类，即形象思维和直觉思维。

2. 图式有简单和复杂、抽象和具体、高级和低级之分。简单的图式可以只是一个符号，复杂的图式可以有几个子图式构成。抽象的图式是关于意识形态和文化观念方面的图式，具体的图式则包括生活经历和事物的特征。所谓高级图式和低级图式是指图式之间的层次或隶属关系。比如动物的图式和鸟的图式，后者相对来说构成了一个较为复杂的图式。鸟属于动物，对于鸟来说，动物的图式是高级或上位图式，而鸟的图式则是低级或下位图式。

3. 图式不是各个部分简单机械相加，而是按照一定规律由各个部分构成的有机整体。构成图式的各个部分即变量有恒定的，也有变化的；当一部分变量取一定值时，其他变量的取值也就受到了约束。图式的加工过程是通过对加工的信息进行拟合、优化、评价而进行的，对某些信息的加工甚至有几个图式相互比拟、进行评估，最后才能做出决策。

4. 图式是在以往经验的旧表象与新表象相互联系的基础上，通过"同化"与"顺应"而形成的，是以往经验的积极组织。图式不是被动地接受信息，而是积极地把新表象同图式表征的旧知识加以联系。每个图式在发展过程中受到同化作用和协调作用而发生变化。低级的图式通过同化、协调、平衡而逐渐向层次越来越高的图式发展。"同化"和"顺应"是皮亚杰图式理论的两个重要概念。"同化"就是把外界的信息纳入已有的图式，使图式不断扩大。"顺应"则是当环境发生变化时，原有的图式不能再同化新信息，而必须通过调整改造才能建立新的图式。皮亚杰认为"同化就是将外界因素整合于一个正在形成或已形成的图式"，即把环境因素纳入机体已有的图式之中，以加强和丰富主体的动作[1]。例如初次见到足球的儿童会误以为是皮球（假设他已具有拍皮球的图式）而用手去拍，因为他的头脑里没有“踢足球”这个（动作）图式。顺应是指“当同化外界新的刺激到原有的图式失败的时候，要么创造一个新图式来容纳这个刺激，要么修改原有的图式以便这新的刺激能符合这种图式”。当儿童学会用脚去踢足球的时候，儿童的头脑里就形成了“踢足球”的图式。

平衡是指个体通过自我调节机制使认知发展从一个平衡状态向另一种较高平衡状态过渡的过程。个体每当遇到新的刺激，原有的平衡状态被打破，个体首先试图用原有图式去同化这个过程，若获得成功，便得到暂时的平衡；如果用原有图式无法同化这个环境刺激，个体便会做出顺应，即调节原有图式或重建新图式，直至达到认知上的新的平衡。同化与顺应之间的平衡过程，就是认知的适应过程，也是人的智能行为的实质所在。从这个角度看，同化和顺应也是一种学习过程，以图式理论为基础的建构主义学习理论是认知心理学上一种主要的学习理论。皮亚杰认为，图式同化、顺应和平衡经过相互作用，推动认知活动的发展，图式正是经过同化、顺应和平衡的过程而逐步构成更高一级的形式，发展和完善人的智力结构。

5. 图式有两层含义：第一层含义是指日常所说的现象，即如同通过摄像机拍摄出来的每一瞬间的胶片一样，它被储存起来并且成为回忆的系统材料，每个图式系统是相互独立的。第二层含义是指一种意识活动，即意识的图式能力，也称之为图式活动，即能够使某种东西成为图式的能力。在图式活动中，被图式的东西成为被图式之物。在其中，首先要界定的是：被图式之物为何？就通常而言，被图式之物指的是外感知的对象，即可以由感官所捕捉，例如光、声音、质地、气味、味道等等，如我们眼睛看见一株玫瑰花，鼻子可以闻到它发出的香味，手可以摸到它的锐利的刺等等，把这些刺激组织起来成为被图式之物。但是任何感官都不能够形成整体的观念，它们是相互独立的，只有通过意识对图式的整合才能形成整体的观念。但是，问题在于，意识活动并不一定就是直指当下的被图式之物。何为被图式之物呢？对于这个问题，布伦塔诺提出了第一对象和第二对象区分，“第一对象是心理现象所涉及的外部现象，第二对象是心理现象本身”。这样一来，第一对象在当下被图式之物所呈现出来的图式，它是当下的存在，而“每一所谓事物的个别当下存在都已经是一个被图式的存在”。它总是不断出现和消失的。但是也能够引起诸如情感、判断、意志等心理现象与之相关联。因此，图式活动本身也可以成为图式，成为意识活动的基础。另外，情绪、意志、判断等等由对象引起的心理活动同样能够成为图式，成为被图式之物和意识活动的基础。这样一来，图式活动的对象，被图式之物的范围就可以确定了，它不仅仅指的是外感知的对象，也指的是内感知的对象。

（二）图式的心理功能

把图式与创造联系在一起，应该搞清这么一个问题：图式是一种生理功能，还是一种心理功能？

19 世纪和 20 世纪早些年的科学心理学的奠基者们曾试图避开这个问题，他们说，思维是不可观察的，也许是一种幻觉，他们只好让自己局限于对生理现实的研究。那些对知觉有兴趣的人们调查了感觉系统的生理学，特别是视知觉，在一个多世纪的时间里，在欧洲和美洲的一些人收集了大量有关这个系统的工作机理的数据。到 20 世纪早些年，他们还理清了大部分复杂的连接线路图，柱体和锥体就是通过这些线路图将脉冲传送入大脑的。一丛丛视神经纤维从视网膜一路行进至视觉皮层，这是大脑后部较低地方的一个区域。这些携带有来自每只眼睛的视觉区左右半区信息的纤维一路上被分类和分发。来自每只眼睛的右半边视觉区的信息在左视觉皮层中结束，左半边视觉区的信息在右侧视觉皮层中停止。（进化为什么要按这种交叉的方式进行安排，到今天为止，还没有人能说出一点皮毛。）

可是，在 19 世纪晚期，大脑定位法又获得了一定的声誉——不是颅相学那种定位，而只是指部分功能——这是在维尼克和布洛克发现言语功能是在大脑左半球的两个小区域内进行的之后。这激发起研究者们寻找一个可以接收和理解信息的大脑区域，而且，他们通过对大脑受过损伤的人类进行的尸检和对猴子进行的手术发现了这个区域，按一般的话来说，就是人的后脑。

心理学家 J. A. 斯威茨于 1961 年提出，应把信号检测和信息论这些工程概念引入心理物理学，心理学家们在二战期间开始接触这些概念了。斯威茨及其同事甚至给他们的方法取了一个名称，它反映了工程学的非人格性和客观性——信号检测论。它首先认为，由任何信号激发的神经元的数量一定总是有一些随机的变化的，进入神经系统的“噪音”（无关和偶然的激发）数量也是有随机变化的，这种理论可能通过统计理论来纠正这些变量。第二，它认为，受试者在任何尝试中所做出的反应有一部分是由他的预期和尽量增大回报，尽量减少代价这种企图所决定的，这些变量可以通过决策理论加以解释。

这样，人们终于同意这样一个观点：图式不仅是一个人的组织映像，而且是一种操作，即心理操作可以以图式的形式进行，即形象思维活动。从这个意义上说，图式的心理操作、形象思维与概念思维可处于不同的相互作用中。

1. 图式思维（形象思维）

就是凭借图式进行的思维操作。“心理旋转”研究是一项有说服力的证据。在一项心理旋转的实验（R. Shepard，1973）中，每次给被试呈现一个旋转角度不同的字母R，呈现的字母有时是正写的（R），有时是反写的（R）。被试的任务是判断字母是正写的还是反写的。结果表明，从垂直方向旋转的角度越大，做出判断所需的时间越长。对这一结果解释为：被试首先必须把呈现的字母在头脑中进行旋转，直到它处于垂直位置，然后才能做出判断。反应时所反映的进行心理旋转—图式操作所用的时间上的差异，证明了形象思维—图式操作的存在。实际上，企图用其他方法，如通过用例题去描述字母的位置，是困难的。

2. 图式与词在心理操作中双重编码

在更多情况下，信息在脑中可以进行编码，也可以图像进行编码。在一定条件下，图像和词是可以互译的。具体的图像可以通过语言提取、描述和组织，例如，电影剧本作者通常进行图像编码，最后通过语言存储起来，这就是剧本；同时，导演按照剧本再生图像，这就是表演，也就是通过语言使图像恢复。

3. 图式是词的思维操作的支柱

词的思维操作所需表象的参与和支持，甚至表象操作在思维操作中是否出现，可因思维任务之不同而异。例如，几何学在运算中，很大程度上依赖图像操作的支持，图形操作是几何运算的必要支柱。但是，代数学、方程式，只用符号概念按照公式进行演算，完全排除了形象操作。

## 二、图式在创造过程中的演绎

创造性思维是人类创造活动的源流，创造性思维的精神产品是产生前所未有的新颖独创的概念、规律或原理，或者更概括地说就是产生新的意义。因为意义的获得依赖于思维图式，那么对创造性思维的研究本质上应该着力在思维图式的演绎过程。

### （一）图式是创造的根本

人类最早的思维都是建立在图式基础上的，图式是不断生发的，而原生态的图式来自遗传。皮亚杰认为，“任何图式都没有清晰的开端，它总是根据连续的分化，从较早的图式系列中产生出来，而较早的图式系列又可以在最初的反射或本能的运动中追溯它的渊源。”以这一图式为依据，儿童不断和客观外界发生相互作用，在这种相互作用中，非遗传的后天图式逐渐从低级阶段向高级阶段发展，这也就是图式的建构过程。

图式经过抽象概括等加工过程，将那些个别的非本质的不重要不突出的东西去除掉，把事物特有的普遍的重要的本质的属性突出出来。这些保留着事物本质属性、重要特点，又十分简要、概括、抽象的图式，就是概念。概念一旦形成，人的思维活动就进入了理性思维的范畴，开始了逻辑思维活动。完成从图式到概念的转换的思维结构，我们称它为抽象结构。这是一个从感性思维升级为理性思维的关键性思维结构。

概念是人类意识的核心内容。它不但能通过符号语言表现出来，再作用于人的感官，完成人类思维的大循环，而且能直接通过一个与抽象结构有相反意义的思维结构——想象结构还原成或塑造成图式。为了与从客观事物刺激感官得来的图式有所区分，由概念通过想象结构得到的图式，我们一般不再叫图式，而叫意象。意象虽然也是一种图式，但它却是通过概念的想象得到的。这其中有逻辑思维的成果，是人类伟大的创造力的体现。发明家、艺术家、工程师等等的发明创造，往往就是他们头脑中意象的实现，是他们意象创造的结果。

想象结构和抽象结构是人脑中形象思维和抽象思维之间联系的桥梁。抽象结构将形象思维的核心内容——图式转化为概念，实现形象思维到理性思维的转化；而想象结构却正相反，它将抽象思维的核心内容——概念转化为意象（图式），完成由抽象思维到形象思维的回复。就在这一往一复之间，人的思维又向前跨进了一大步，构成了一个内在的向前发展的循环。这个内在的向前发展的循环就是创造性思维结构，是人类思维的核心系统。

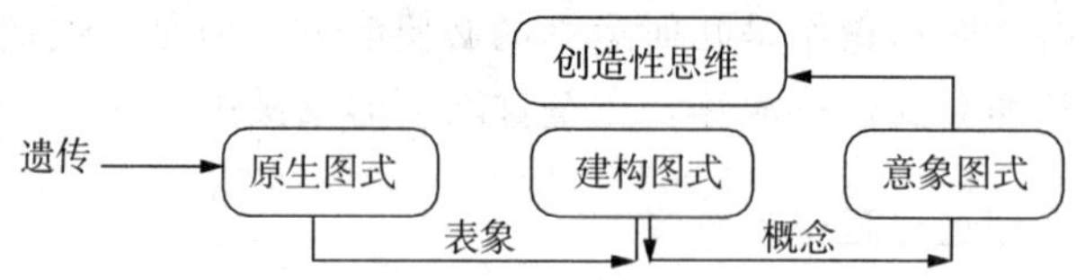


（二）创造的根本是产生新的图式

我们说创造的根本是产生新的思维图式，首先是因为创造一般是不可能在逻辑和中性经验的推动下一步一步地前进，而是像格式塔转变一样，要么一下子出现，要么什么都没有。思维图式的产生具有无意识性的特点。如果我们问一位做出杰出贡献的科学家这样的问题：“请告诉我，你解决这个问题时是怎样想的，都想了些什么。”科学家们很可能就会说：“我自己也不知道问题解法是怎样找到的。”历史上很少会有哪位科学家把他在研究过程的思路详细地陈述出来或记录出来。究其缘由是因为思维图式的产生不是意识控制的结果，它是一个突发的过程。

我们可以从量子论的提出过程中看到量子论的创立过程不过是思维图式的形成、检验和完善的过程。

在普朗克着手研究辐射问题时，人们还没有关于辐射和吸收的正确认识。如果不对辐射和吸收的机理做进一步的探索是不可能从理论上推导出辐射的普适公式的。维恩迈出了第一步。他做了一个新奇的假设，并推导出了一个与当时的实验符合的公式，但是这个假设的机理并不明晰。正是在这样的情形下，普朗克开始了他的创造之路。首先，普朗克利用类比思维把赫兹的研究方法运用到黑体辐射中，他创造了一个新的思维图式，即用谐振子来说明辐射问题。起初，他错误地认为谐振子的辐射是不可逆的，当这一点被玻尔兹曼指出之后，他不得不修改他的思维图式，引入了“自然辐射”的假设来保证谐振子的辐射不可逆性。其次，为了求谐振子的平均能量，普朗克又赋予了谐振子具有熵的性质。这一步是一个不小的跨越，这样普朗克把热力学的概念运用到了电磁现象中了，在谐振子上实现了热力学和电动力学的某种结合，形成了前所未有思维的图式。

在定义谐振子的电磁炳的步骤中，普朗克得到了熵对平均能量的三阶导数与平均能量成正比的简单表达式，由于简单性使他确信已经接近了问题的本质，然而实验做出了否证。由于普朗克已经建立正确的思维图式，所以他很容易把新的实验事实纳入他的思维图式之中，很快他就得出了正确的黑体辐射公式。新的实验否定了他原来有关谐振子电磁熵的定义的基础，普朗克必须在他的思维图式中引入新的成分才能合理地对辐射公式做出解释。由于他的表达式与玻尔兹曼熵的定义式的相似形式，使普朗克看到了用玻尔兹曼方法来解释他的电磁熵的可能性，于是他就转向了统计方法。在这种考虑中他不得不假设谐振子的能量只能按一定的单元不联系的变化，否则他就得不出正确的结果，于是一个前所未有的新思维图式建立了。在新思维图式中谐振子只能不连续地吸收和发射一个能量单元的能量，而不是像经典的思维图式那样，可以任意连续地变化。这样的一种思维图式启发人们用一个新的视角去看待问题，并且被证明它是富有成效的，于是它成为人们思考问题的一个原则或者说成为一个新的范式。正是在这种新思维图式的引导下，人们建立了描述微观世界的量子力学的理论。因此我们得出，创造性思维的根本是形成新的思维图式。

（三）创造是潜意识图式与显意识图式相互作用的结果

原生态的图式是潜意识的本源。潜意识思维不像显意识思维那样遵循着正常的逻辑轨道，而是不断地、无规则地流动、跳跃、弥漫、渗透和交融。

现代思维科学的研究表明，潜意识能阻碍来自客观的大多数刺激，而让少数几种选择的刺激信息进入潜意识思维过程。在显意识思维过程中不能组合加工的信息，能在潜意识思维过程中加工形成结合块。因此，潜意识思维常常在创造中起着重大的作用。创造活动中的孕育阶段，实际上就是潜意识思维的过程。此外，科学上的许多事实表明，做梦能激发创造，剑桥大学的一份关于各类科学家工作习惯的调查中，有70%的科学家回答说他们曾在一些梦中得到过帮助。而梦是潜意识思维的具体体现，在睡梦中，潜意识的信息容易进入显意识中来，使人豁然开朗。

由于潜意识思维的内容是在显意识状况下长期积累而成的，而且潜意识思维的成果一旦闪现，即表现为显意识，并通过显意识思维修正、变形而完善。因此，创造活动是在潜意识与显意识思维的交替作用（往往是反复多次交替作用）下，最后达到创造目标的。在这个意义上，创造性思维可以说是潜意识思维与显意识思维的有机结合。潜意识思维又称作非理性思维，显意识思维也称为理性思维。

因此，如果完全摆脱弗洛伊德的潜意识论，我们就无法傍得有关感性思维的理论体系；如果我们完全依赖弗洛伊德的潜意识论，又有可能陷入否定或贬抑人的理性及其思维的作用的神秘主义。而把刘奎林的创造性思维模型搬迁到感性思维的理论建树上，却恰到好处。

刘奎林提出了如下所述的灵感思维发生过程模型：首先，显意识把认知主体当前正在积极思考并寻找解决办法的课题，作为“指令性信息”输送给潜意识。这是灵感发生的前提，潜意识推论活动就是围绕这条“主线”进行。这种指令性信息，不管是以光波、声波、压力、温度等形式出现，还是以形象、语言、概念出现，都一律转换成生物电流脉冲信号，并通过神经纤维传给右脑（刘奎林认为潜意识在右脑）。第二步，显意识把“指令性信息”传给潜意识后，由于自我意识的强烈要求，使形成的电脉冲信号的时空分布呈现比平时强烈得多的信息，从而促使新输入知觉信息与已有经验信息之间的同构活动加快，也使右脑神经网络功能的重新建构配合更为默契，由此得到潜意识推论后的“新信息”或“良好图形”；接着，第二步整合的结果又反馈到显意识。显意识对反馈信息常以抽象思维、形象思维等形式进行综合分析。鉴别后如不符合要求，则又以新的指令性信息输送给潜意识。如此往复多次，一旦合目的的推论结果涌向潜意识，便会顿时获得柳暗花明的感觉，这表明灵感迸发了。

刘奎林认为：“灵感思维作为人类的一种基本思维形式，同抽象思维、形象思维一样，都属于人脑这块特殊物质的高级反映形式。灵感思维的发生也有一个过程，只不过不是在显意识之内，而是在潜意识。潜意识孕育灵感时，除了靠潜意识推论，还常有显意识功能的通融合作，当孕育成熟即突然沟通，涌现于显意识，成为灵感思维。”由这段论述可以看出，刘奎林所说的灵感思维实质上就是创造性思维。

刘奎林对创造性思维的研究，打破了仅仅从心理学角度去探讨的传统做法，开始把基于心理学的研究和基于脑神经科学的研究结合起来，并且越来越重视基于脑神经科学的研究。从上面所述的后两种模型可以清楚地看到这种有突破性意义发展趋势。

## 第二节 创造图式的自组织类型

自组织的概念来源于耗散结构论和协同论。各种系统按其结构与环境的关系大致可分为两类：一类系统的组织结构和功能是靠外部的指令形成和运转的，这类系统称之为组织系统。系统工程多研究的是这类系统；另一类系统的特点是，在外界所加给系统的控制参量未达到一定值（临界值）时，系统的状态只产生量的变化，但当控制参量达到这个值时，系统发生了突变（相变），进入新的结构或状态。当我们思考这类系统为什么会以这种变化时发现，在变化前后，控制参量并未有质的改变（即未增加什么新的内容），系统的这种新结构或新状态是在一定外界条件下系统内部自身组织起来而形成的。对此，我们称之为自组织系统。

思维图式产生的突现性和无意识性正好具有了自组织的特点，即它是在一定的条件作用下自发形成的结构。但是，从上述自组织的定义中不难看出，自组织并不意味着失去控制。自组织也是受外界控制参量的决定，不过这种决定已经和组织结构的外部指令控制完全不同了。所以，思维图式的自组织特性并没有否定人的主体作用．不过人的主体作用已经和通常理解的含义有所区别了。

创造性思维图式的自组织类型可分为梦呓图式、顿悟图式、直觉图式、意象图式、完形图式等样式，这些都是创造性思维研究的新领域，其内部机制还有待进一步研究和验证，但已有大量事实佐证了它们的存在。

### 一、梦呓

梦是潜意识域最活跃、最有能量的创造源。最早研究梦呓的是奥地利心理学家弗洛伊德。弗洛伊德把人的心理过程分成原发性和继续性两种。他说在梦中原发性心理占据主要部分，这时候，在正常状况下抑制着原发性心理的“自我”处于相对沉寂状态。所以原发性心理才得以冲破“自我”的监督而自由自主地活动起来。可是，“自我的相对沉寂”不同于“完全沉寂”。如果“自我”真的处于完全沉寂状态，睡眠时将不会有梦。他说，往往是在“自我”处于浑浑噩噩状态下，就是既要休息又得不到休息的时候，被“自我”压抑的原发性心理，即“潜意识”才开始活动，这便是梦的由来。实际上，这仍是他的心理结构三部说的另一种表述而已。

弗洛伊德在分析梦的改装变形时，把梦分为显梦和隐梦。对梦的解释并不是就其对梦的表面内容作解释，而是探查梦里头所隐藏的思想内容。他说，我们必须假设每个人在其心灵内均有两个心理步骤。第一个步骤是在梦中表现出愿望的内容，而第二个步骤起着扮演检察官的角色，它促成了梦的伪装变形。凡能为我们所意识到的，必须通过第二个步骤的认可。否则，第一心理步骤的材料是无法通过第二关的，无从为意识所接受，它必须由第二关加以各种变形到它满意的地步。由此看来，显梦是指说出来的未经分析的梦，而隐梦是指其背后隐含的意义由分析联想得到。显梦和隐梦好像猜谜语一样，谜面是显梦，谜底是隐梦。释梦就是要猜破谜底，谜面只提供线索。如果把显梦和隐梦对照着进行研究，不难发现梦仍是愿望的变形满足。弗洛伊德在研究时将梦分为 4 种情况，以部分代替全部、暗喻、象征、视觉转换。他在解释梦时将梦的含义作了浅层次与深层次的区分。

尽管人类还没有完全揭开梦呓的面纱，但并不妨碍我们借助梦呓发明创造。门捷列夫周期表的发现、胰岛素结构的设想、塔季尼的《魔鬼之歌》、拉裴尔的“圣母像”……这些著名的发现发明以及音乐美术创作都与梦呓有关。梦呓是一种梦思维，它需有一种特别的心理和生理状态。一般认为，梦境中和梦后一段时间的似睡非睡、似醒非醒的朦胧状态，就是这样有利于梦呓造势的生理和心理状态。同样，梦思维也只青睐那些有准备的大脑。梦呓图式有几点规律可循：（1）假寝可能更容易产生梦思维；（2）带着问题入梦可能使梦思维更易寻求目标；（3）入睡前提醒自己记住所做的梦；（4）醒来后尽量努力回忆梦的细节。

德国化学家凯库勒，对于苯分子的环形结构式的研究成功，是在 1865 年在根特的书房里打瞌睡的时候得到的一种想法而引起的。他梦见了宝石戒指上的两条蛇，这两条蛇却蠕动变幻成了碳原子，就如同发散的火星，弯曲盘旋起来。突然，他见到了其中的一条蛇咬住了自己的尾巴。这幅图案在他眼前闪烁个不停，凯库勒突然惊醒了，醒来以后，他激动不已地根据梦中的启示，花了几天的工夫，弄清了苯的六角形结构式。这就是苯环碳链的新结构式。也就是苯的一个环状式。近代化学用 X 射线对于芳香化合物结构进行了研究，证明了这种平面六角环形。根据上述材料，我们可以得出这样一个结论：梦蕴藏着人类潜意识域最丰富的图式，是创造的工厂。

### 二、顿悟

说顿感悟是一种图式，是因为其是意识活动的爆发式质变和飞跃，是令人豁然开朗的茅塞顿开，是智慧之光的瞬间闪烁。往往有这样的情况，人们经过长期紧张的理性思考，寻求某一问题的答案，但百思不得其解。然而这时人的思维实际上是处于高度兴奋、高速运转的状态下，好像电子线路的触发装置一样，一种线路接不通就换另一种。这时，一种负责联系关键性思路接通的图式被激活，就会一通百通，立时大放光明，使认识者豁然开朗、顿然醒悟，一下子抓住了事物的症结，找到了问题的答案。

爱因斯坦回忆说，直到1905年的一天早晨起床时，他才突然想到：对于一个观察者来说是同时性的两个事件，对别的观察者来说就不一定是同时的。他立即抓住这一“灵感闪光”，很快写出了有关狭义相对论的著名论文。可见，很多重大的发明创造来源于顿悟。但是，顿悟并非神灵启示，亦非凭空产生，而是发明创造者长时期艰苦实践、深入思考的结果。不从事某方面的科学研究，就不会有这方面的顿悟。

大脑在“顿悟”过程中的工作机制是否与用常规办法不同，在科学上一直不甚清楚。美国西北大学和德雷克塞尔大学科学家的一项最新研究，以比较有说服力的证据表明，“顿悟”其实和大脑不同寻常的工作方式有关。其研究方法是，让18名研究对象玩一种字谜游戏，内容是找出一个单词，使它能与列出的其他3个不同英文单词搭配，分别重新组合成三个有意义的新词。每名研究对象在解题过程中都需要报告他们经历过的“顿悟”般时刻。利用功能磁共振成像和脑电图技术对研究对象大脑活动和脑电波的监测显示，“顿悟”的出现与大脑右半球颞叶中的前上颞回区域有密切关系。当研究对象“顿悟”出答案时，这一区域活动明显增强，并在“顿悟”前0.3秒左右突然产生出高频脑电波。通过常规方式获得答案的研究对象则没有这些情况出现。科学家们得出结论认为，“顿悟”的产生有赖于大脑神经中枢独特的活动机制，这一机制为大脑“顿悟”时的独特认知过程提供了支持。他们由此推断，前上颞回区域能促进大脑将看似不相关的信息进行集成，使人们在其中找到早先没有发现的联系，从而“顿悟”出答案。新研究首次表明，大脑独特的计算和神经中枢机制，导致了灵感降临的那些“突破性时刻”。有专家评论说，这一新结果是最具原创性的研究之一，有助于消除笼罩在人类创造性思维过程之外的神秘色彩。瓦特的顿悟发生在“四周的景物显得格外亮丽”的大学校园；而汤斯的顿悟发生在观赏“跳跃着奇特而灵动红光的”的杜鹃花之时。

导致灵感降临的神经中枢机制到底是？一般用潜意识理论解释：当一个人长时间思考某个复杂问题而又得不到解决时，如果暂时摆脱苦思冥想、或者改变原有的思索环境时，潜思维的原生态图式反而被激活起来（把意识没解决的任务接了过去）。潜思维的原生态图式没有后天图式社会化的痕迹，也就是说，它没有文化障碍和定势障碍，容易从思维困扰中突围出来。

潜思维一旦被激活起来，就能从比“显意识信息库”信息量更大的“潜意识信息库”中，以极高的速度一遍又一遍地尝试进行各种各样的信息提取和加工，因而它常常能获得意识域所不能获得的思维成果。当潜思维对问题的思考有了一定结果后，便立即与意识域中的思维沟通，意识域中的思维会对潜思维的结果进行评鉴和筛选（潜思维的成果许多是荒诞不稽的），一旦得到认可，意识思维的顿悟就爆发了。思维顿悟的技术条件有：（1）对目标执著的追求是激活图式的前提；（2）善于捕捉稍纵即逝的灵感；（3）学会在适当的时候自我放松；（4）善于寻求激活图式的思索环境。

### 三、直觉

爱因斯坦于1931年在《论科学》一文中申明“我相信直觉和灵感”①。他在这里“直觉”与“灵感”并用，说明二者关系密切又有区别。直觉图式是相对于分析思维而言的。根据得出结论是否经过明确的思考步骤和主体对其思维过程有无清晰的意识，可以将思维划分为直觉思维和分析思维。

直觉图式即人脑对信息的一种突如其来的颖悟或理解、揭示或启示的心理地图。“是认识过程的一个重要的环节，通常表现为认识的突变、飞跃、逻辑过程的中断。从一定意义上来说，直觉图式是从感性思维达到理性飞跃的一种特殊表现形式。是经长期的、艰辛的实践经验积累的结果。直觉和灵感这种突跃式的认识方式有一个共同特点，即看爆发只是一瞬间，看积累不仅时间长、空间大，而且选择艰难、筛选复杂，真可谓“胸中积资如山，笔下江河奔腾”。这种“厚积薄发”是直觉和灵感的本质特色。

关于直觉，有不同的理论。笛卡尔（1596—1650年）是最早的数学直觉主义代表性人物，他说：“我所理解的直觉的意思，不是对不可靠的感性证据的信念，不是对混乱的想象之靠不住的判断，而是智慧这明确和细致的概念。它是如此简单和明确，以至于它对于我们所思维的，或者智慧的同样明确和细致的可靠概念不存在任何怀疑。这种概念只是从理智的本性中产生的。而且由于自身的简单，比演绎法更可靠。”② 本格森（1859—1941年）属于本能直觉主义代表，他把直觉与人的本能联系了起来，并指出直觉是超脱利害与自己内省的本能。他同时还提出理智是内核，由直觉的边缘“凝结”而成，所以把理智与直觉结合起来，就能看到直觉本体的全部。汤川秀澍（1907—1981年）是物理直觉主义的代表者，他说：“在任何有成效的思维中，直觉与抽象总是相互影响的，不仅某种东西必须从我们丰富但多少有点模糊的直觉图像中抽象出来，而且被当作人类抽象能力的成果，而建立某种概念到最后

---

① 爱因斯坦文集．第3卷．北京：商务印书馆，1976：398

② 科学史译丛．1982（1）：55

的确定，往往变成了我们直觉图像的一部分。”① 我国学者刘奎林认为，直觉的发生与经验密不可分，以显意识制导下收集到的丰厚的实践经验沉积并以短时或长时记忆存贮在大脑中，成为潜经验，这种潜经验偶遇客观信息的引发，在潜意识的辅助下与客观事件（现象）相匹配、契合成功，便成直觉。直觉与灵感既有联系密切又相互区别，直觉主要是发生在显意识制导下进行的，辅助以潜意识；而灵感主要是酝酿在潜意识。②

我们认为，与分析思维相比，直觉图式具有以下特征：（1）非逻辑性。从表面上看，直觉思维的进行，既没有某种明确的逻辑规律，也没有经过严密的推理，因而具有非逻辑性。而分析思维总是按照一定的规则进行，具有严格的逻辑性；（2）直接性。直觉思维总是以跳跃的方式，径直指向最后结论，似乎不存在中间的推导过程。分析思维则需要经过一系列的中间推理过程，才能间接地认识事物的性质和关系；（3）自动性。直觉思维是一个自然而然的过程，无需主体有意识地做出意志努力，表现出自动化特征。而分析思维则需要积极地、有目的地活动，付出努力和克服困难；（4）快速性。由于直觉思维以直接、自动化的方式进行，故不用推理就得出结论，具有快速性特征。而分析思维由于采用逐步推进的方式，需花费一定的时间，才能得出结论；（5）个体性。直觉思维的主体对思维过程的各种运算、心理活动，没有清晰的意识，无法向他人说明，带有很大的个体性。而分析思维的主体能清晰地意识到思维的过程并表述出来；（6）坚信感。直觉思维的主体在主观上对结论（无论实际上正确与否）具有一种坚信感。而分析思维的结论正确性如何，在客观上都是十分明确的；（7）或然性。由直觉思维得出的结论，可能正确，也可能错误，具有或然性，需要逻辑或实践加以检验。而由分析思维得出的结论，经严密的逻辑推理而来，因而具有确定性。

直觉图式通常有两种：简单直觉图式与复杂直觉图式。简单直觉图式的加工对象（思维材料）是与空间视觉定位有关的空间位置表象，即空间表象；复杂直觉图式的加工对象则是用来描述复杂事物之间结构关系的“关系表象”（关系表象是空间表象的一个子类，其全称应是“空间结构关系表象”，与“空间位置表象”同属空间表象的两个子类，但目前已习惯把空间位置表象简称为“空间表象”，“空间结构关系表象”则简称为“关系表象”）。在空间视觉定位情况下（即简单直觉图式过程中），工作记忆内必有关于客体位置的初始特征值，以便根据这些特征值由思维加工机制确定客体的空间位置；而在判断、处理复杂事物关系的情况下（即复杂直觉图式过程中），由于事物之间

---

① 自然科学问题丛刊，1982（3）：1

② 自然科学问题丛刊，1982（3）：1

隐含的复杂关系是有待发现的，所以在工作记忆中将不会有初始值。这是两种直觉图式的很大不同之处。

由以上分析可见，以空间表象作为加工对象的空间结构思维（即直觉图式），由于其特点是整体综合、直觉判断的快速思维（而非线性、顺序、逐步分析的缓慢思维），其工作记忆必然短暂，因而，这种思维过程是比较难以觉察的；加上其思维过程一般没有明确步骤，也就难以用言语来描述。换言之，这种直觉图式若不专门给予注意是不容易觉察的，因而往往表现为“潜意识思维”。尤其是在复杂直觉图式中，由于事物之间复杂的内在关系一时很难把握住，甚至经过较长时间思索也找不到这种关系。这时将会出现和创造想象过程中的类似现象有一段时间工作记忆的内容为空白。与创造想象过程的区别只在于：创造想象中要建构的是前所未有的新事物的表象，而在复杂直觉判断中则是要发现他人从未揭示过的事物之间的某种隐蔽的关系。可见复杂的直觉图式是和创造想象一样的真正的潜意识思维，即使神经中枢事先给予充分注意（有预期），也无法觉察出其思维过程，更无法用言语去描述该过程。

### 四、创意

创意既是产生的新图式，也是图式的建构过程。

创意的关键在于图式抽象过程的。图式抽象，是意象变形运动中的一种。有人认为意象变形运动主要是“情感表现性特点”的变化所引起的拓扑之变；而意象抽象运动主要是人们内在“秩序要求”所引起的“具象形式化”[1]，从而导致的繁简之变。

感性认识一定会上升为理性认识，人类的图式通过不断建构，一定会演化为具有抽象功能的图式，就如同青年人一定会走向壮年、老年一样，我们每个人想象中的意象，都会由生动具体的形象→模式化意象→粗线轮廓图形→标志性符号（抽象形式）。不但每个人如此，进而可以说在总体思维中的意象运动亦是如此。

具体形象的图像，遵守着“由写实到抽象”的趋向，其所显现的“象”日益疏离原初的物象。阿恩海姆关于抽象的定义：“许多经验中的现象都是围绕着一个‘简单而又集中的阶段’（或时刻）组织起来的”。这个“秩序结构”演化为表现形态时，我们把它叫做“形式”，它包含于具象之身，就如埋葬在血肉之内，所以抽象形式就如同从血肉中“剔出”、“抽取”、“提炼”

出的，绝不是外加的。在美术的范畴内，抽象是美的也是丑的。抽象的表现是最简单省力的，也是最复杂费力的。从理论上讲，抽象体现出的是人为的主观意识，因此抽象画最好画，只要会拿笔，只要画得怪，都可以称之为抽象画。现今无论是国内还是国外，都有相当数量的人热衷于抽象艺术，看似艺术繁荣，其实并不尽然，因为在这诸多的主张抽象的画家中，有才气的画家视抽象艺术为最美但又最难画，其中包含的艺术内涵太丰富，难以表现得有“理”有“术”。毕加索终生喜欢画牛。年轻时他画的牛体形庞大，有血有肉，威武雄壮。但随着年龄的增长，他画的牛越来越突显筋骨。到他八十多岁时，他画的牛只有寥寥数笔，乍看上去就像一副牛的骨架。那些牛的外在的皮毛、血肉全没有了，只剩一副具有牛的神韵的骨架了（如右图）。

阿恩海姆认为，图式具有明显的抽象能力，图式的抽象舍弃了事物无关紧要的东西，保留其主要特征。这个主要特征，一方面合于对象所具备的“秩序结构”一方面合于内在的（预成图式中的）“秩序结构”。图式的抽象（或简化），也是紧接着意象显现的后续运动，它与意象变形是同一层级的思维现象。另外，图式抽象也使意象的形象特征发生了变化，故我们曾说它是意象变形的另类。

图式创意一般分三个阶段。我们以著名的苹果电脑标志为例，从下面三幅图中，我们可以看同样的苹果图形，怎么从实体演变为标志的：

（1）　（2）　（3）

图（1）为实体设计，它以“实体化”为目标。比如这款苹果图形就以“苹果就是苹果”为概念，标志设计就像绘画一样真实表现实体。“实体化”的标志当然缺乏思想性和艺术性。

图（2）为润泽设计。他在实体设计的基础上再深入简化图形的非重要部分（比如简化苹果的枝叶），更精炼化主要部分（比如圆润苹果的果身），以便于增加美感和记忆元素。

图（3）才是创意设计。因为它除了具备了实体设计和润泽设计的因素外，更融入了“与众不同的设计理念——创意”，以苹果为标志的公司太多了，设计师必须以苹果公司的公司理念为基础来思考图形的创意，因此这个理念也是设计过程中时刻要注意和表现的，它要求创意设计作品必须脱离实体化或在仅仅止于润泽的倾向，要具备不雷同的气质形态，并且给不同视觉受众群以不同的美好联想，这就是创意设计的要求达到的目标和与普通设计的区别。

下面图（1）是爱因斯坦的头像，但是不具备什么创意。它以爱因斯坦的实体为目标，也就是以“爱因斯坦就是爱因斯坦”为概念。但是图（2）如果仔细观察，可以发现其面部寓意较为含蓄，由三个人物与五官构成双关，这就具备了创意。

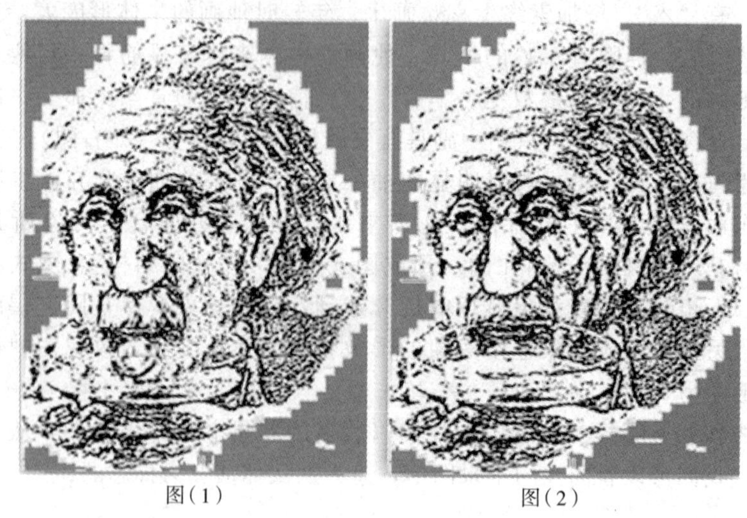

图(1)　　图(2)

图（2）爱因斯坦的面部由三个浴女与五官构成双关
取自王传旭、邱章乐《思维测量学》2008 年

**五、完形**

完形是图式的功能。格式塔学派反对元素分析而强调整体组织的心理学理论体系认为：人对事物的“认识链条”上所存在的“缺环”有一种自动充填使之完整的功能。他有两个基本特征：（1）使之整体的特征。善于将彼此独立元素进行拼合；（2）使之完美。残缺的或我们感觉不到的可以运用图式的这一功能使之完美。

将刘奎林的“潜意识推论”的理论与“格式塔”的基本观点相对照，会发现两者惊人的吻合。“潜意识推论”提出当前知觉到的关于客观事物的信息与大脑中原来存储的经验信息之间的一种整合过程，恰巧在人的完形图式中实现了。19 世纪的时候，物理学家都知道了这样一个物理现象：在一个原子里，既有带着正电的粒子，也有带着负电的粒子。但是，这两种粒子在原子的内部相互保持着什么样的关系，他们却很难搞清楚。在当时的情形下，他们无法通过实验来揭示，只能运用逻辑推理的样式，但是，这是无法得到准确解释的。到了 19 世纪末，20 世纪初，许多物理学家们都曾经做过各种各样的想象，并且将他们的想象物化为一定的“样式”。后来，经过反复比较，大家公认，英国物理学家汤姆森所提出的葡萄干面包样式和出生于新西兰的英国物理学家卢瑟福提出的太阳系模型是最为合理的。汤姆森提出的葡萄干面包模型，是将原子的内部想象为：带负电的粒子，像葡萄干一样，镶嵌在有带有正电的粒子所构成的像面包一样的没有空隙的球状的实体里。而卢瑟福提出的太阳系模型则是想象为：带负电的粒子像太阳系里的行星一样，围绕着占原子质量绝大部分的带正电的原子核旋转。原子的内部有无空隙，是这两个模型的主要区别。卢瑟福提出的模型显示出原子的内部有空隙，这已经成为后来的实验所证实。

汤姆森和卢瑟福同当时的物理学家们一样，弄不清楚原子内部带正电的粒子和带负电的粒子之间究竟是一种什么样的关系，它们又是如何构成原子。他们都是根据自己所掌握的知识，经验和形象的积累，做出了正电粒子和负电粒子之间关系的具体情景想象，以填补和充实对于原子内部结构的认识。而完形图式所起到的作用，就在于将原子内部模型所存在的“缺陷”进行必要的“格式塔”化，即完整完美化。

## 第三节　图式训练

图式训练是相对于逻辑训练而言的，主要是针对右脑而言的训练。如前所言叙，人的右脑原本储存着各种感性图式，一旦概念回归图式，并与图式结合，右脑就能被重新激活，产生高级图式。由此可见，图式训练以原始图式为起点，通过形象载体的作业训练，产生高级图式的过程。

### 一、图式训练概述

#### （一）图式训练的产生与发展

人们在日常生活中，所面临、所思考和所要解决的对象、问题，不仅有具体感性的生活常识性问题要处理，而且还有关于人生的价值、意义、情感、心理、信仰以及交往关系等一系列不可回避的问题要慎重思考并作出选择。在这一过程中，还有调节生活，放松情绪、开拓思路的需要。这样，一些自生性命题就生发开来。这类命题常以迷题、谜宫、棋术、操术等形式出现，具有经验性、形象性、模糊性、哲理性和神秘性等多重特征。如古代中国的七巧板、九连环等操术，据考证它们的历史至少有几百年，看起来不难，真正玩起来却颇费周折。这类智力玩具需要知觉组织的能力和空间想象的能力，而且通过图形的分解和接合，使人追寻整体和部分的关系。由此，这类民间自生性命题客观上具有图式训练的性质。

国外一些智力设计专家也做过积极的探索。著名智力设计专家萨姆·罗伊德把形象的整合和分解看做是对立的，他认为二者思维的出发点和思维运动方向是不同的，一个是从对象的整体走向各个局部，一个则是从对象的局部走向整体。但是，他又认为二者是统一的，表现为二者的相互依赖、相互渗透和相互转化。罗伊德发明了一个被称为“狮身人面”的几何图形，在一次世界性的智力测验研讨会上，它成了一道世界智力名题（图（1））。

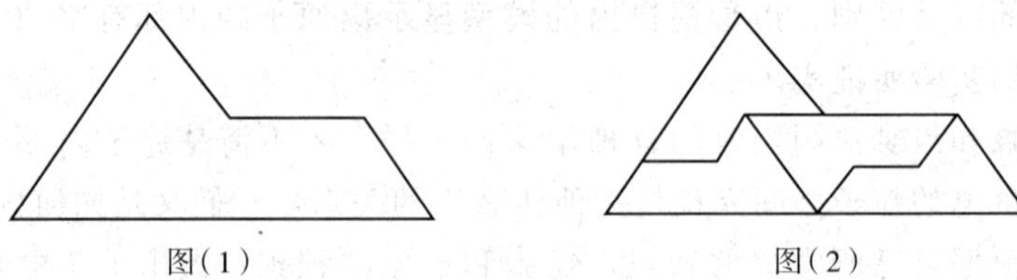

图(1)　　图(2)

这个图形有许多有趣的分解难题，其中有一道题就是如何将“狮身人面”分解成四等份，每份本身又是一个小的“狮身人面”。这道看似简单却是棘手的难题，涉及图像的分拆、组合、旋转等技术，成为形象思维命题的典范（图（2））。

民间自生性命题和形象思维命题为本书图式训练积累了经验，奠定了厚实的基础。下面我们介绍的图式训练。它不仅从浩瀚的历史长河中撷取命题营养，而且把心理科学、思维科学、现代信息技术结合起来，创设了演练式图式训练、潜变式图式训练、墨迹测验图式训练等训练项目。这些项目输出了大量形象信息，这些新奇的形象信息在头脑中进行反复加工过程中，可以改造旧有图式或直接构成简单化、理想化的新图式。新图式又可以通过对表象和意象的分解与组合得到及时强化，这为今后探索新事物，发现新事物，解决新问题奠定基础。这种训练还借助人类认知的完形功能对事物所存在的“缺环”进行自动充填并使之完整。另外，设置的图式潜变、图式分拆、图式体语、图式序列还有效填补了形象思维训练的空白，让我们的想象冲破时空限制而“思接千载”、“视接万里”，形成完整的、多侧面的思维链条。这不仅给人耳目一新的感觉，而且开通了激活右脑，使概念回归图式，升华为创造性思维的渠道。

（二）图式训练的特点

（1）图式训练具有较强的随机性、突发性的特点。这与思辨性、逻辑性训练不同。因为分形、完形、分拆、反色、翻转、潜变、幻觉等训练项目都具有较强的随机性、突发性的特点。随机性指我们在进行图式演练时，常常出现人们始料未及，难以预测的直觉思辨和思维火花……正所谓“众里寻他千百度，蓦然回首，那人却在，灯火阑珊处。”图式演练活动又是突发的。它来去无踪，稍纵即逝，需要我们即时捕捉。一般的思维不管如何求异，总可以寻找到思维加工的逻辑程序或基本的思路，而形象思维程序往往游离于逻辑程序之外，它要么没有明确的思考步骤，很难寻求其思维线路；要么发生在思维跳跃的直觉之中，消失了思维过程而直奔目的；要么突现在顿悟之中，石破天惊……

（2）图式训练还具有诱发性。其所设计的内容通常是被我们在日常生活中忽略的，对这些奇特的现象进行演练，可以激活我们大脑的潜能，使我们的形象认知得到更多渠道的延伸，为我们的新发现、新创造另辟捷径。

（三）图式训练的意义

1. 开启通往创造性思维的桥梁

创造性思维离不开想象，因为人们要揭示事物的本质，不仅要把握那些能被直接感知的经验材料，更重要的是透过这些经验材料，把握住那些不能为人们直接感知的事物的隐蔽的基础，去设想、构思其内部因素相互联系、相互作用的图景，也就是要借助于想象去探求事物运动的内部机制。想象不拘泥于现有的实际材料，而是一种对实际材料的“超越、突破”，对未知对象的性质及其未来的猜测。想象不仅对于提出科学假说和新的科学概念具有重要作用，而且也是“思维实验”和“模型方法”的重要手段。本书的训练可以使人们摆脱技术条件的限制，对假定条件下可能出现的现象和过程进行想象，勾画出可能出现的图景。

2. 开发右脑，为创造思维积蓄创造资源。

右脑与左脑一样，其开发应是终身性的。开发右脑潜力，不应囿于年龄，任何人任何时候都可以进行锻炼。如果我们把人脑比作电脑，脑细胞组织是硬件，而使用方法是软件。人脑的硬件分三个阶段形成，即第一阶段零岁到4岁，第二阶段4岁到13岁，第三阶段13岁到17岁，全部硬件的60%在第一阶段的4岁左右形成，到17岁大体上全部形成。这些硬件当然分为左脑硬件和右脑硬件。但是真正巧妙地用好左右两部分硬件，使它们协调工作，灵活地运用大脑产生出创造性的设想，实际上还在17岁以后，也就是说，从创造力和直观力来说，年龄大一点，积累的信息多一点，还容易产生真知灼见。图式训练的最大特点就是“软硬件”同时开发，既考虑人脑图式的“升级换代”，又要考虑让新鲜信息不断地输入，全面覆盖人的心理发展的不同阶段，为创造思维积蓄源源不断的创造资源。

3. 激活创造心理

激活创造心理首先就要让所有人都能站在创造的起跑线上。下面的训练适合不同水平的训练者。无论你目前起步是高还是低，你都可以在本书找到自己的位置。本书所有的训练都是从低级开始向高级进发。就像跳高训练一样，开始的高度是每个人都可以轻松跳过去的，后来的高度非要努力才可以，而最后的高度只有少数人才能越过去。你可以根据自己的实际水平调节训练的高度。此外，本书的训练还具有回环性，让不同水平的人，通过回环训练不断提高自己的创造力。例如我们在训练项目的设计上，充分考虑到左右脑的不同侧面的协同作用，采用感性思维→理性思维→感性思维的回环技术，这些技术在图式演练、图式潜变等训练项目的改造上有较充分的体现。我们还认为，单一的视觉思维技术已经不能满足整合的需要，而扩展到投射、旋转、分拆、反色等许多操作领域，这些操作技术由单项训练到多项训练也进行回环，使我们大脑刚刚建立的新图式不断得到巩固，这也算为脑开发另辟蹊径了。相信本书的图式训练，为陷入迷茫的“右脑革命”梳理出较为清晰的路径，为人类智力开发提供新的加速器，为我国各级各类的人才选拔考试提供多元命题方法，为层出不穷的创造心理研究展现出更广阔的领域。

## 二、演练式图式训练

演练式图式训练是我们近年来研究的成果。它不仅从浩瀚的艺术领域中撷取创造营养，而且与现代信息技术结合，创设了空间演练、时间演练、操作性演练、分拆与组合演练、翻转演练、反色演练等诸多项目。

### （一）演练式图式训练概述

#### 1. 演练式命题作用及意义

人类的心理图式首先是对动作经验的保持。人在活动中形成的动作经验，会以行为模式或智力结构的形式记忆下来，并同先前的图式组织起来，形成图式系统。这样，我们就可以对同一类的各种事物或不同状态下的同一事物快速做出应答，从而缩短反应的时间和节省精力。由于存在这样一个富有创造性的图式组织，认识主体才能有效地适应环境。正是在这一意义上，皮亚杰得出结论：适应是内部图式与外部环境进行斗争的结果。它体现了环境的威力，也体现了图式的能动作用。

人的动作经验是有限的，所以图式演练是扩大和深化动作经验的重要渠道。它是根据一定的训练目的，人为地控制和模拟自然现象，使图式刺激发生或重演，以便在比较纯粹的形态下使我们遗传性图式或反射动觉图式得以施展和巩固。

演练式图式训练输出了大量形象信息，这些新奇的形象信息在头脑中进行反复加工，可以改造旧有图式或直接构成简单化、理想化的新图式。新图式又可以通过对表象和意象的分解与组合得到及时强化，这为今后探索新事物、发现新事物、解决新问题奠定基础。演练式图式训练还借助人类认知的完形功能对事物所存在的“缺环”进行自动充填并使之完整。另外，设置的图式潜变、图式分拆、图式体语、图式序列还有效填补了感性思维命题的空白，让我们的想象冲破时空限制而“思接千载”、“视接万里”，形成完整的、多侧面的思维链条。这不仅给人耳目一新的感觉，而且开通了激活右脑，使概念回归图式，升华为创造性思维的渠道。

2. 演练式命题特点

(1) 演练式命题具有科学的操作性。可以对错综复杂的现象通过实验进行简化与纯化，把次要现象因素排除丢，以便突出主要的操作关系与过程，这样比较容易形成富有成效的动作经验；演练式命题最大的特点是可验证性，它不仅可以纠正我们许多未知的错误，还可以用于心理科学实验，是实验心理学发展的必走之路。

(2) 演练式命题还具有趣味性。其间操作演练会派生出千奇百怪的心理现象，使我们从中感受到无穷的乐趣。

(二) 演练式命题举例

演练式命题已初步建库，分六个子库，300 余题，即空间演练、时间演练、操作性演练、分拆与组合演练、翻转演练、反色演练等。

1. 空间演练

空间是具体事物的组成部分，是运动的表现形式，是人们从具体事物中分解和抽象出来的认识对象。空间演练是将具体形象放置不同的空间位置来进行演练，从而达到训练的目的。空间演练最基本的类型为远距演练和近距演练两种。

(1) 远距演练

近距演练是常规性的命题，因为一般情况下，我们距离被观察事物越近，看的越清楚。下面的测题正相反，是远距演练。这道题附加了一个故事：小伙子爱上了美丽的姑娘，但是不好意思直接讲出来。他将下面写有乱码的图片交给了姑娘，可是姑娘不知道如何翻译这些乱码，对这幅图左看右看也看不出名堂。你能帮助她吗？

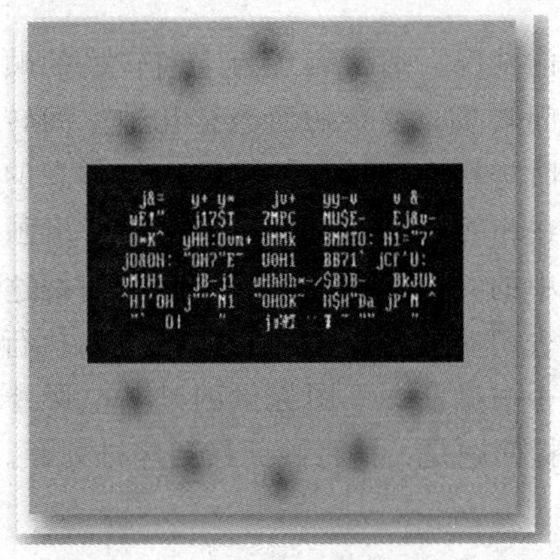

【参考答案】这个需要退后两米才会清楚地看到图片上的5个大字：我好喜欢你。

（2）近距演练

同一个画面，从不同的距离能观察到不同的内容，甚至决定生与死的不同结果。你把下图放远一点，再放近一点，分别看到什么？

【参考答案】放远处看，是一个骷髅，是死亡的象征；放近处看，是一对情侣共度良宵，是生命的象征，真是“生死距离”。

2. 时间演练

时间演练是对人脑发送图式信息的顺序性训练。时间演练一般从上到下推移，没有插叙或倒叙，显示对象之间随着时间的推移而交换的消息或函数。时间演练有两种形态来显示：一般形态和实例形态。

（1）一般形态

会描述实物变化的情况，通常表现为空间转换的顺序。例如，一个由左向右或由远而近的空间转换。复杂的形态是几种空间转换的集合，或两个以上实物在不同平面同时进行空间转换。进行一般形态的训练，首先应认真分析画面与画面之间存在相互联系的信息，当你分析出画面与画面之间存在的顺序规律后，该对象中的一项活动就会启动，我们把这一过程称作激活。激活会显示控制焦点，表明对象在某一个时间点开始执行。因此，时间演练的关键在于画面分析能否被激活。下图提供的是某电影片头的几个画面，即为一般形态的画面。所提问题是：请将画面按顺序排列好。

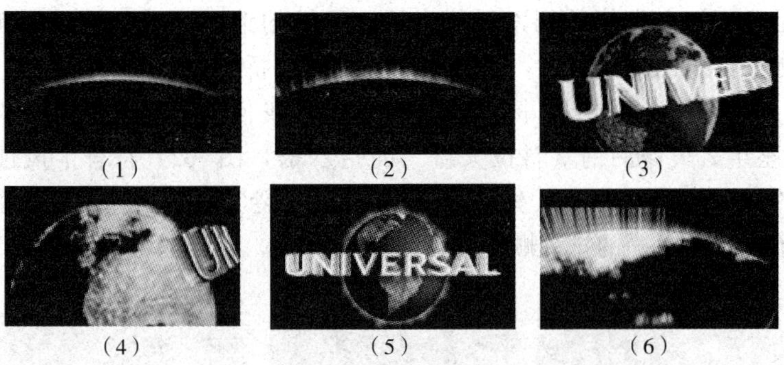

(1) (2) (3)
(4) (5) (6)

【参考答案】如上图，其中既有由远而近的地球，也有由右向左转出的字幕。画面的信息是递增的。但是要排除错误的信息，例如，本题不能根据画面的大小排序。如果按画面的大小排序，我们可能把图（3）放在图（5）前面，这就错了。正确的解法是：首先确定图（1）是起始点。其排列顺序应是（1）（2）（6）（4）（3）（5），如下图：

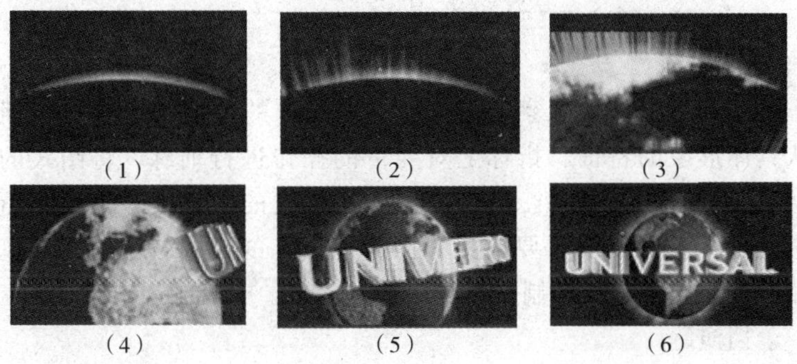

(1) (2) (3)
(4) (5) (6)

（2）实例形态

实例形态会较详细地描述一个特定情节，或展示主题服务的有因果联系的生活事件。这个事可能是真实的事，也可能是虚构的事。实例形态的训练提供了推进事态流动的信息，只要我们按照画面的因果关系，让命题的语言信息和画面信息统一起来，将其按顺序排列起来就可以了。如下图：

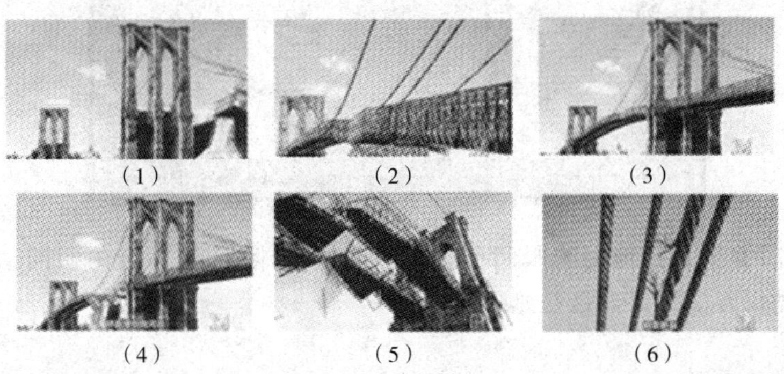
(1) (2) (3)
(4) (5) (6)

这是一座年久失修的钢索斜拉大桥，风蚀的钢索断裂，使桥面断裂，裂面越来越大，桥面轰然下塌，最终只剩下光光的桥墩。

【参考答案】从所给的事态流动的信息，我们可以分析出图（3）符合“这是一座年久失修的钢索斜拉大桥”的指示语，图（2）符合“风蚀的钢索断裂”的指示语……“年久失修”和“钢索断裂”是“因”，后面发生的为“果”，还原画面正确的排列顺序如下：

3. 操作性演练

操作性演练是根据可观察、可测量、可操作的特征来进行形象训练的方法。即从具体形象的特征、指标上对变量的操作进行训练，将图式的概念转换成可观测、可检验的项目。操作性演练对图式的实证性研究尤为重要，它是图式研究是否有价值的重要前提。操作性演练的形式较丰富，有遮挡、变焦、叠加、以静制动、以动制静、手眼协同等等。

（1）遮挡演练

下面两人朝着不同的方向看着什么，你有什么办法让他们朝一个方向看？

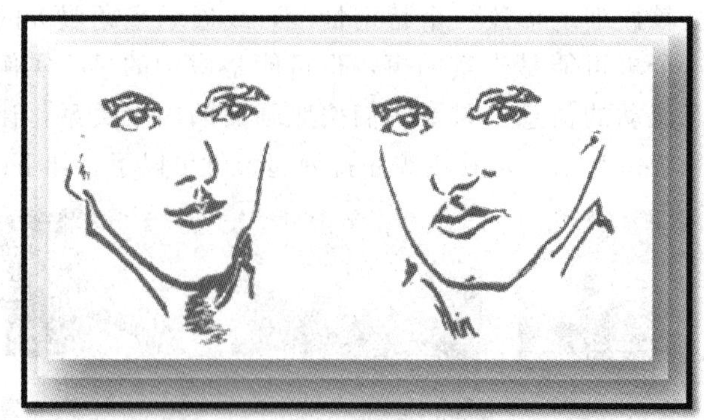

【参考答案】把他们的眼睛下面全遮住，你将发现他们在朝同一个方向看。从操作方法上讲，这是遮挡法。

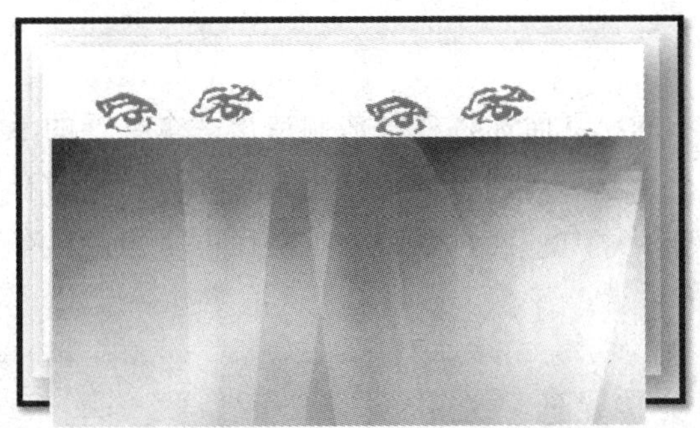

（2）变焦演练

不要试图改变图案，如何使你看到两只手相碰？

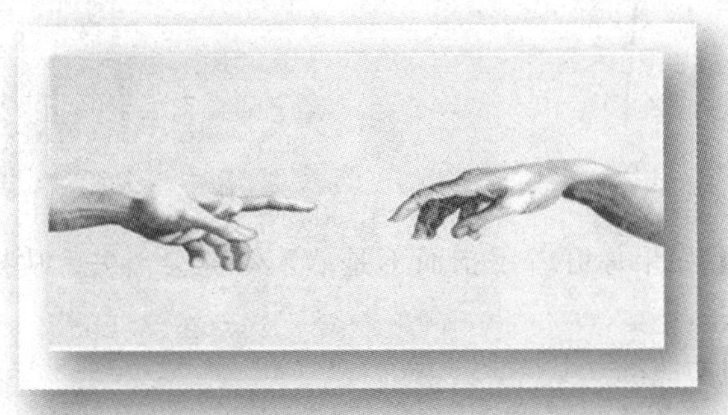

【参考答案】两眼看着这幅幻觉作品，慢慢地把它靠近你的脸，看见了么？手相碰了。从操作方法上讲，这是变焦法。

（3）叠加演练

下面两个圆内线条的不同。不要用任何工具，仅凭你的眼睛，如何使右图变形？

【参考答案】盯着左手边的格栅看三十秒或更久，保持不要动。然后再迅速盯着右手边的格栅栏看。你会发现右边的弯曲变形了。这是视觉后像叠加在另一图像的结果。

(4) 转移演练

与以上试验不同，下面你将在眼前制造出一个悬浮的手指。把你的双手放在与眼睛同一水平线上，伸出食指让指尖也保持与眼睛在同一水平线，盯着离手指几英寸远的墙看，你将看到一个悬浮的手指。试着将手指逐渐移近脸，发生了什么?

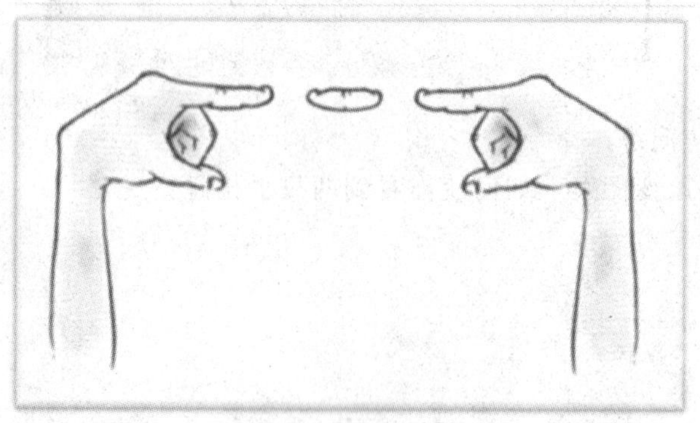

【参考答案】如果你盯着手指而不是墙，幻觉会消失。从操作方法上讲，这是转移演练法。

(5) 以静制动演练

仔细看下图，说是蓝花点点，其实更像传动轮。白色高光的趋向正好暗示了三个轮子传动的时候的转动关系。如果觉得转得没有那么快啊，可以用余光来看，效果可能会好些，但还是转转停停的。现在的问题是，你能让它停止旋转吗?

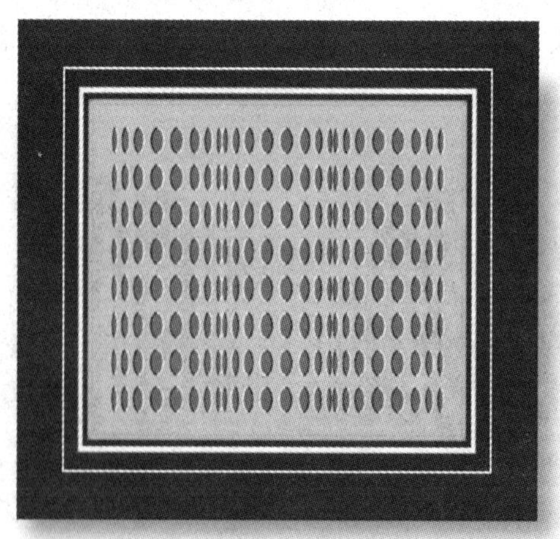

【参考答案】强制自己睁眼一动不动地看着，或离远一点看，都会让它停

止旋转。当你使劲盯着某一点看时，这种错觉会消失或减弱。这是因为我们强制眼球的快速移动停止或减弱。从操作方法上讲，这是以静制动法。

（6）以动制静演练

这幅图的中心似乎有个圆，你能使用什么方法使之看起来更清晰？

【参考答案】双眼注视着中间的圆圈，头快速地不停地上下左右晃动，就会使中心的圆清晰起来。从操作方法上讲，这是以动制静法。

（7）手眼协同演练

下图里有一只扇动翅膀的蝴蝶，问题是，你有什么办法让这只扇动翅膀的蝴蝶出现。

【参考答案】眼睛盯住圆心，用手上下摆动页面，你就会发现圆中有一只扑动翅膀的蝴蝶。

4. 分拆与组合演练

形象的分拆和组合是互相转化的。我们对某个形象进行具体地分析，一旦确实确定了它的基础图形之后，这时我们的思维方向就开始倒转，分拆开始向组合转化。于是我们就将它们按内在联系贯穿起来，形成对象统一的认识，形成完整的形象。一旦形成完整的形象，更高层次的分拆又开始了，这次分拆，人们就会克服由于视野的局限所造成的缺陷，对具体对象的认识发生深刻的变化，从现象到本质，从不深刻的本质到更深刻的本质的无限深化的过程。因而形象分拆和组合的相互转化，使我们在认识由浅入深的循环往复的前进。

下面形象的分拆训练也有一个逐步抽象的过程，开始我们提供的形象材料是比较具体的，接下来我们主要使用的是分形图案，再往后，则是一些几何图案，希望能通过循序渐进的分拆练习，使我们养成对形象分拆和组合的习惯。

（1）具体形象分拆

下面是由一个具体图案翻转组合而成的。如果将其分拆，它的最小单位是什么？要求将它的最小单位勾勒出来。

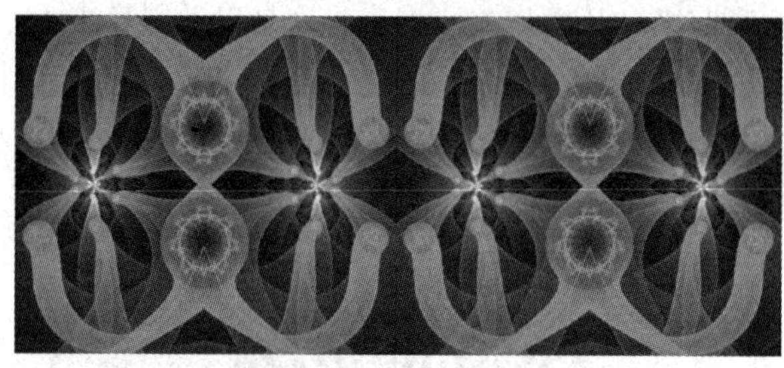

【参考答案】最小单位勾勒如下：

（2）几何形象分拆

这幅名为内圆外方的几何图案，如果将其分拆，它的最小单位是什么？要求将它的最小单位勾勒出来。

【参考答案】最小单位勾勒如下：

(3) 相似形象分拆

下面是复杂一点的形象分拆命题，要求从不同的图形中提取相似的骨架。提取相似的骨架的一个目的是显现过去的经验，并且在需要的时候有效地恢复。这类命题的答案很难用语言表达，往往是勾勒性的，请你从下面5个图形中寻找出它们的相似的骨架。

【参考答案】相似的骨架如下：

5. 翻转演练

翻转属于视觉空间的命题，即事物围着或好像围着一个轴旋转的空间顺序。它可以分为平面翻转和立体翻转两种。

(1) 平面翻转

是指在一个平面内，把一个图形绕着某一点O旋转一个角度的图形变换，也就是我们平时所讲的旋转，点O叫做旋转中心，旋转的角叫做旋转角，如果图形上的点P经过旋转变为点P′，那么这两个点叫做这个旋转的对应点。旋转有如下性质：①对应点到旋转中心的距离相等；②对应点与旋转中心所连线段的夹角等于旋转角。③旋转前、后的图形全等。旋转有三个要素：①定点——旋转中心；②旋转方向；③旋转角度。三要素中只要任意改变一个，图形就会不一样。在经典力学与几何学里，所有环绕着三维欧几里得空间的原点的旋转，组成的群，定义为旋转群。

下图不是鸡犬升天图，而是电脑制作的云天遨游场景。酣畅淋漓的旋转、流畅欢快的线条，给我们无限的遐想。请你从图（1）开始，将其旋转的顺序排列出来。

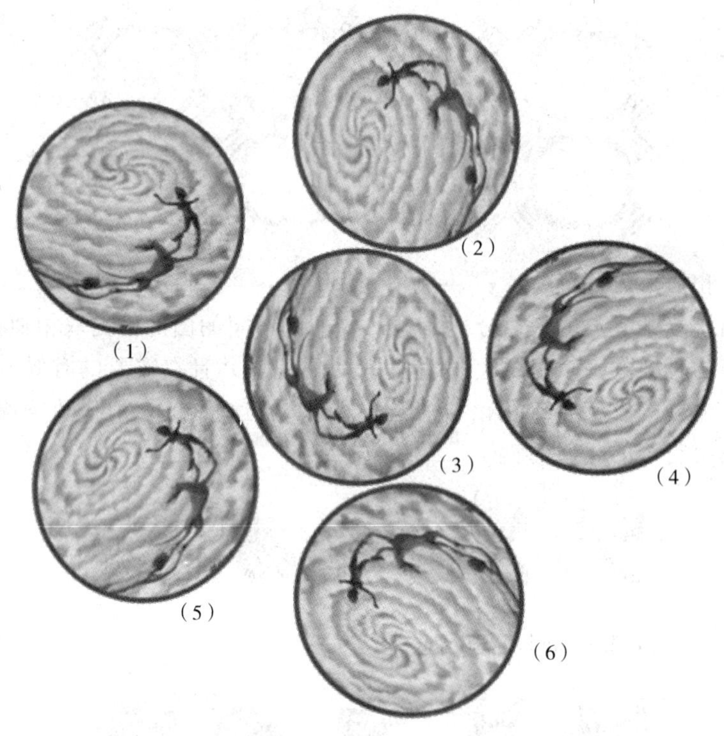


【参考答案】（1）－（5）－（2）－（6）－（4）－（3）

（2）立体翻转指在一个立面空内，把一个图形绕着某一点 O 翻转一个角度的图形变换，也就是我们平时所讲的空间翻转。空间翻转较之平面翻转要复杂得多，也显得丰富多彩，我们熟悉的体操运动、花样滑冰运动等就有许多令人炫目的空间翻转项目。下面 6 幅图是一个序列，女运动员被抛起后，在空中做 360 度的高难度动作，集各种旋转，跳跃转体和燕式平衡动作为一体。请你将下面的图片从（1）的托举开始，按顺序排好。

【参考答案】顺序如下：

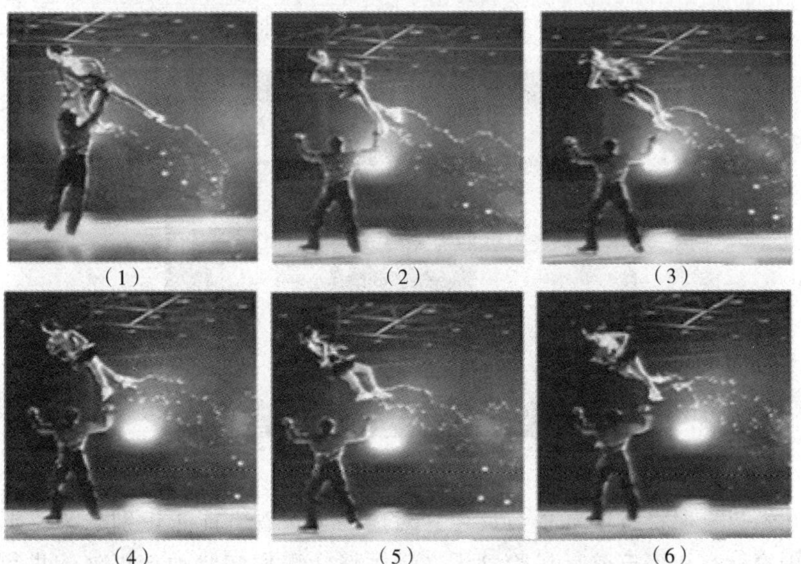
(1) (2) (3)
(4) (5) (6)

5. 反色演练

反色又叫补色，是一种有规律的主观视觉经验。红的补色是绿色，蓝的补色是橙色，黄的补色是紫色，由这三种对比关系可引出很多对比的反色。反色演练有基本的两类，一是反转正一是正转反。

（1）反转正

反转正，即还原本来的面貌。反色有时能产生奇特的效果，能将概念颠覆。请看下面这幅图案，很多人把它看作魔鬼，但且慢，这不是魔鬼，而是救世主！请以虔诚的心境，用力注视圆形中央的四个黑点 30 秒！然后闭上眼睛仰头朝上，眼睛再慢慢张开看光白的天花板，慢慢的你会看到！如果你没有看到救世主，那么还有一个简便的方法帮助你，你知道那是什么方法？

【参考答案】将图片反色一下即可看到下面这幅耶稣图。从操作方法上讲，这是色彩反转法。如果你用的是前一种方法，即用力注视圆形中央的四个黑点，再慢慢张开眼睛看光白的天花板的方法叫视角投射法。

（2）正转反

正转反。即将将原事物与反色片对应一下，看看能否识别出来。下面是美国国家航空和宇宙航行局哈勃天文望远镜让我们知晓地球以外的世界：一颗古老的星星死亡后留下了一个重要的微小且炙热的白矮星和多层爆炸气体，爆炸的色彩非常艳丽（图 A)、近距行星状星云的彩虹（图 B)、螺旋状星云(图 C，是一个离宝瓶座 650 光年远的行星状星云，它是离地球最近的行星状星云）互相作用的螺旋星云（图 D)。图 A、B、C、D 与图（1）（2）（3）（4）是反色关系，它们形、色都比较近似。请你分别给予对号入座。

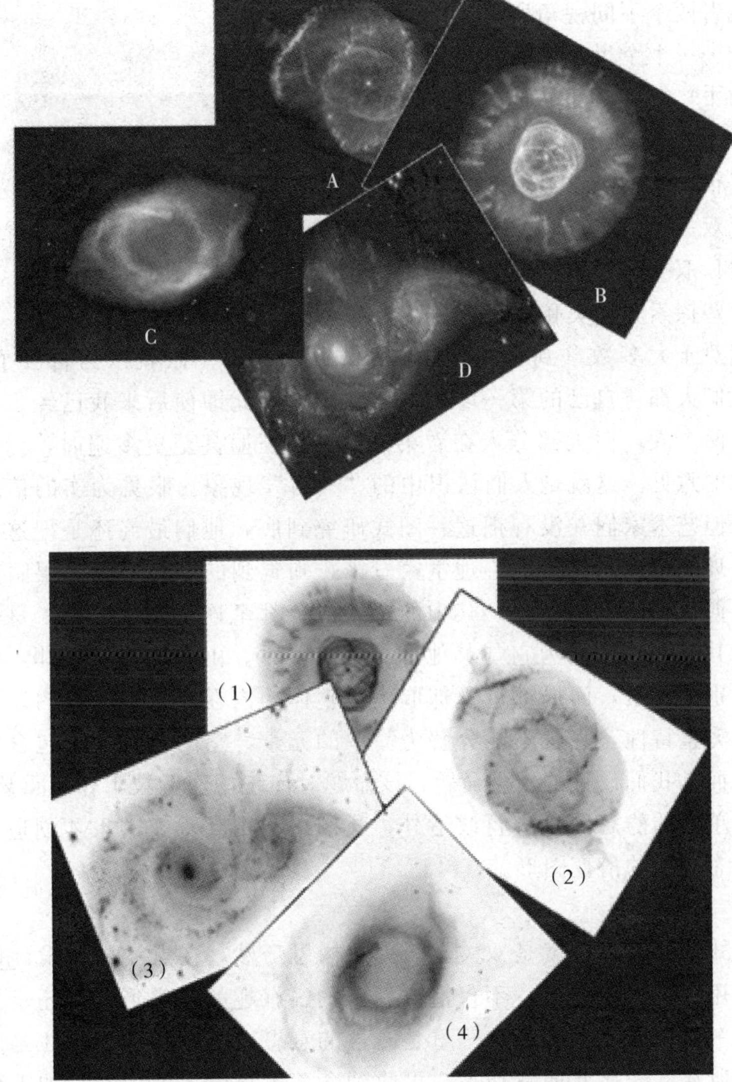


## 三、潜变式图式训练

潜变技术似乎来自艺术家的探索。艺术家早已开始探索图式和认知的关系了。他们遵循詹姆斯、弗洛伊德和比奈的传统，相信图式结构可以通过潜变的方法进行了解。荷兰著名版画艺术家埃舍尔所营造的世界至今仍独树一帜、风靡世界：一些自相缠绕的怪圈、一段永远走不完的楼梯或者两个不同视角所看到的两种场景……半个世纪以前，他创作的《画手》等许多作品都是“无人能够企及的传世佳作”。艺术家还创作了很多有趣的双关图形，从不同角度和视角看到的结果是不一样，著名的鸭兔双关图、老妇美女图、耶稣魔鬼图、杯子头像图等等，看看你能看到什么吧！双关图形给我们一种妙趣横生的感觉和奇特的审美享受，也给我们带来一些探索其间奥秘的好奇。

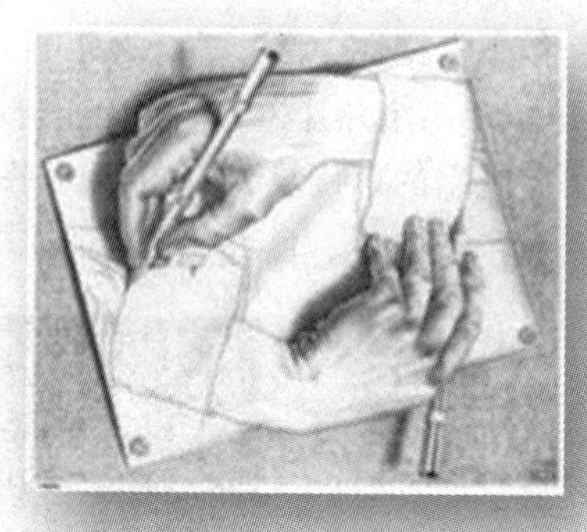

人们对于大多数拿到手的东西，会先入为主，一眼就以为自己了解了。并且，人们大都对自己的第一印象非常认定，因此即使后来我已经告诉了学员画面有两个人，但大部分人在看第二遍、第三遍甚至更多遍时，仍然坚持自己最初的意见。这就是人们认识中的“失盲”现象。眼见为实的信念误了很多人。但艺术家们并没有把这一图式研究到底，他们最终还是把这一课题交还给心理学家。在格式塔心理学家看来，知觉到的东西要大于眼睛见到的东西；任何一种经验的现象，其中的每一成分都牵连到其他成分，每一成分之所以有其特性，是因为它与其他部分具有关系。由此构成的整体，并不决定于其个别的元素，而局部过程却取决于整体的内在特性。完整的现象具有它本身的完整特性，它既不能分解为简单的元素，它的特性又不包含于元素之内。下面是我们设计的新型命题，该命题对传统的作业技术作了重要改造，除对传统单一的静态图形进行改造外，我们还利用艺术家的天才创造，设计出一些动态结构的潜变图形。

（一）潜变的基础

潜变式命题的基础就是双关。双关图构思巧妙，在点线面的设计以及彩色画面的用色上煞费苦心，不仅造出新鲜的、有趣的视觉形象，还牵扯到双重解释，一重表面上的意思，一重是暗含的意思。暗含的意思往往是图形的主要含意所在。言在此而意在彼，可收到含蓄风趣的表达效果。如下面两幅图片虽来自现实，却也有隐蔽含蓄的内容。象的长鼻和鹤的长颈所构成的图案会让我们会心一笑，但是有些双关就不会那么简单了。

双关图构思巧妙，在点线面的设计以及彩色画面的用色上煞费苦心，不

仅造出新鲜的、有趣的视觉形象，还牵扯到双重解释，一重表面上的意思，一重是暗含的意思。暗含的意思往往是图形的主要含意所在。言在此而意在彼，可收到含蓄风趣的表达效果。例如有些双关图在图形设计中，或者将单一或相近的元素造型反复整合构成另一视觉新形象，创造新颖的聚集图形来表达观念；或者用非自然的构合方法，将客观世界人们所熟悉的、合理的和固定的次序，移置于逻辑混乱的荒诞反常规的图像世界之中，目的在于打破真实与虚幻、主观与客观世界之间的物理障碍和心理障碍，在显现不合理、违规和重新认识的物形中，把隐藏在物形深处的含义表露出来。著名的“小丑与美女”、“爱因斯坦的表情”（见本章第二节创意部分）等等都打破一条轮廓线只能界定一个物象的现实，用一条轮廓线同时界定两个紧密相接、相互衬托的形象，使形与形之间的轮廓线可以相互转换借用，互生互长，从而以尽可能少的线条表现更多更丰富的含义，显现出含蓄风趣的表达效果和精简着笔的魅力。例如，小丑与美女就是紧密相接、相互衬托的两类人物形象。下面的小丑是投于人们视野的“第一映像”，但是一旦被发现这个小丑图实际上是由 7 个美女构成的（如下图），美女“映像”可能会更深刻些，因为人们对挖掘出来的隐蔽信息会形成较为刻板的印象。

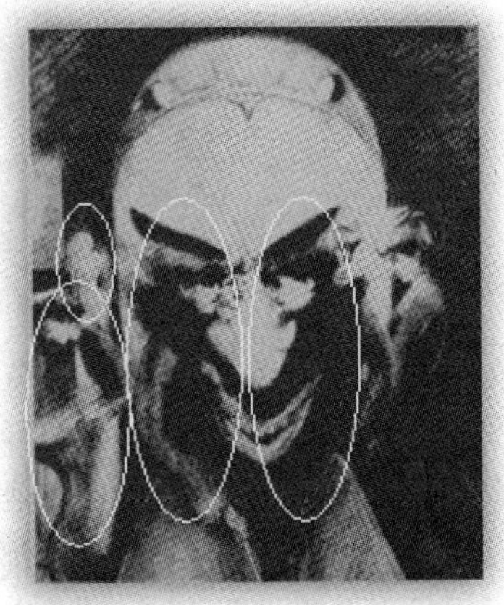

这也说明图式双关还和人的知觉选择性有关，是指人根据当前的需要，对外来刺激有选择地作为知觉对象进行组织加工的过程。这就是说，我们并不是对同时作用于感觉器官的所有刺激都进行反映，而是选择一个或几个刺激。这些被选择的刺激就是知觉对象，其他没有被选择的就成了知觉背景。知觉对象和知觉背景之间的关系是相对的。此时的知觉对象可以成为彼时的知觉对象，而此时的知觉背景也可以成为彼时的知觉对象，它们之间是可以不断发生对换的。当然，这种选择性会受到我们已有的知识经验、生活经历以及兴趣爱好等的影响。

（二）潜变训练

潜变训练是我国心理学工作者独立开发的一种投射性图式训练，与传统投射测验有明显区别：（1）力图在刺激图的变化上形成一个渐进变化的等距连续统，从而为解决投射测验无法建立效标的问题打下基础；（2）训练材料从单个看似乎与传统投射测验一样，没有明确的结构和固定意义，但以整体系列分析，却有其明确指向和意义；（3）被试有广泛自由的反应方式，可作多种反应，却有客观与谬误之分；（4）被试不知道训练的目的，但训练本身却内含有主题；（5）借助三维动画技术，一改投射测验呆板晦涩难懂的图案。

潜变训练的特征是：

1. 差异区别性能

潜变作为一个心灵外向随意安放的操作过程，在不同人不同投射的异同关系维度上，具有共同性与个别差异性相辅相成的特点。例如上图，小孩子无法辨识是一对亲密的男女，因为他们并没有此景象的经验。他们看到的只是九只海豚。而所有正常的成年人都会看到这对亲密的男女。另一方面，不同人的不同投射又有不同层次和维度的特殊规定性，相互间具有相应的差异性，如投射的内容差异性、对象差异性、方法差异性、根据差异性、态度差异性、状态差异性等，直至个别人个别投射的个别差异性。因而，投射，既不是用共性研究取代特殊研究、个别研究，也不是用个别研究、特殊研究取代共性研究，而是从共性与个性、一般与特殊的统一中具体展开。

2. 训练的控制性能

在控制水平的维度上，投射是一个系列的人格组织投射在刺激情境的信息，具有自发性与自觉性相辅相成的特点。在展示图片时，大部分是按先难后易序展开，但也可以根据被试年龄从较易的测题开始。展示图片时，让被试仔细观察，尽可能准确地想象到它们所表现的是什么（训练时，图画是以放映幻灯片方式一张一张展现的，直到被试有答案为止）。在刺激图的变化上形成一个渐进变化的等距连续统，从而为解决投射测验无法建立效标的问题。如下图，小鸟归林，绕树而飞。图（1）我们看到一只鸟，图（2）我们看到两只鸟，图（3）我们还看到第三只鸟的影子……那么图（4）你看到什么？

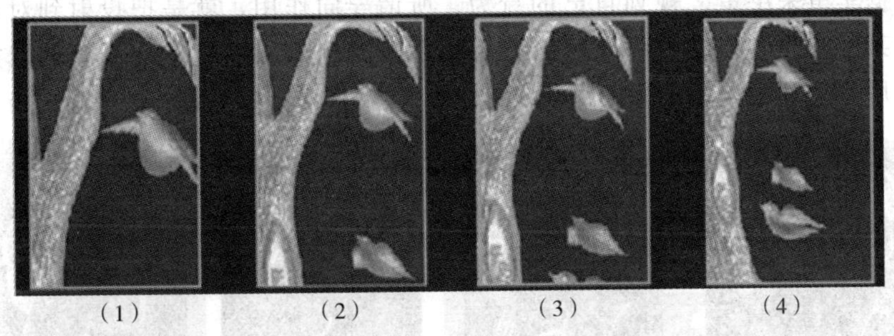

（1）（2）（3）（4）

3. 客观指向性能

在所投射的思维观念与被投射的对象之统一程度的维度上，投射具有客观性与谬误性相辅相成的特点。训练大多是游戏性的，往往被试者虽然进行了投射，但不知道、不理解自己的投射。另一方面，人对自己的某些投射是自觉展开的，如对图案进行系统把握时，思维的逻辑性就突兀而出。一般说来，人们自觉和理解的投射相对为少，不理解而自发进行的投射相对为多。正因如此，训练也显得更为真实。人们所投射到对象上去的思维观念与对象是否统一？在这里就有了真理性与谬误性的区别。所谓真理性，是所投射到对象上去的思维观念与关于对象的经验统一，从而与相应对象统一的特点。如下面是一只手潜变为女人的过程，凡属这个范围的说法与科学研究的结论一致，是为客观性投射。相反，有的投射就与对象背道而驰，这相当于罗夏测验的F分（形状）：通常的认识的形状为F，少见而很清楚的形状为F+，莫名其妙的形状为F-。F或F+分，表示心智的过程和做事上有控制能力。F分过高，则表示在情绪上和社会适应性上会受到限制。F-分，表示其行为无组织，对事曲解，属分裂型的人。

(分别占16。5%和15%)，极少数人（占2。5%）在图3或图7时看出图案表现的变化态势。这非常符合常态匹配的理论。这类渐进式投射量表对非正常心理具有很好的筛选作用。

潜变训练的过程大体需经历由疏而密的三个阶段。

1. 自由联想阶段

从被试开始注视墨迹图到做出反应的过程划分为三个阶段1：

(1) 视觉信息输入阶段

视觉信息的输入是一个非常快速的过程。对被试扫描刺激时的眼动记录发现，被试只用0.5秒的时间就能将卡Ⅰ－1的全部区域审视一遍，有的部分甚至被重复扫描。而看完如卡Ⅲ－1这样双关图形也只用2.7秒的时间。但被试的反应时间（自测验开始到说出第一个反应）却长得多，如卡Ⅰ为3.9秒，卡Ⅲ为6.5秒，中间有很长的时间延搁。在这段时间延搁中，被试对墨迹图进行复杂的识别和审视。

(2) 对墨迹图的识别阶段

视觉信息输入后便贮存在短时记忆里，同时，被试会将贮存在长时记忆中的记忆表象信息与之相比较，将墨迹图或其部分识别为某种物体。这是一个包括自下而上加工和自上而下加工的双向认知加工过程。在这个复杂的过程中，被试要对刺激野进行组织、筛选和重新组织。在这一阶段，被试可能形成了很多潜在反应，但并未报告出来。

(3) 自由联想阶段

有些被试在看图时会自言自语“这部分像××，又像××，但更像×”，最后他报告了他认为最合适的物体，这种情况是典型的。这种现象反映了被试形成自由联想的过程，也是一个比较、筛选的过程。

所谓自由联想，就是让被试者在潜变训练图中所看到的内容，由此及彼，以类相从，自由反应。在这个阶段，主试应避免一切诱导性的提问，只是记录被试者的自发反应。不仅要尽量原原本本地记录被试者的所有言语反应，而且要对他们的动作表情给以细心的注意，并记录下来。此外，要测定和记录从呈现图版之后到做出第一个反应之间的时间，以及对每一张图板反应终了的时间。

被试者可能会提出各种问题。对这些问题，主试者应尽量暧昧地回答，一般说：“你看到或想到什么，就说什么。”被试者如果表现出特别不安，则中断训练，使其平静。应将这种特别不安的内容和情况记录下来。这种不安可能与被试者所持图版的特别刺激价值有关，也可能与被试者的具有特殊意义的反应有关，或可能与训练场合本身几乎毫无关系的环境刺激有关。

当被试者问到自己的反应“对吗”时，主试者要特别给以注意。如果被试者反复提出这个问题，而表现不安的话，则不明确回答正确与不正确，只是对他的努力表示赞意和鼓励。一般在自由联想阶段，主试者努力做到不与被试者说话。

2. 提问阶段

提问阶段是施测的一个重要步骤。提问主要内容有：

（1）有关领域的提问。仔细地向被试者提问，请他说明所知觉到的事物是哪个部分。如被试者着重反应的是投射训练图中的哪一部分，对投射训练图的整体或接近整体的反应，还是每一投射训练图因其形状结构或墨迹浓淡或色彩的差异，明显地分出若干部分等。最好的方法就是在被试者所使用的图像领域内，主试者若有不明白的地方，则请被试者说明。如果这种方法不行的话，则可以让被试者自由地画出那个反应，用这些方法仍不明白被试者所知觉到的事物的话，则可先搁下。

（2）有关决定因子的提问。有关决定因子主要指形状（F）亮度（K）、色彩（C）、运动（M）（把图形看成是静的还是动的）意义（Y）等。关于决定因子的提问的目的在于正确地决定所有的潜在决定因子。形状、亮度、运动、色彩的浓淡及意义等都可能成为被试者所知觉到的决定因子，其中“这是什么?”或“这使你想到了什么”的问题在所有场合都要提出。另外，在展示连续图，看到人物变化的时候，应稍微停留一下，让被试说清楚概念转变的理由；在运动（M）有可能成为决定因子时，如果反应领域具有色彩或浓淡的话，必须确定在被试者所知觉的事物概念中，是否有这些因子的影响。提问的目的就是证明或排除这些决定因子的存在。

提问要尽量说得模糊不清，并且最好利用被试者自己叙述的语言。因此，如果被试者看到了图Ⅴ中美丽的舞姿，则最好是问“怎样看到舞姿的?”“怎样看到是美丽的?”

在就运动（M）进行提问的时候，主试者可以问被试者怎么看到那个事物的。再如图Ⅴ中，被试将“美丽的舞姿”变成“旋转的舞姿”时，可以继续就被试者所知觉的事物的姿态进行提问：“从哪儿看出是旋转的?”但是，像“是动的，还是静的?”这样的提问，一般是无益的，有可能过于构造化。

提问同时做好记录，即所谓记号化。记号化是将潜变训练记录的资料进行分类，使资料的处理简单化。为了能正确地提问，主试者不仅要确记该提问有什么样的记号，而且必须充分了解该记号所具有的解释上的意义。

主试者必须充分地搜集信息，以能够清楚他说明某个决定因子是否存在。因此，提问阶段可以说是对被试者在自由联想阶段所隐藏的想法进行确认的过程。必须注意不要诱导暗示特定的决定因子。另外，要注意，必须明确地确认是否有决定因子，不要遗留这样的疑问。

3. 强化训练阶段

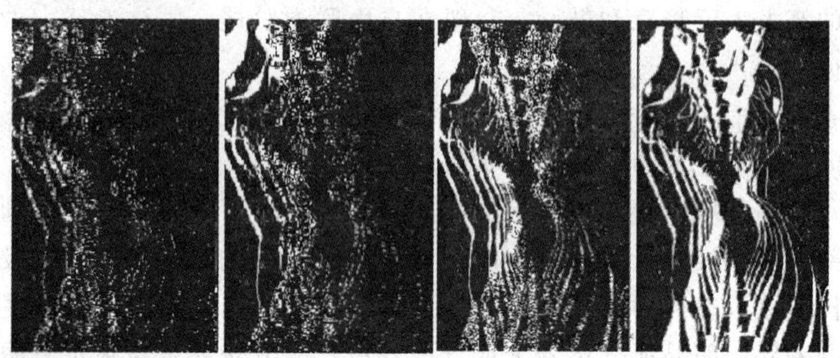

潜变Ⅴ：无意义→模糊意义→多种意义的图形

主试者对被试者的反应有时把握不准，会产生各种疑问，如被试究竟是否能看到某种东西？是否能使用某个领域和决定因子？因此，主试者应就这些问题直接提问，加以确认。这样，被试者所未想到的概念，通过提问也许就会出现。

这个阶段，就是制造一种非常构造化的、主试者几乎不加任何限制的场合。在这以前的阶段，有的被试者由于暧昧而感到不安，所得到的记录可能是贫乏的。但在更构造化的场合，他们就能给出相当充分的信息。对于这样的被试者，强化训练是特别有效的。这个阶段的提问原则上是从一般到特殊。因此，主试者应这样开始问被试者："有的人所想到的东西，有时不是单一地看一张图片，而是比较每张图片与上一张的差别。你也能这样吗？"如果这样还得不到结果时，可出示能引起通常反应的领域。如果还看不出的话，可以暗示平凡反应。在被试者拒绝承认所暗示的平凡反应事物或没有这种知觉能力时，主试者应该进行如下的提问："如果别人看到某某的话，什么地方错了？"对这个提问的回答，往往能将所有的问题搞清楚。

在强化检查中，有的方法是根据必要才使用的。当就某个心理领域下结论，而记录本身又没有给出充分的根据时，才使用这些方法。

（五）训练的评价技术

训练的评价技术较之传统投射要简单些，如形态水平评价仅仅限于 F 反应，不像罗夏测验将 M，Fc，Fk 都成为形态评价的对象。训练评价形态水平有三点：正确度、明细化和组织化。

1. 正确度（accuracy）

所谓正确度，就是被试者的表象在轮廓或形态上与图的领域一致到何种程度。正确度程度可大致区别为三种。

（1）正确反应。首先是这个反应具备一定的形态。这个反应的形态要与图的轮廓一致。

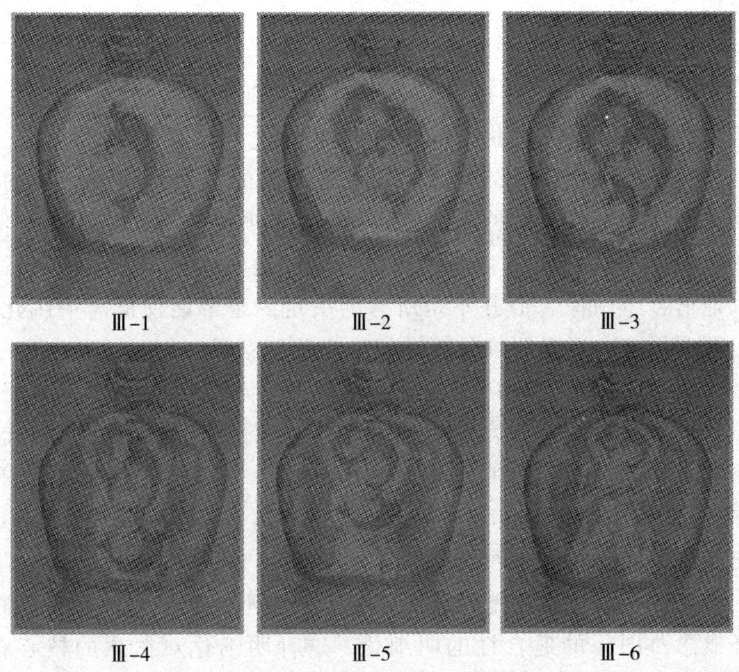
Ⅲ-1 Ⅲ-2 Ⅲ-3
Ⅲ-4 Ⅲ-5 Ⅲ-6

例如，上面图版Ⅲ－1中的内容是与平凡概念相联系的，一般人是看到是鱼类动物，例如海豚或鲤鱼。由于这个反应出现的次数非常多，所以如果直到极限检查还不能看到的话，则应认为是非常特殊的。这种情况可以假说为被试者与现实的联系是相当弱的。对中性的事物赋予感情，这大概是反映被试者的内心世界。如在图版Ⅲ－1里看到了一条“美人鱼”，在图版Ⅲ－2里看到两条“亲吻的鱼”这是投射机制起作用的相当具体的例子。像这种情况，无意识控制的投射是性敏感的特征。

(2) 含混反应。这是一种半定形或不定形的反应。概念所表示的形态是非常暧昧的。由于有种种形态，所以不论训练图像的哪个部分都很合适，这就是含混反应。如图版Ⅲ－1的各种突出部分，有时是作为这个平凡概念“鱼”的一部分被使用，有时被试者申明将这些部分除去，编织了一幅“不明形迹的恐怖动物”的图案。

(3) 惯势反应。当确认一个概念后，不再动摇，沿着固定的概念走下去，或仅仅在数量上或非本质现象上有些变化。再以W－QIUS图版Ⅲ为例，当认定Ⅲ－1为一条鱼后，将Ⅲ－2认定为二条鱼，将Ⅲ－3认定为三条鱼……将Ⅲ－9认定为九条鱼，像这种情况，无意识控制的投射是定势固执难以转移的病态特征。

(4) 不正确的反应。这是具备一定形态的反应，但是这个反应与图的形状不符。对W－QIUS图版Ⅲ－1的全体反应为“蚊子”或“飞机”等，都属不正确反应。

2. 明细化（specification）

对最初反应的正确性进行修饰，称之为明细化。明细化可以分为三种：构造性明细化、无关系明细化、破坏性明细化。

（1）构造性明细化。修饰概念使其在很细微的方面都适合图像的特定构造，就叫构造性明细化。这种明细化又有形态的明细化和决定因子的明细化。前者是使概念更加精细地适合图像轮廓，后者是使用色彩、浓淡、运动使概念更精确地适合于图像。但并不是所有的决定因子都能使概念明细化。为此必须满足两个标准：运动明细化标准和浓淡及色彩明细化的标准；

（2）无关系明细化。所谓无关系明细化是一种既不提高，也不降低概念和图像一致性（正确度）的言语表现。这种明细化已经包含在已明确的概念之中。例如，在识别 W－QIUS 图版Ⅲ－1 时说："这是一条鱼。这儿是鱼头，这儿是尾巴。"鱼头和尾巴包含在"鱼"之内，故只是一种说明，并不增加正确度；

（3）破坏性明细化。这是降低或破坏形态水平的明细化。它有两种类型：一是破坏概念对图像的适合性的明细化。这种明细化对概念的核心有影响；二是减低了概念对图像的适合性，但没有完全损坏基本正确的明细化。

3. 组织化（organization）

将测图的各种部分组织起来，构成有一种意义的包括性概念称为组织化。有的是松散的组织化，有的是统合得很好的组织化。有的组织化取决于运动姿势的相互作用，也有的取决于机能性的相互依存。有的由位置来决定，也有的决定于象征性的东西。不论被试者使用什么方法都增加形态水平的评定。但是，若只是两个概念的简单拼凑的那种无意义的结合，并不能增加形态水平评定，因而不能称之为组织化。

例如，有人对 W－QIUS 图版Ⅲ－9 的整体判断为："在海底的一对男女，有鱼做伴"，"在海底""有鱼做伴"形成了构成的明细化。将图像潜变的两方面内容联系起来，这种组织化提高了形态水平。

### 三、墨迹测验图式训练

罗夏测验自 1921 年问世后，即引起了心理学和精神病学界的极大兴趣，并被广泛应用。但关于罗夏测验的争议也最多。批评它的人认为它不具备心理测量学所要求的信度和效度，不能有效地预测行为。赞同它的人则认为它能探索人的深层心理，把握人的整体人格。争议的存在使人们难以对罗夏测验形成统一的认识，也妨碍了它在诸多领域的应用。在创造心理测量中，如何运用罗夏墨迹投射测验技术解决思维中的疑难问题，特别是检测创造性思维中的一些技术问题，我们进行了一些有益的探讨。

我们这里借用罗夏墨迹测验所进行的测量，与罗夏设计的人格测验不是一回事。我们在对罗夏测题的改造中加进思维命题的各种图式训练，包括分形图式训练、演练式图式训练、潜变式图式训练、反色图式训练、旋转图式训练等等，设计了由感性思维到创造性思维的过度程序。当然，我们也继续了罗夏测验的基本功能，让被试有广泛自由的反应方式，可作多种反应，这将迅速唤醒我们大脑中独具创造性的思维空间，激发大脑全部思维（包括左脑和右脑），使右脑积极地与左脑联系在一起，达到训练的目的。

我们借用罗夏墨迹测验，尽管不能像专业测验那样讲究信度和效度，但是我们设置了评估标准，这些标准遵循各国专家提供的心理特征的数量资料，比较客观，也便于比较，操作也简便易行，较之完全的主观评价，还是有进步的。但是，这种评估也存在误差，并不能完全替代思维的诊断。更何况罗夏墨迹测验的内容受社会文化制约，其测验的标准也不是普遍适用的。

我们的评估一般从五个方面设置参数：（1）整体：对墨迹图的整体或接近整体的反应。（2）部分（图案上显示为D）：每一墨迹因其形状结构或墨迹浓淡或色彩的差异明显地分出若干部分，你是对哪些部分明显地做出反应。（3）小部分（图案上显示为d）：是利用墨迹中较小的但仍可明显划分的那一部分做出反应。（4）细节：利用的是墨迹中极小的或不同一般方式分割的一部分做出反应。（5）空白：利用的是墨迹中的白色背景做出反应。除上述参数外，还有你把墨迹看成是人形还是人体的某一部分？是生命的还是无生命的？是可爱的还是厌恶的？是通常的形状，还是莫名其妙的形状？是对于纯色彩的反映还是与形状关联的反映？把图形看成是静的还是动的？你的反映是与一般人相同相似，还是与众不同？等等。每一回答都要用上述诸变量加以评定。一般来说，思维力高的人联想内容丰富。与众度多说明见解与大众相似的多，也就是独特见解少，同时也说明他易于适应；与众少而联想特别多，一方面说明见解与众不同或者有独特见解，即创造性高，另一方面可能是被试很难与环境适应。

下面我们以次展示罗夏墨迹测验的图版，因版面所限，我们看到的图版比原版要小一些，所以请被试观察时更需仔细些；所展示的10幅图，其结果评估也是分项罗列的，被试所得的评价也是“这一副”图版的，是局部的，甚至版图之间的评价还有冲突矛盾的，因此，应最后把它们汇总起来，得出总体性的综合评价。

下面的测量包含两个步骤：首先，我们提供某一张罗夏墨迹测验的图版以及若干小图，小图中有的是原图中的构成成分，有的是另外加进去的，需要被试把他们区别开来。在区别的过程中，被试会深入的观察和对照原图，获得一些有益而新鲜的信息，这为下一步的判断提供前提基础。其次，请被试认真分析图版的构成，回答从中看到了什么。回答时可以根据整体，也可以根据具体那个部位来作出答案。完成上述两个步骤后，就可以把答案带进评估体系中对号入座，根据被试的反应，分别从从常规反应和异常反应两方面予以评价。

（一）图式投射·图版Ⅰ的训练

这是罗夏墨迹测验的图版Ⅰ，请你回答两个问题：

1. 在它下面有四个小图（1）（2）（3）（4），这四块小图中，只有一块是原图中的构成成分，是哪一块？

2. 请你分析图版Ⅰ的构成，回答从中看到了什么。回答时可以根据整体，也可以根据具体那个部位来作出答案。

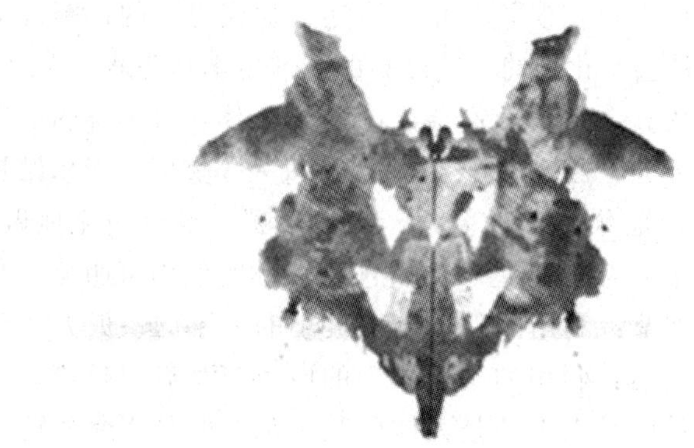

图版Ⅰ

（1）　　（2）　　（3）

（二）图式投射·图版Ⅱ的训练

这是罗夏墨迹测验的图版Ⅱ，请你回答两个问题：

1. 在它下面有 8 个不同朝向的小狗或别的东西。这 8 块小图中，只有 2 块是原图中的，是哪 2 块？

2. 请你分析图版Ⅰ的构成，回答从中看到了什么。回答时可以根据整体，也可以根据具体那个部位来作出答案。

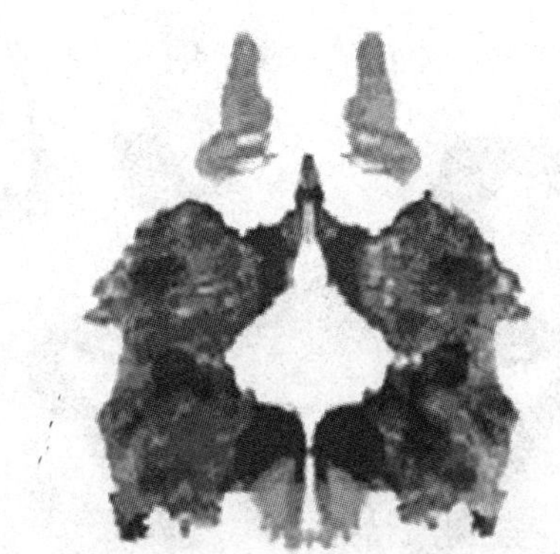

图版Ⅱ

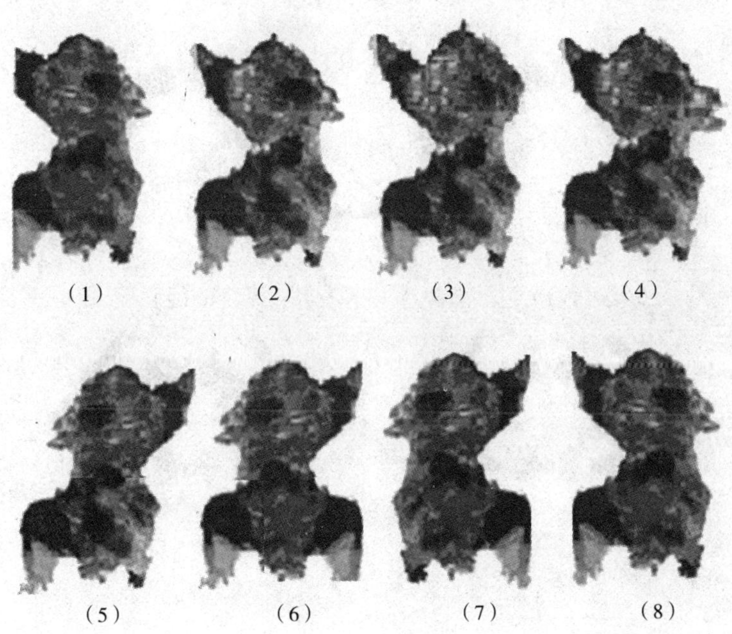


（三）图式投射·图版Ⅲ的训练

这是罗夏墨迹测验的图版Ⅲ，请你回答两个问题：

1. 图版Ⅲ下面四幅图中，只有一幅是原图略微缩小后旋转 180 度构成的，是哪一块？

2. 请你分析图版Ⅲ的构成，回答从中看到了什么。回答时可以根据整体，也可以根据具体那个部位来作出答案。

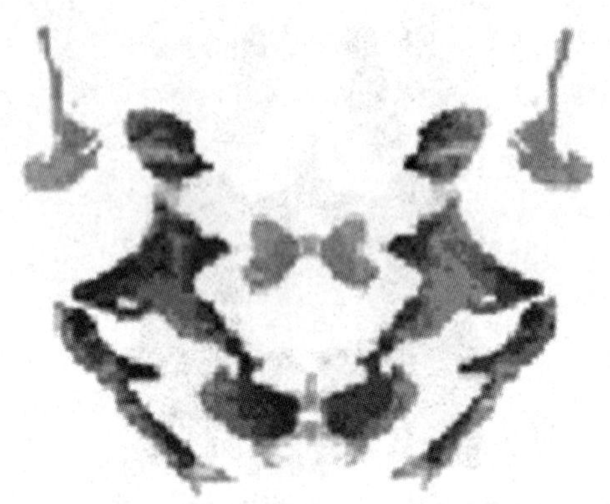

图版Ⅲ

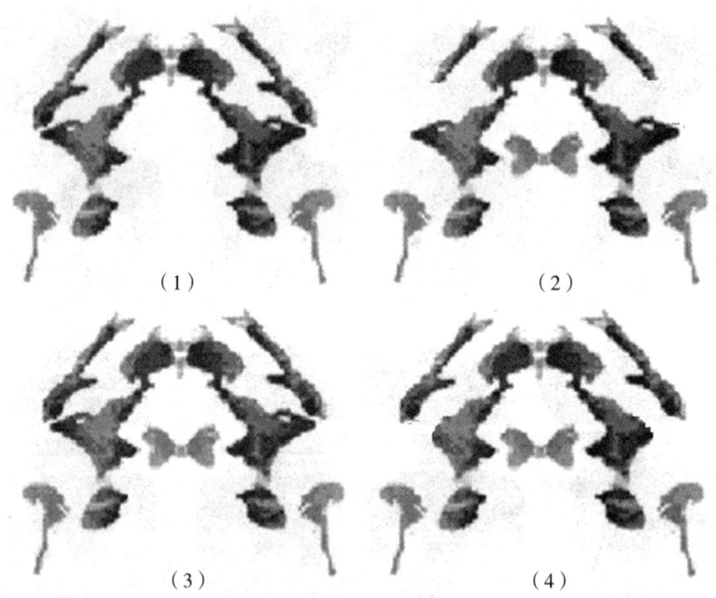

（1）　（2）

（3）　（4）

（四）图式投射·图版Ⅳ的训练

下面展示的罗夏墨迹测验的图版Ⅳ，请你回答两个问题：

1. 把图版Ⅳ旋转不同角度，可以观察不同的墨迹测验的图版，。在它下面四幅图中，只有一块不是原图旋转而成的，是哪一块？

2. 请你分析图版Ⅳ的构成，回答从中看到了什么。回答时可以根据整体，也可以根据具体那个部位来做出答案。

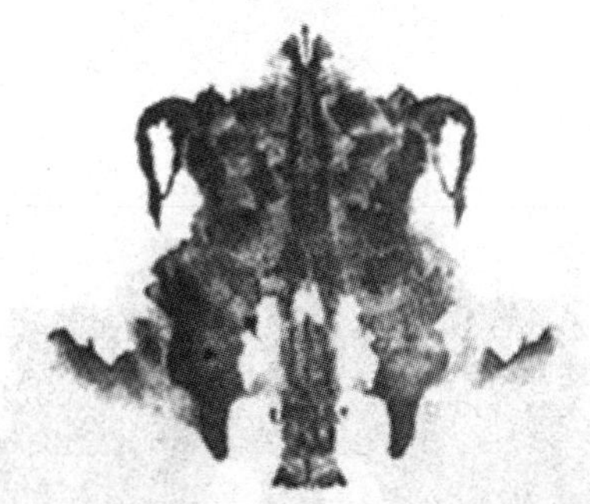

图版Ⅳ

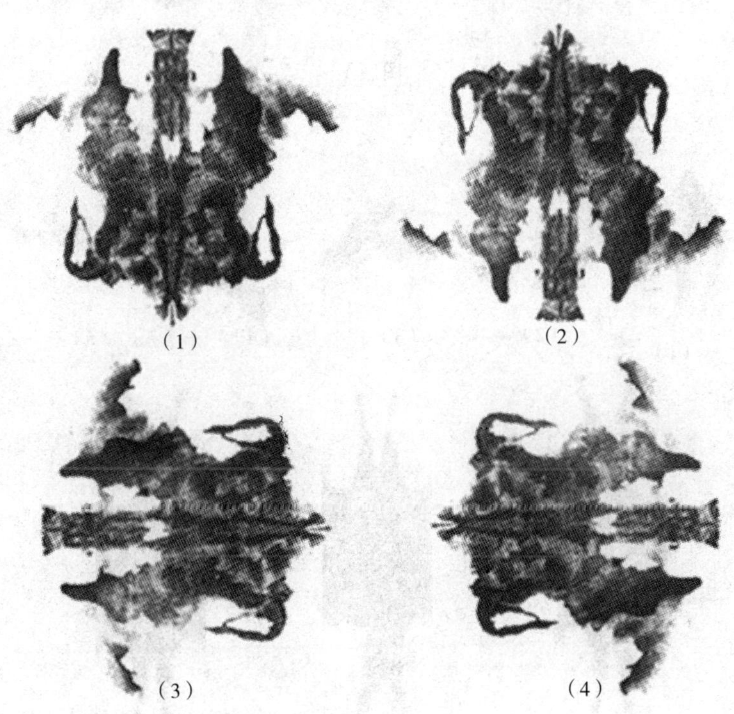

（1）　（2）　（3）　（4）

（五）图式投射·图版Ⅴ的训练

下面展示的罗夏墨迹测验的图版Ⅴ，请你回答两个问题：

1. 在它下面有8个小图，这8块小图是从原图中截取的。由于角度不同，我们从中可以看到“美女”、“鳄鱼头”“盔甲勇士”“昆虫”等不同的形象。但其中有2块不是通过旋转得到的，请你从这8块图像中找出2块与众不同的来。

2. 请你分析图版Ⅳ的构成，回答从中看到了什么。回答时可以根据整体，也可以根据具体那个部位来作出答案。

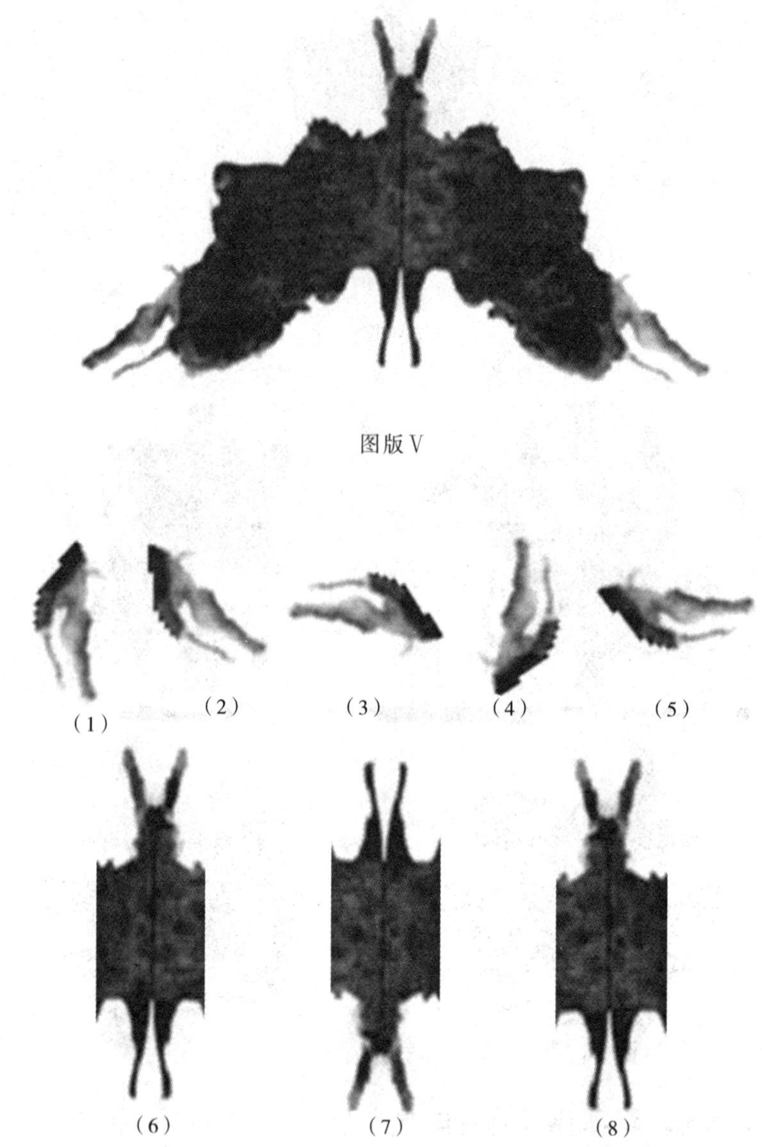


图版Ⅴ

（六）图式投射·图版Ⅵ的训练

下面展示的罗夏墨迹测验的图版Ⅵ，请你回答两个问题：

1. 它下面的6个小图，都是从大图分离出来的。我们从这6块小图中，可以看到兽皮、乐器、飞鸟、舞者、唇、甚至坦克车。你还看到什么？请你大胆说出来，说得越多越好。

2. 请你分析图版Ⅵ构成，回答从中看到了什么。回答时可以根据整体，也可以根据具体那个部位来作出答案。

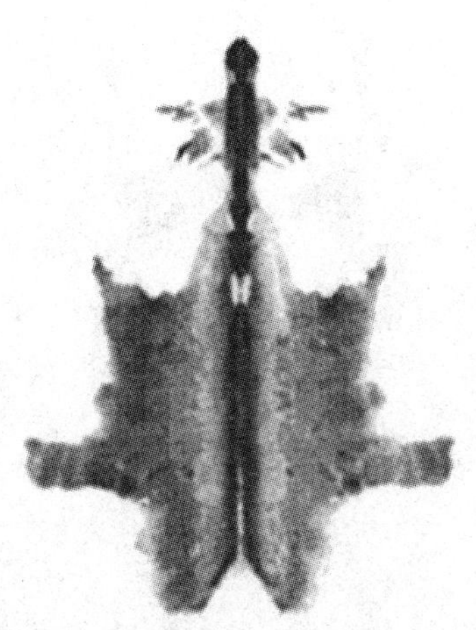

图版Ⅵ

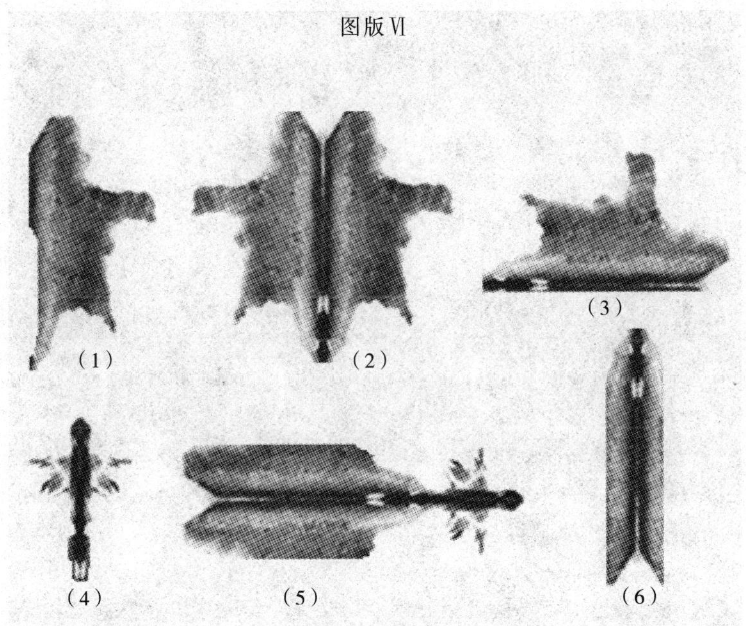


（七）图式投射·图版Ⅶ的训练

下面展示的罗夏墨迹测验的图版Ⅶ，请你回答两个问题：

1. 下面有7个小图中，有3块是原图中的构成成分，经反色而成，是哪3块？

2. 请你分析图版Ⅶ构成，回答从中看到了什么。回答时可以根据整体，也可以根据具体那个部位来作出答案。

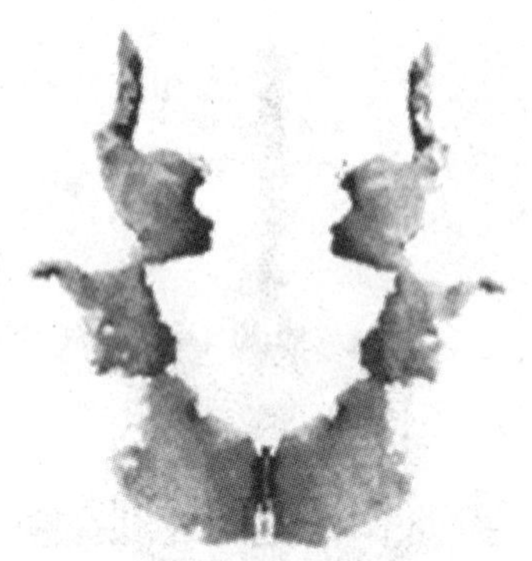

图版Ⅶ

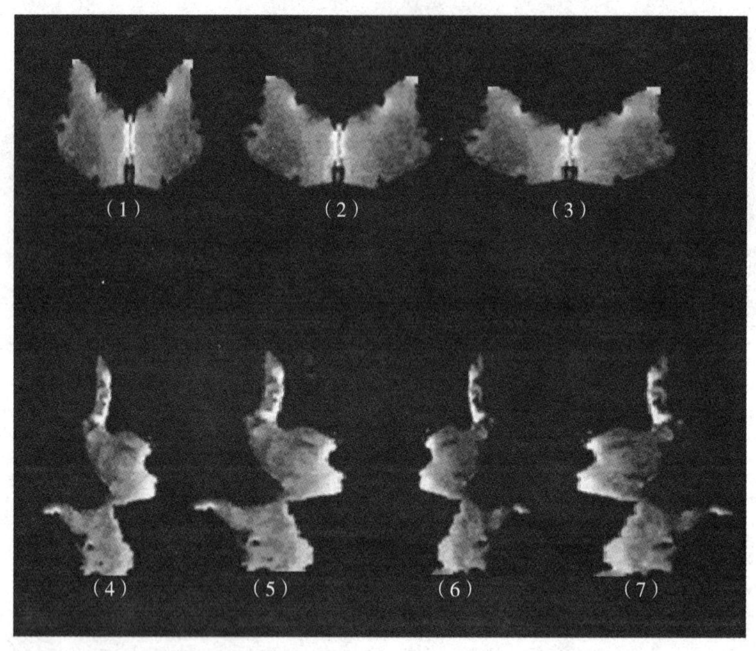


（八）图式投射·图版Ⅷ的训练

下面展示的罗夏墨迹测验的图版Ⅷ，请你回答两个问题：

1. 下面7块小图中，有一块不是原图中的构成成分，是哪一块？我们从这6块小图中，可以看什么？请你大胆说出来，说得越多越好。

2. 请你分析图版Ⅶ构成，回答从中看到了什么。回答时可以根据整体，也可以根据具体那个部位来做出答案。

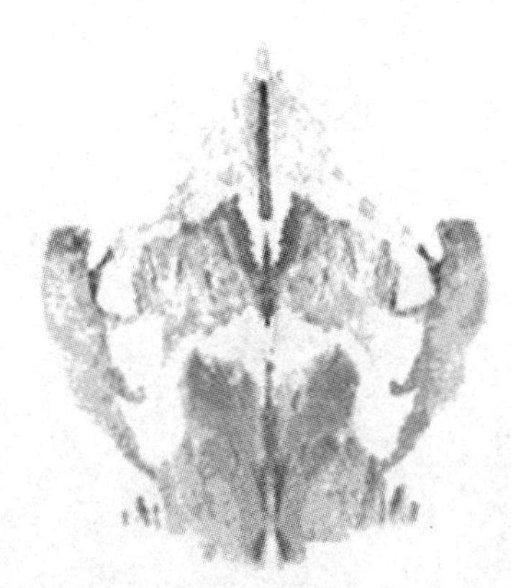

图版Ⅷ

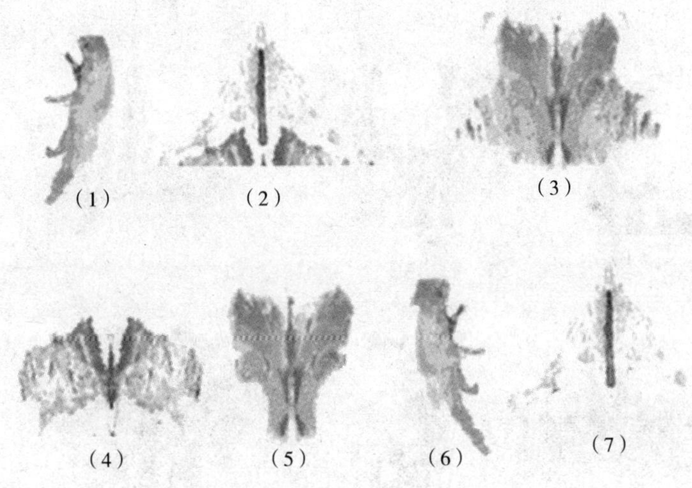


（九）图式投射·图版Ⅸ的训练

下面展示的罗夏墨迹测验的图版Ⅸ，请你回答两个问题：

1. 图版Ⅸ下面有 6 个小图，这 6 块小图中，有一块不是原图中的构成成分，是哪一块？我们从这 5 块小图中，可以看什么？请你大胆说出来，说得越多越好。

2. 请你分析图版Ⅸ构成，回答从中看到了什么。回答时可以根据整体，也可以根据具体那个部位来做出答案。

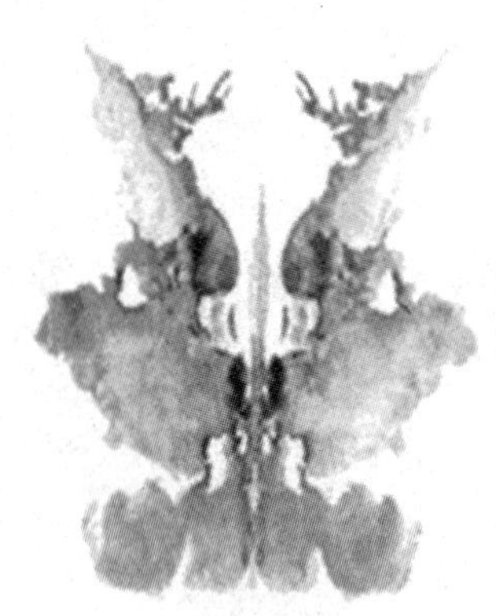

图版Ⅸ

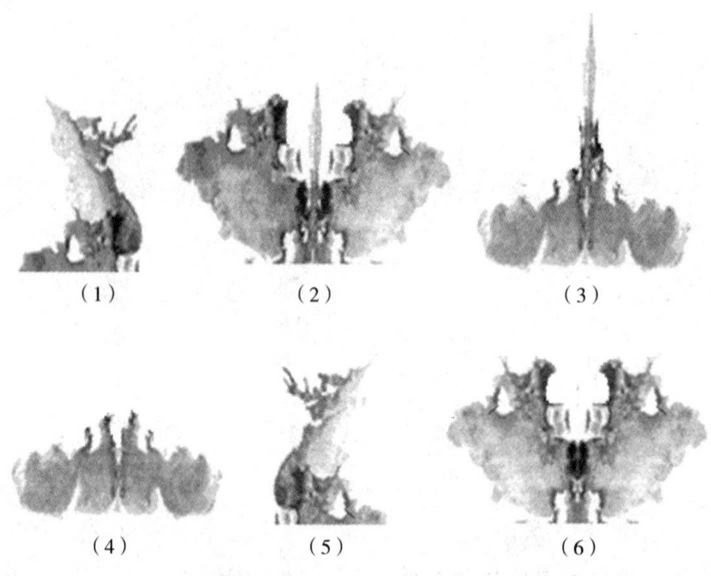

(1)　(2)　(3)

(4)　(5)　(6)

(十)图式投射·图版Ⅹ的训练

下面展示的罗夏墨迹测验的图版Ⅹ，请你回答两个问题：

1. 图(一)是由什么图案合成的？图(二)又是由什么图案合成的？图(三)呢？

2. 请你分析图版Ⅹ构成，这个图版墨迹像的各个部分非常分散，所以即使在其他图版没有答案，在这里也容易产生反应。请你回答从中看到了什么。回答时可以根据整体，也可以根据具体那个部位来做出答案。

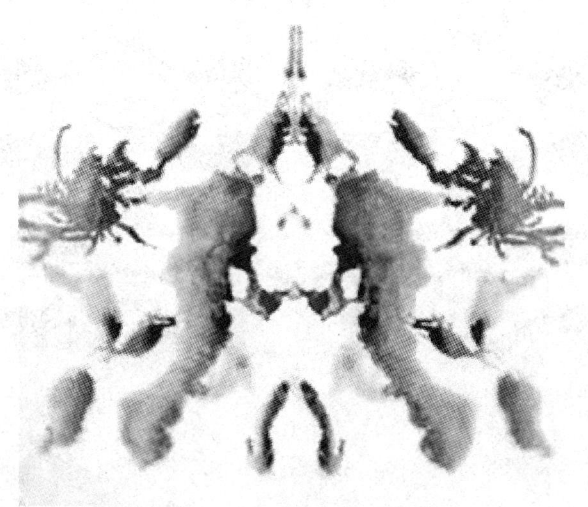

图版 X

图（一）

图（二）

图（三）

# 第七章 创造心理训练

【知识框图】

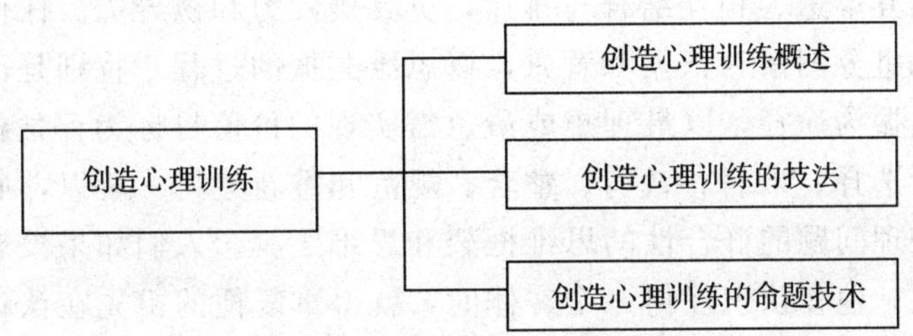


创造心理训练是人接受创造信息、存贮创造信息、加工创造信息以及输出创造信息的训练活动，从广义上来看，它普遍存在于人们生活的方方面面，养成创造习惯，从本质上说都是一种成长训练。从狭义上讲，创造心理训练则指的是专类高级心理训练。用一个通俗的比喻来说，广义的创造心理训练是孩子在母亲的帮助下学会涂鸦乱抹，而狭义的创造心理训练是学生在大师指导下学习绘画创作。两者的本质虽然相同，但层次却有很大差别。我们在这里主要指专类高级心理训练。

美学家朱光潜说："凡是美都必须经过心灵的创造。"良好创造心理素质，也必须经过自我的"心灵创造"。因此，应当高度重视创造心理训练，这是发展和完善良好心理素质的必要手段，也是实施素质教育尤应采取的重要措施。创造心理训练是一个新的系统工程，人们要自觉遵循创造规律，并运用它来推进人们的创造。

## 第一节 创造心理训练概述

创造心理训练不仅对创造活动有指导作用，对进行创造教育也有指导作用。因为创造心理训练注重的是主体创造力的开发，具有广泛应用价值的开发和培养创造力的科学方法。

## 一、创造心理训练的体系

构建创造心理训练的体系应从创造环境、训练方法和手段以及教育体系三方面着手。

### （一）构建良好的创造“心理场”

创造的“心理场”是特殊的创造环境，是精神存在的形态之一。场本身具有能量、动量和质量，而且在一定条件下可以和物质相互转化。根据心理学原理，场与个体心理因素有着不可分割的联系，如同电子场联系于电子、电磁场联系于光子一样，个体的感知、思维、情感、意志在场的作用下，相互作用、相互渗透、相互结合与排斥，更具爆发力和诱导力。任何心理场都以积淀到的世界图景为依据和背景，以思维共振的过程，特别是已经取得成功的思维共振为途径，以最理想或最急需实现的价值目标为评估标准，对客体信息进行选择、取舍、裁剪、整合、规范和重新建构。所以，心理场是人类分析和处理问题的群合性的思维框架和思维工具。人们如果没有现成的心理场，那么，他在认识任何一个客体时，就得重复他的祖先在认识客观世界时所经历的几百万年的演化过程，那是不可想象的。所以，心理场内涵的认知定势、认知运行模式、认知风格和认知策略不仅是使人们的现实认识成为可能的机制，而且是人类认识不断进化的阶梯和契机。因此，有什么样的“场”，就容易形成什么样的创造心理。例如大学校园这一特异的人文环境容易形成有别于其他人群的创造心理，因为大学有其特有的“心理场”。大学这一特异心理场造就最具前沿性的创造心理，前沿性的创造心理更易造就成批顶天立地的人物。比如牛顿便是从剑桥大学走出来的，他为18世纪英国工业革命和西方工业文明的到来奠定了力学基础；康德则是哥尼斯堡大学的灵魂，他把德国引上了哲学思考的大道。

人总是在一定的环境氛围中生活，而不同的环境氛围对人的精神、心理与情绪所产生的影响是截然不同的。心理训练的过程是个体与外界进行物质、能量、信息交换的过程，这种交换过程越充分，越主动，自身的存在和发展就越完善。因此，为了使自己始终保持振奋的精神、宁静的心理与饱满的情绪，就应自觉地、主动地去努力创造良好的创造“心理场”，这也是自我心理训练、自我心理调控的重要方面。下面介绍的奥斯本法、KJ法等等就是目的性极强的创造“心理场”。

### （二）构建多元的训练方法

进行心理训练的具体方法和操作技巧是多种多样、灵活多变的。随着现代物理学、化学、生物学、信息科学等学科的高度发展，也带来了心理学方法，包括心理训练方法的更新，因此我们要构建多元的训练平台。现代心理学十分注重运用和移植其他学科的研究方法。心理学移植其他不同学科而形成的心理训练方法主要有：

1. 物理一心理法

这一方法强调运用物理学的语言和方法来研究心理学，强调物理量与心理量之间的函数关系，强调环境以及环境调控对人的影响作用。为了增强心理训练的效果，训练活动中，个体应自觉遵循心理物理学的原理，注意调控环境力度与自身心理承受力之间的对应关系，主动地投入周围客观环境之中，注重主动接受和承受环境的影响，从而增强自己的思维、感知和行为方式等素养朝着“优化”的方向发展。

2. 生物一心理法

这一方法重在从心理现象的生理机制揭示心理及其发展的生物机理，在身心统一不可分的原理指导下，致力于改变自身的生理状态、生理素质，进而达到改变和改善人的心理素质。这是现代心理训练中应高度重视和积极采取的策略和方法。现代社会生活中，人们高度重视科学进食、体育锻炼，以及食物治疗、药物治疗等等，都是自我改变生理状态，强化生理功能，进而优化心理素质的体现。实践证明，这些自我活动，如果能遵循科学原理，讲究科学的方式方法，将具有显著的“激发性”，不仅是引起积极活动的原因，而且是引起行为抑制的原因。不断地训练和强化，能够显著地增强人的心理功能，使人的某些优良心理素质得到稳固的提高与发展，不良心理品质得以逐步“淡化”和消除。

3. 信息加工方法

这一方法主要是运用信息论的理论来探讨人类认知过程，探讨人类形成观念、目标、认知结构、理念体系等心理素养过程中的发展变化的规律及原理，并探讨人们如何通过自身理念的重组、思辨方式的完善、思维模式的自我更新来优化自身的心理结构与心理素养。人们学习活动中的广泛阅读，日常生活中的自我暗示、自我安慰、自我提醒、自我欣赏以及运用格言、警句、座右铭约束自己的行为，以写日记、周记方式自剖弱点，提出自我攻克‘顽疾”的措施等，都是心理训练活动中初步运用信息加工方法的表现。

随着社会的进步和心理科学的繁荣，这种跨学科的多元的训练平台，势必将促进心理科学方法多样化和更趋科学化，从而为心理训练提供更多和更为实用、有效的先进方法。

（三）构建创造心理的教育体系

就目的看，创造教育重运用知识，传统教育重掌握知识；就教法看，创造教育重启发，传统教育重传授；就学法看，创造教育重发现，传统教育重接受。创造教育仍强调知识是创造的基础及教师在教学中的主导作用。其特点是鼓励学生主动探索，重发散思维，学有特色。其任务是培养好奇心、创造意识、创造毅力、创造思维能力和技法等。

构建创造心理的教育体系由多方面构成，主要有思维教育体系、知识教育体系、人格教育体系三个领域构成。

1. 思维教育体系

林崇德教授认为："思维是一个系统的结构，包括思维的目的、思维的过程、思维的材料或结果、思维的监控或自我调节、思维的品质、思维中的认知和非认知因素等心理结构。创造性思维作为思维、智力的一个组成部分，同样是静态结构与动态结构的统一，这种多样性特征，使创造力丰富多彩"。这些观点显然拓宽了人们对创造力的进一步理解。林崇德认为，培养学生的思维品质是有效的突破口。他有三个可操作点：（1）从思维的特点来说，概括是思维的基础，在教学中抓概括能力的训练，应看做训练的基础。（2）从思维的层次来说，培养思维品质或智力品质是突破口，结合各科教学抓思维品质深刻性、灵活性、创造性、批判性和敏捷性的训练，正是我们教学实验的特色。（3）从思维的发展来说，最终要发展学生的上述逻辑思维能力。他长期的实践总结出思维品质训练的两点启示：（1）学科能力结构离不开思维品质的因素。（2）培养思维品质是发展智能、提高教育质量的好途径[1]。

林崇德在对创新人才长达25年的研究中发现，创新人才在一定意义上就是创造性思维加创造性人格。创新人才在创造性思维上表现出五个特点：（1）创造性活动表现出新颖、独特且有意义的特点；（2）思维加想象是创造性的两个主要成分；（3）在创造性思维过程中，新形象和新假设的产生带有突然性；（4）在思维意识的清晰性上，创造性是分析思维与直觉思维的统一；（5）在创造性思维的形式上，是发散思维与辐合思维的统一。

2. 知识体系

在流行的民间说法中，人们认为，不同寻常的、有创造性的成就，是以非凡的能力和特殊的机制为基础而产生的，因此，把"富有灵感的"、"善于直觉的"、"富于想象的"、"天才的"等标签贴在这些不同寻常的事件以及他们的作者身上。在这些民间说法中，创造性是神秘的，难以理解和把握的。于是，很多人误以为创造活动就是"灵光一现"、"灵机一动"或"哇，原来如此"这么简单。然而，真正有价值的创造大多是长期思考的结果，是建立在深厚的知识积累上的。在过去的半个世纪，研究者已经获得了这方面的一些新证据。证据的一个来源是对科学的历史和社会学研究，例如研究科学家的出版物、实验笔记、通信以及其他材料。另一个来源，则是认知心理学，这方面的研究者试图提出一般的创造机制。例如，美国卡奈基——梅隆大学的计算机科学和心理学教授西蒙（Herbert A. Simon，他是 1978 年诺贝尔经济学奖得主以及 1975 年计算机协会图灵奖得主）就深信创造是长期思考和知识积淀的结果，他的这种信心建立在对某些创造性人物的个案分析和认知心理学大量的实证研究基础上。西蒙认为，上述关于具有高度创造性特点的人物的民间观点是值得商榷的，因为很多个案与此相背。例如，牛顿提出了两个被广泛引用的观点来解释自己的创造性。有一次，当被问及如何解决复杂的科学和数学问题时，他说："通过不断地思考"；在另一个场合下，他把自己的成功归因于"站在巨人的肩膀上"。在这两个观点中，都把"神奇的"（甚至神秘的）创造视作普通的活动，前一种观点强调创造是以不断地思考活动为基础的，后一种观点强调自己的创造是以前人的成就为基础的（或许，有些谦虚的成分，但也是事实）。巴斯德的说法也与牛顿的说法类似，他说："新奇的思想偏爱有准备的头脑"。他的说法也强调了知识准备、长期思考对于创造性的重要意义。这些科学家的说法，似乎昭示创造性并不是神秘的、难以把握的，我们有可能了解那些杰出的创造性的科学家和艺术家的思考过程和个性特点。

由此，我们认为创造性人才的培养应该以增强知识基础为前提，通过在实践中长期深入的思考，形成创造性的思维品质和成果。例如，我们在中小学教育实践中，强调把培养学生的创造性渗透到学科教学中，在课堂教学中开发学生的创造力。没有知识基础和深入思考，只搞肤浅的"创造比赛"、"脑筋急转弯"是不可能培养出创新人才的。

3. 人格发展体系

关于人格与创造的关系，我们在前面已有专门的章节阐述，这里不再赘述。在传统教育中，人们赋予创造力的内涵往往过于狭窄，认为创造力仅仅局限于科学发现、发明和艺术创造活动之中。于是，在学校中，那些在语文、数学等功课上取得优秀成绩以及在体育、绘画、舞蹈、音乐等方面有突出表现的学生往往被认为是聪明的、高创造性的孩子，是有培养和发展前途的对象，而对于那些学业平平、艺术素质一般但在其他方面（诸如人际交往、管理、组织等）表现突出的儿童却常常忽视。有趣的是，人们经常发现，在学校名列前茅的儿童在日后的事业上可能并无惊人的表现，相反，在那些当时不为教师所重视的儿童中却不乏事业成功者和开拓性人才。这种现象有力地表明了传统教育观的不当。显然，这种不当在一定程度上是由于对创造力的本质和结构缺乏深入而科学的认识，不懂得创造人格的教育是具有多元性的。

我们认为，创造人格的教育与传统的人格品质教育有许多重叠，如：健康的情感（涉及情感的强度、性质和理智感）、坚强的意志（在意志自觉性、果断性、坚持性和自制力等方面品质出众）、良好的学习习惯等等，这些普适性的教育会继续支撑创造人格品质的大厦。

但是，传统教育在创造人格培养中，还有不少的缺失，主要有：

（1）学习动机和价值观的教育

为本书作序的中国科学院院士郑永飞所举的例子很典型。在中央电视台的经济频道《对话》节目当中，围绕着学习动机给出了5个价值选择，由对中美两国青少年学生来回答。一是智慧，第二是真理，第三是财富，第四是权力，第五是美，中国的12个中学生当中，除了有1个选美，全部都选了财富和权力，美国中学生除了有2个是选择财富之外，其他的都是多样性的选择，从这个结果当中我们可以看到了我们学习动机和价值观的教育的缺失是多么的严重。正像本书的序作者所言，从中看到了中国人为什么拿不到诺贝尔奖的深层原因。如果我们没有一种对智慧、对真理追求的价值观，这样的教育当然就不可能是一个很高境界的东西，当然也就很难培养出高层次的创新型的人才（郑永飞）。

（2）创造人格框架的搭建

现代教育已经关注创造人格的培养，但往往限于表层的和零散的，缺乏创造人格框架的搭建。创造人格框架主要指人格动力系统和心理特征系统。人格动力系统是决定并制约人的创造活动的进行、方向、强度和稳定水平的结构，包括需要、动机、兴趣、价值观和世界观等。心理特征系统主要指创造气质与创造性格。这一框架对创造过程及其成果的影响是有层次的，其中人格特征直接影响创造过程及其成果；而人格动力系统通过影响人格的态度特征、理智特征、情感特征、意志特征进而影响创造；

（3）重要生活事件的指引

重要生活事件包括早期促进经验、研究指引和支持、关键发展阶段指引三个要素。其中早期促进经验包括父母的作用、成长环境氛围、青少年时爱好广泛、挑战性多样化的经历。研究指引和支持包括导师的作用、创造环境氛围和交流与合作氛围；关键发展阶段指引包括教师的作用和专门心理训练师的作用。

（4）创造人格的持续教育

创造人才的发展历经自我探索期、才华展露与专业定向期、集中训练期、创新期与创造后期五个阶段。在不同发展阶段，个体创造心理的发展任务不同，生活事件的意义也不相同。自我探索期和才华展露与专业定向期是个体主动性形成的重要阶段，早期促进经验对此间个体主动性的形成具有重要意义；集中训练期是一般成就基础形成的时期，这一时期的关键发展阶段指引具有重要意义；创新期是个体主动性与一般成就基础共同发挥作用并产生创新成就的时期，研究指引与支持有利于创新活动的顺利进行；创新后期是老一代科学创新人才成为新一代成长的重要他人阶段（林崇德）。

## 二、创造心理训练的哲学方法

创造技法是一种综合性思维方法，它需要综合运用人类已有的认识和实践成果，需要综合运用各种思维形态及其思维方法。因为创造技法是人们进行创造性活动的途径和手段，在创造性活动中具有十分重要的作用，它不仅直接有助于人们取得创造性的思维成果，而且也是人们培养和提高创造能力的重要因素。创造方法既是创造原理的体现，又是创造者实践经验的总结．不同的创造者在开展不同的创造活动时往往采用不尽相同的创造方法，然而，如果对形形色色的具体创造方法从哲学上加以概括和提炼，它可以归结为以下几类：

### （一）从相对中优选绝对

创造的本质属性是新颖性。根据思维结果的新颖性程度，可以把创造技法划分为相对创造技法和绝对创造技法两种类型。前者超过了思维者本人的原有认识水平，后者则超过了人类在某一方面最先进的认识水平。相对创造技法及其成果可由思维者本人来判定，而绝对创造技法及其成果的确定则需经过社会评价，得到社会承认。相对创造技法与绝对创造技法的划分为开发创造技法提供了一条有效的途径。绝对存在于相对之中，相对创造技法中包含着绝对创造技法。因此，创造者首先应当尽力超越自己，即尽力开展相对创造技法。与此同时，也要积极地评价已获得的相对创造技法，促使从中优选出绝对创造技法的成果来。实施这一方法要注意两个环节：第一个环节是立足于创造技法的自我廾发。

创造者首先应该有意识地不断产生新的想法，不必先去考虑这些想法的价值如何、别人如何评价等等，只要自我感觉有新意即可。这一环节将保证获取大量的相对创造技法，为从中优选绝对创造技法奠定基础。例如，日本小学二年级有一节自然课的内容是“发现空气”，讲课前先让学生们把塑料袋吹鼓后放入水中挤出气泡，然后启发他们产生新想法：袋中存在一种无色无嗅却占据空间的东西，那就是空气。虽然这一看法只是孩子们自己的新认识，只能称作相对创造技法，但此类训练无疑有助于激发创新意识，有利于日后产生绝对创造技法的成果。

第二个环节是适时的社会评价。创造者应该适时地让自己的新想法（相对创造技法）接受社会检验，以保证其中的绝对创造技法及时得到评价、承认并脱颖而出。社会评价和承认的方式有许多种—论文发表、著作出版、专利获取、专家鉴定等就是常用的方法。创造者切不可迟疑犹豫，因为绝对创造技法总是首先表现为相对创造技法，关键在于通过适时的社会评价将其优选出来。忽视这一点就可能坐失良机。当年达尔文参加贝格尔号巡洋舰环球考察，收集了大量资料，并于1838年产生了进化论学说的基本思想。此后20年内，他一直在酝酿撰写《物种起源》，可迟迟未使之问世。1858年，他收到华莱士花费3天时间写成的论文，文中已明确提出了进化论思想。后来，在著名科学家赖尔协调下，两人的成果终得以同时发表。否则进化论的创立者的桂冠很可能戴在华莱士的头上了。历史的经验和教训都值得记取。

（二）从偶然中把握必然

通常把获得天然性成果的创造称为发现，发现是以客观事物为前提的重要创造类型。然而，事物是本质和现象的对立统一。本质作为事物的内部联系，深刻而稳定地反映事物的本来面目，现象只是事物被人们感知的外部形态。与此同时，事物在发展过程中会出现必然性和偶然性这两种倾向。前者是事物内部本质原因决定的不可避免的倾向，后者只是外部非本质原因导致的可有可无的倾向。因此，由于上述因素，发现或认识事物及其性质和规律并非易事。从偶然中把握必然的方向也为创造技法提供了一条途径。创造者应该做有心人，要善于观察，善于思考，善于透过纷繁的现象抓住本质，从偶然现象中把握必然规律。由于必然性总是通过偶然性表现出来的，因此，抓住偶然性不放，追根究源，探索必然，往往能导致认识上的突破。例如，当伽利略还是个17岁的大学生时，一次在比萨大教堂听牧师讲道，偶然观察到一盏吊灯随风摆动时振幅逐渐变小，而周期却基本不变。然而，他没有停留在这一偶然现象上，而是紧接着深入进行研究，终于发现了必然规律—单摆的等时性原理。

实施从偶然中把握必然的方法应该注意避免假象的迷惑。事物的本质有时可能会出现假象，假象是事物非本质的偶然性反映。如果被假象一叶障目，就很可能误入歧途。例如，我国山东半岛蓬莱一带的海边可见到海市蜃楼，那是光线经过不同密度的空气层折射后，使远处景物在海上显示的假象。当年秦始皇轻信方士之言，把虚无缥缈的海市蜃楼当做蓬莱仙境，派遣大批童男童女前往寻访长生不老之药，结果一去不返，受到了客观规律的无情惩罚。

（三）从量变中促进质变

事物的发展过程是量变和质变的对立统一。事物变化从量变开始，量变过程包含部分质变；一旦超出旧质相对稳定的关节点，便发生旧质向新质转变的飞跃，并在新质基础上开始新的质变。质量互变规律决定了又一类创造性的思维方法：创造者在认识和改造客观世界的过程中应当积极探索，不断积累，在量变基础上寻找适宜的突破口，促使其尽早发生质的飞跃。

这一方法要注意的第一环节是有效积累。由创造机理的复杂性决定，要完成一项创造有时会涉及众多领域的知识与技能。这就要求创造者注重积累，汲取各方面的养料。但是，切忌盲目积累。因为量变包含着部分质变，并非各种各样的质都能随意叠加而有利于积累。例如，大科学家牛顿晚年求证上帝存在的神学积累显然无助于他的物理学研究。因此，我们应当集中力量，在包含相似质变的量变上多下工夫。例如，德国免疫学家埃尔利希和日本秦佐少、郎于1907年发明的特效抗梅毒药肿凡纳明，就是经过长期实验后获得的第606号化合物，故通称六零六。后又经过不断改进，才得到效果更好的新肿凡纳明一九一四。他们在最终成功前的反复实践，正是相似质变基础上的有效积累。

第二个环节是选择适当的突破口。事物发展过程中如有多种矛盾同时存在，其中必有一种发挥主导作用，决定事物发展变化的性质，这就是主要矛盾。创造者如果能在有效积累的基础上选择适当的突破口，就可望促进质变的飞跃早日实现。在17世纪末就有人造出低效率的原始蒸汽机，虽然多人改进，效果均不显着。瓦特研究了纽可门蒸汽机的结构原理，发现尽管影响效率的因素很多，最关键的则是加热冷却的汽缸消耗了大量热能。于是他设计了一个单独的冷凝器，有效地降低了热耗，取得了第一次突破。后来他又相继把活塞引起的直线运动变成圆周运动，把单向作用的汽缸改为双向作用．每一次改进都会解决一个主要矛盾，取得一次实质性的突破。瓦特的不断创新终于使蒸汽机效率大大提高，成为现代大工业的主要动力来源。

（四）从否定中实现再否定

由事物内部肯定与否定两方面的矛盾运动所决定，事物的发展总是呈现螺旋式上升、波浪式前进的。起初，肯定方面占主导地位，事物处于相对稳定阶段。当否定方面战胜肯定方面时，旧事物便进入否定阶段，变成新事物。随着矛盾的发展，原来的否定方面又被否定，此时事物便进入否定之否定阶段。事物发展的这一规律揭示了另一类创造技法方法：对于现有事物，应该力求找出不足之处来加以否定，然后回过头去发掘其原有的合理因素并发扬光大，以此弥补第一次否定之不足，实现否定基础上的再否定。

实施这一方法首先要敢于否定原有事物，即便是权威性很强的事物。这样做需要足够的勇气。德国唯物主义哲学家费尔巴哈年轻时曾是古典唯心主义哲学大师黑格尔的学生，属于青年黑格尔派。后来研究人本主义，并于1839年发表《黑格尔哲学批判》，用直观唯物主义否定了老师的唯心主义体系。费尔巴哈之所以能在结束德国古典哲学、恢复唯物主义权威方面有所创新，首先就因为敢于否定黑格尔的学说。

从否定中实现再否定的方法还要发扬科学精神，善于发掘被否定事物原有的合理因素，同时也要善于发现第一次否定的不足之处。马克思对待黑格尔、费尔巴哈的态度正是典范。他不仅找出黑格尔唯心主义辩证法中“合理的内核”批判地吸收，而且对费尔巴哈唯物主义“基本内核”以外的形而上学进行了再否定。

否定之否定阶段的事物会出现肯定阶段原有的某些性状，这不是原有事物的简单回复，而是在更高的层次上达到更新的程度——这正是创造的本质所在。如果把惠更斯关于光本质的波动说视为牛顿微粒说的否定，那么爱因斯坦的光子说便是否定之否定。光子说虽然认为光子具有粒子性，但绝非是向微粒说简单回归，而是在高水平上赋予光子波粒二象性的全新意义。同理，马克思主义哲学不是黑格尔辩证法和费尔巴哈唯物论的简单整合，更不是两者之中任一者的再现，而是否定之否定的伟大创造性成果，是辩证唯物主义和历史唯物主义的崭新哲学体系。以这样充满创造性的哲学体系作为创造技法方法的哲学基础，创造力开发的全新事业必将是前途光明、大有作为的。

## 第二节　创造心理训练的技法

创造心理训练的技法简称创造技法。创造技法是偏重于发明创造的技术及方法，是创造学中最务实、应用性最强的部分，美国称之为创造工程，日本称之为创造工作或发想法，俄国称创造力技术，我国称为创造技法。它是建立在创造心理和认识规律基础上的一些规则、技巧和做法，它们大多是以原则、诀窍、思路形式来指导人们克服心理障碍和思维的消极定势，促进联想、想象和直觉等非逻辑思维，促进思维的灵活性，流畅性和独立性。

创造技法的核心是智力激励。随着发明创造活动的复杂化和课题涉及技术的多元化，单枪匹马式的冥思苦想将变得软弱无力，而“思想交流、思维共振”的发明创造战术则显示出攻无不克的威力。英国大文豪肖伯纳就崇尚思想交流，他说：“倘若你有一个苹果，我也有一个苹果，而我们彼此交换这些苹果，那么，你和我仍然是只有一个苹果。但是，倘若你有一种思想，我也有一种思想，而我们彼此交流这种思想，那么，我们每个人将各有两种思想。”肖伯纳的名言，讲的就是创造技法的实务，也就是智力激励方法，即创造条件，激励人们尽可能解放思想，无拘无束地思考问题并畅所欲言，不必顾虑自己的想法或说法是否“离经叛道”或“荒唐可笑”；尽可能多而广地提出设想，以大量的设想来保证质量较高的设想的存在。

智力激励研究以来，国外已有300多种方法问世，我国也有几十种方法研究成功。但是其中最常用的仍是头脑风暴法。“头脑风暴法”是由现代创造学的创始人、美国学者阿历克斯于1938年首次提出，最初用于广告设计，是一种集体开发创造性思维的方法。同年，美国企业家、创造学家奥斯本将其程序化，通过强化信息刺激来促使思维者展开想象，引起思维扩散，在短时间内产生大量设想，并进一步诱发创造性的设想。后来日本家川喜田二郎将其发展成包括提出设想和整理设想两种功能的方法。这就是另一类头脑风暴法，叫 KJ 法。此外，相关的研究还有列举法、核查表法、暗示法等等。

## 一、奥斯本法

头脑风暴（Brain Storming）原是精神病理学的一个术语，是指精神病人在失控状态下的胡思乱想。奥斯本借用形容创造性思维自由奔放、打破常规，创新设想如暴风骤雨般地激烈涌现。奥斯本是美国企业家、创造学家，他于 1938 年创立头脑风暴法的。

### （一）奥斯本法概述

为了排除由于害怕批评而产生的心理障碍，奥斯本提出了延迟评判原则。他建议把产生设想与对其评价过程在时间上分开进行，要由不同的人参加这两种过程。具体作法如：

1. 头脑风暴法小组的组成

（1）设立两个小组

每组成员各为 4～15 人（最佳构成为 6～12 人）。

第一组为“设想发生器”组，简称设想组。其任务是举行头脑风暴会议，提出各种设想。第二组为评判组，或称“专家”组。其任务是对所提出设想的价值做出判断，进行优选。

（2）主持人的人选

两个小组的主持人，尤其是头脑风暴法会议的主持人对于头脑风暴法是否成功是至关重要的。主持人要有民主作风，做到平易近人，反应机敏，有幽默感，在会议中既能坚持头脑风暴法会议的原则，又能调动与会者的积极性，使会议的气氛活跃。主持人的知识面要广，对讨论的问题有比较明确和比较深刻的理解，以便在会议期间能善于启发和引导，把讨论引向深入。

（3）组员的人选

设想组的成员应具有抽象思维的能力、纵恣幻想的能力和自由联想的能力，最好预先对组员进行创造技法的培训。评判组成员以有分析和评价头脑的人为宜。两组成员的专业构成要合理。应保证大多数组员都是精通该问题或该问题某一方面的专家或内行。同时，也要有少数外行参加，以便突破专业习惯思路的束缚。应注意组员的知识水准、职务、资历、级别等应尽可能大致相同。高级干部或学术权威的参加，往往会出现对他们意见的趋同或是一般组员不敢“自由地”提出设想的不利情况。

2. 头脑风暴法会议的原则

(1) 自由畅想原则

要求与会者自由畅谈。任意想象，尽情发挥，不受熟知的常识和已知的规律束缚。想法越新奇越好，因为设想越不易现实，就越能对下一步设想的产生过程起更大的启发作用。错误的设想是催化剂，没有它们就不能产生正确的设想。

(2) 严禁评判原则

对别人提出的任何设想，即使是幼稚的、错误的、荒诞的都不许批评。不仅不允许公开的口头批评，就连以怀疑的笑容、神态，手势等形式的隐蔽的批评也不例外。这一原则也要求与会者不能进行肯定的判断，比如，"×××的设想简直棒极!"因为这样会使其他与会者产生一种冷落感，也容易造成一种"业已找到圆满答案而不值得再深思下去"的错觉，从而影响创造性的发挥。

(3) 谋求数量原则

会议强调在有限时间内提出设想的数量越多越好。会议过程中设想应源源不断地提出来，为了更多的提出设想，可以限定提出每个设想的时间不超过两分钟，当出现冷场时，主持人要及时地启发、提示或是自己提出一个幻想性设想使会场重新活跃起来。

(4) 借题发挥原则

会议鼓励与会者用别人的设想开拓自己的思路，提出更新奇的设想，或是补充他人的设想，或是将他人若干设想综合起来提出新的设想。

3. 头脑风暴法的实施步骤

(1) 准备阶段

准备阶段包括产生问题，组建头脑风暴法小组，培训主持人和组员及通知会议的内容、时间和地点。

(2) 热身活动

为了使头脑风暴法会议能形成热烈和轻松的气氛，使与会者的思维活跃起来。可以做一些智力游戏，猜谜语，讲幽默小故事，或者出一道简单的练习题，如"花生壳有什么用途?"

(3) 明确问题

由主持人向大家介绍所要解决的问题。问题提得要简单、明了、具体。对一般性的问题要把它分成几个具体的问题。比如"怎样引进一种新型的合成纤维?"的问题很不具体，至少应该分成三个小问题：第一、"提出把新型纤维引人到纺织厂的方法"。第二、"提出一些将新型纤维引进到服装店的设想。"第三、"提出一些新型纤维引进到零售商店的设想"。

（4）自由畅谈

由与会者自由地提出设想。主持人要坚持原则，尤其要坚持严禁评判的原则。对违反原则的与会者要及时制止。如坚持不改可劝其退场。会议秘书要对与会者提出的每个设想予以记录或是作现场录音。

（5）会后收集设想

在会议的第二天再向组员收集设想，这时得到的设想往往更富有创见。

（6）如问题未能解决，可重复上述过程

在用原班人马时，要从另一个侧面或用最广义的表述来讨论课题，这样才能变已知任务为未知任务，使与会者思路轨迹改变。

（7）评判组会议

对头脑风暴法会议所产生的设想进行评价与优选应慎重行事。务必要详尽细致地思考所有设想，即使是不严肃的。不现实的或荒诞元稽的设想亦应认真对待。

（二）奥斯本法举例

下面介绍一个头脑风暴法会议的例子。

主持人：我们的任务是砸核桃，要求砸得多、快、好，大家有什么好办法？

甲：平常在家里是用牙嗑、用手掰，用门掩，用榔头砸、用钳子夹。

主持人：大家再想一想，用什么样的力才能把核桃砸开，用什么办法才能得到这些力？

甲：需要加一个集中挤压力，用某种东西冲击核桃，就能产生这种力……或者，相反，用核桃冲击某种东西！（反向思维）

乙：可用气动机枪往墙上射核桃，比如说可以用装泡沫塑料弹的儿童汽枪射。

丙：当核桃落地时，可以利用重力。

丁：核桃壳很硬，应该先用溶剂加工，使它们软化、溶解……或者使它们变得较脆……要使核桃变脆。可以冷冻。

主持人：鸟儿用嘴啄……或者飞得高高的，把核桃扔到硬地上。我们应该将核桃装在袋子里，从高处（例如在气球上，直升飞机上、电梯上，等等）往硬的物体（例如水泥板）上扔，然后把摔碎的核桃拾起来。（类比）

主持人：如果我们运用反向思维来解决问题，又会怎样？

丁：可以把核桃放在空气室里，往里加高压打气，然后使空气室里压力锐减，因为内部压力不能立即降低，这时，内部气压使核桃破裂，（发展了上一个设想）。或者使空气里的压力交替地剧增与锐减，使核桃壳处于变负荷状态下。在头脑风暴法会议进程中，只用 10 分钟就得到 40 个设想，其中一个方案（在空气压力超过大气压力并随即降到大气压力以下，核桃壳破裂，核桃仁保持完好）获发明专利。

## 二、KJ法

### （一）KJ法概述

KJ法的创始人是东京工人教授、人文学家川喜田二郎，KJ是他的姓名的英文缩写。

他在多年的野外考察中总结出一套科学发现的方法，即把乍看上去根本不想收集地大量事实如实地捕捉下来，通过对这些事实进行有机地整合和归纳，发现问题的全貌，建立假说或创立新学说。后来他把这套方法与头脑风暴法相结合，发展成包括提出设想和整理设想两种功能的方法。这就是KJ法。这一方法自1964年发表以来，作为一种有效的创造技法很快得以推广，成为日本最流行的一种方法。KJ法的主要特点是在比较分类的基础上由综合求创新，结合分类法、归纳法适用问题复杂、情况混淆不清，牵涉部门众多，检讨起来各说各话时的公司管理。

KJ法的优点是解决问题过程可以促进团队学习，开拓视野，突破部门藩篱，并获得整体的观点，有助于减轻内部矛盾，并将精力集中于解决问题，而不是内部耗损。

KJ法的困难在于需要较有经验的主管引导，否则不能有效的促成坦诚与开放的态度，并在分类与归纳过程，形成合理的共识。

### （二）KJ法步骤

KJ法的基本步骤人如下：

1. 准备

主持人和与会者4～7人。准备好黑板、粉笔、卡片、大张白纸、文具。

2. 头脑风暴法会议

主持人请与会者提出30～50条设想，将设想依次写到黑板上。

3. 制作卡片

主持人同与会者商量，将提出的设想概括2～3行的短句，写到卡片上。每人写一套。

这些卡片称为“基础卡片”。

4. 分成小组

让与会者按自己的思路各自进行卡片分组，把内容在某点上相同的卡片归在一起，并加一个适当的标题，用绿色笔写在一张卡片上，称为“小组标题卡”。不能归类的卡片，每张自成一组。

5. 并成中组

将每个人所写的小组标题卡和自成一组的卡片都放在一起。经与会者共同讨论，将内容相似的小组卡片归在一起，再给一个适当标题，用黄色笔写在一张卡片上，称为“中组标题卡”。不能归类的自成一组。

6. 归成大组

经讨论再把中组标题卡和自成一组的卡片中内容相似的归纳成大组，加一个适当的标题，用红色笔写在一张卡片上，称为“大组标题卡”。

7. 编排卡片

将所有分门别类的卡片，以其隶属关系，按适当的空间位置贴到事先准备好的大纸上，并用线条把彼此有联系的连结起来。如编排后发现不了有何联系，可以重新分组和排列，直到找到联系。

8. 确定方案

将卡片分类后，就能分别地暗示出解决问题的方案或显示出最佳设想。经会上讨论或会后专家评判确定方案或最佳设想。

## 三、列举法

### （一）列举法概述

列举法是一种借助对一具体事物的特定对象（如特点、优缺点等）从逻辑上进行分析并将其本质内容全面地一一地罗列出来的手段，再针对列出的项目一一提出改进的方法。

列举法基本上有三种：属性列举法、希望点列举法、优点列举法和缺点列举法。另外，我们常听见的SAMM法、功能目标法等，都是列举法的延伸应用。

1. 属性列举法（Attribute Listing Technique）

属性列举法（Attribute Listing Technique）是由Crawford于1954所提倡应用的思考策略。

属性列举法是偏向物性、人性的特征来思考，主要强调于创造过程中观察和分析事物的属性，然后针对每一项属性提出可能改进的方法，或改变某些特质（如大小、形状、颜色等），使产品产生新的用途。属性列举法的步骤是条列出事物的主要想法、装置、产品、系统、或问题的重要部分的属性。然后改变或修改所有的属性列举法。其中，我们必须注意一点，不管多么不切实际，只要是能对目标的想法、装置、产品、系统、或问题的重要部份提出可能的改进方案，都是可以接受的范围。

2. 希望点列举法

希望点列举法是偏向理想型设定的思考，是透过不断地提出“希望可以”、“怎样才能更好”等等的理想和愿望，使原本的问题能能聚合成焦点，再针对这些理想和愿望提出达成的方法。希望点列举法的步骤是先决定主题，然后列举主题的希望点，再根据选出的希望点来考虑实现方法。

3. 优点列举法

这是一种逐一列出事物优点的方法，进而探求解决问题和改善对策。

步骤：

决定主题；

列举主题的优点；

选出所列举的优点；

根据选出的优点来考虑如何让优点扩大。

4. 缺点列举法

缺点列举法是偏向改善现状型的思考，透过不断检讨事物的各种缺点及缺漏，再针对这些缺点一一提出解决问题和改善对策的方法。缺点列举法的步骤是先决定主题，然后列举主题的缺点，再根据选出的缺点来考虑改善方法。

（二）列举法举例

40多年前，世界体育运动开始蓬勃发展起来。日本一位名叫鬼冢喜八郎的人很快捕捉到了该信息，他想："要发展体育，运动鞋是不可缺少的。"为了占领这个市场，就必须要生产出优越于当时市场上销售的运动鞋。他决定生产运动鞋，由于受资金的限制，不可能研制新的运动鞋。于是，他从改进运动鞋入手。他选择了篮球运动鞋作为突破口，从市场上买来了各种篮球鞋，专门研究它们的特点，并通过各种渠道拜访许多优秀篮球运动员，请他们挑运动鞋的毛病以收集现有运动鞋的缺陷。队员反映："现在球鞋易滑，止步不稳，影响投篮的准确性。"经过反复调查和研究，他发现传统的篮球运动鞋的确容易打滑，止步不稳，使投篮的准确性大大受损。为了证实这一点，他还亲自试穿各种运动鞋到球场打球，从中体验，从而证实"打滑"是当时篮球运动鞋的主要毛病。找到了主要毛病，该如何克服它呢？他冥思苦想，百思不得其解。有一次，他在吃鱿鱼时，忽然发现鱿鱼的触角上长着一个吸盘，他立刻获得了灵感，想到要试制一种带有"吸盘"的篮球运动鞋。他决定把鞋底从平底改成凹底，这种凹底鞋克服了平底鞋的止步不稳的缺点，投放市场后，大受欢迎。经过一番反复试验，一种新型的凹底篮球运动鞋终于问世，当这种球鞋出现在琳琅满目的商店里时，立刻获得运动爱好者的青睐。从这个故事中，我们体会到了缺点列举法的好处。

## 四、检核表法

（一）检核表法概述

检核表法又称"分项检查法"。它是根据需要解决的目标（或需要设计的对象)，从多方面列出一系列的有关问题，然后一个一个地加以分析、讨论，从而确定出最好的设计方案。检核表法之所以能开发出人的创造力，帮助人们创造发明，原因是能够帮助人们突破旧的框架，引导人们从各个方面去设想，使人闯入新的创造领域。

在依据检核表的内容进行检核时，需要注意的是：一是要一条一条地去进行检核，不要有遗漏；二是要多检核几遍，这样效果会更好一些，或许更能准确地选择出所需要改革、发明和创造呐方面；三是在检核每项内容时，要尽可能地发挥出自己的想象力和创造力，这样就会产生出许多新的创造性设想。

在进行检核时，可根据需要，或一人检核，或多人检核，一般来说，3～8个人共同检核，既可以从检核表中产生出新的创造设想，还可以相互智力激励，产生出更多的新设想，这样，更有希望获得创造发明的成功。

（二）检核表法步骤

一般情况下，检核表法是从以下几个方面来进行检核的。

1. 根据设计单位的实际情况，是否可能对现有产品进行改型?

这个问题的提出有助于使设计产生意想不到的发明创造。例如，将蜡烛的形状变为球形，放在玻璃杯中使用非常漂亮；亨利·丁根将滚柱轴承的滚柱改变为圆球形，发明了滚珠轴承；将平面形镜子改变成各种各样的曲面形，便创造了令人开心的哈哈镜等。

2. 能否借鉴其他产品或相近似产品，并把其结构或部分应用到该设计项目中?

这个问题有助于使设计向深度和广度发展，形成系列发明产品。如从普通火柴到磁性火柴、保险火柴等，都是引入了其他领域的发明成果。山西一位建筑工人惜用能够烧穿邯板的电弧机烧穿水泥板，打洞又快又好，经过改进他发明了水泥电弧切割机。

3. 能否采用其他材料替换原有材料及工艺?

由于当前世界上某些资源相当紧缺，或是其成本昂贵，不易获得，或是原始材料使用得不合理，于是就得寻找其他的代用品，如用木料或塑料代替金属材料；用人造大理石、人造丝等代替天然物品；用充氩办法代替电灯泡中的真空等。通过取代、替换的途径，也可为想象提供广阔的探索领域，创造出更多的新产品。

4. 能否将现有的产品结构更换一下型号或更换一下顺序?

重新安排、更换位置通常会带来许多创造性设想。例如，飞机诞生的初期，螺旋桨在头部，后来装到了顶部，便成了直升飞机；原始的汽车喇叭按钮装在方向盘的轴上，每次按喇叭总要把手向上移到轴心上，既不方便，又容易失手肇事，后来有人把喇叭按钮改装在方向盘的下半圆周上，只要手指轻单击这个半圆的任何一处，喇叭就响起来，这种更换了一下位置的新式喇叭深受汽车业的欢迎。

5. 能否重新进行形态设计？

把原来产品的直线基调变为曲线基调或曲线基调变为直线基调；曲面变为平面或平面变为曲面；暗色调变为明色调或明色调变为暗色调；精变粗或粗变精等等。这样的重新设计都可能产生新的效果。

6. 造型风格是否取胜于其他同类产品或近似产品？

任何一项设计都可找到多个可被参考比较的同类产品或近似产品，当把各种各样的造型风格进行综合分析以后，并把其应用在所设计的项目中就可获得风格独特的新产品。

7. 现有的发明有元其他的用途（包括稍作改革可以扩大用途）？

例如，日本一家公司将吹发用的电吹风，用于烘干被褥，结果就发明一种被褥烘干机。

8. 现有发明能否引人其他的创造性设想，或者有没有可以借用的其他的创造发明，有没有其他地方见到过类似的发明等？

如果现有发明可以引人其他的创造性设想，就可以发明出新的东西来。例如，泌尿科医生引人微爆技术，消除肾结石，就是借用了别的领域的发明。

9. 现有的发明能否扩大使用范围，延长其使用寿命等等？

例如，在两块玻璃中间加入某些材料，可制成一种防震、防碎、防弹的新型玻璃。牙膏中掺入某种药物，可以使牙膏有治疗口腔疾病的功效。

10. 现有的发明可否缩小体积，减轻重量或者分割化小等等？

最初发明的收音机、电视机、电子计算机、录音机等体积都很庞大，结构也非常复杂，现在经过多次改革，它们的体积都比当初大大缩小，结构也相对简单多了，并出现了许多小型的或超小型的机器。

11. 现有的发明有无代用品？

例如：人们非常喜欢镀金手表，但黄金是一种稀有金属，价值昂贵，资源有限，人们就用其他金属来代替黄金。现有一种镀假金的手表几乎可以乱真。

12. 现有的发明是否可以颠倒过来用？

例如：火箭是向空中发射的，但是，人们要了解地底下的情况，将火箭改为向地下发射，就发明了一种探地火箭。

13. 现有的几种发明是否可以整合在一起？

例如，美国威廉发明的橡皮头铅笔，就是将铅笔和橡皮整合而成的。日本一家公司将卷笔刀与塑料瓶整合在一起，发明了一种能使铅笔屑不掉在地下的卷笔具。

使用检核表法解决设计方案，通常可以从几个问题中同时受到启发，经过综合形成最佳方案。如，贵州水城钢铁厂汽车运输分厂为满足民用建筑用砂的需要，制作了一台打砂机，使用时发现存在着不少问题。后来，由于生产的需要，要用这台打砂机来加工白云石矿粉，而且加工任务大。因此，必须对这台打砂机进行改革。他们就在检核表启发下、提出了对这台打砂机作出以下两点改进：一是延长锤子和筛子的使用寿命，减少故障；二是其维修方便。后来他们又派人去附近单位参观学习，根据类似的机器，提出几条改进打砂机的具体办法，新的打砂机比旧的打砂的生产效率成倍提高。

## 五、暗示法

### （一）暗示法概述

所谓暗示，指的是用含蓄、间接的方法对人的心理状态产生影响的过程。成语“望梅止渴”，讲的就是暗示的事例。暗示是一种意识与潜意识交互的心理过程，某种观念躲避意识的分析批判而悄悄从“后门”溜到潜意识中去，暗示就产生了。每个人都可以通过他人或自我，展开这种现象。当一个人每天有感情地全神贯注地高声朗读几遍激励自己的语句时，就能使自己所期望的目的同潜意识相沟通，进而调整心理防御机制，改变自我意象，并以此开始新的充满旺盛进取力的生活。在本书里，我们把这种通过暗示，引发潜意识能量，借以控制和指导创造活动的训练称作暗示法。

### （二）暗示法的作用

1. 暗示法能控制并指导主体的行动，使之按照预想目标活动，最终达到目的

著名心理学家 GH・布鲁克斯和谢布鲁做过的吊扣实验很能说明这个问题。实验是这样的：在白纸上画一个直径为 15 厘米的圆，标出直径 AB、CD、圆心 O，置图纸于桌面上。然后在铅笔的尖端系一根长约 25 厘米的细绳，绳间拴一个金属纽扣样的重物。然后水平地握住铅笔的另一端，使吊扣自上而下地悬在图中圆心 O 的位置，注意手不要太用力。继而，在只考虑直线 AB 的同时，沿直线由 B 至 A 移动视线。于是，吊扣开始沿直线 BA 摆动。沿直线 CD 移动视线时结果也一样。而后，越是想避免摆动它，越是不停地摆动。对这个很有趣的实验，布鲁克斯解释说：“当你考虑线绳的时候，你的思考便渗入无意识之中，不知不觉地在自己手上引起细微运动，……从而导致吊扣的摆动。”这个实验毋庸置疑地证明，自我暗示中的思考、默想和语言之类的活动，确实能够调动潜意识，转化为意识，从而对行为发生作用。这种实验结果的生成机制，充分说明了自我暗示可以引发潜意识活动，并最终支

配行动。看来，人的意识能量像一个能源宝库，当潜意识大脑通过五个官能，将外界辐射的感官印象和思想冲动进行归档、分类和登记后，就变成了个体所有，人们随时可以从中得到精神和思想的力量，就如同从电脑中存取信息一样。自我暗示就起着调动这些信息的作用。

2. 暗示可以将意识能量转化为物质能量

潜意识是人的有限大脑和无穷智力之间的连接线和加工厂，它是一个人随意获得无穷智能力量的工具，是运用心灵力量将思想冲动更改和转变为精神等价物的秘密过程。经验证明，当人意识到可以成功之后，潜意识中便积蓄了实现成功的能量，最终使成功成为可能。因此，对于训练者来说，如果调动了潜意识，引发了潜意识活动，就可以将意识能量转化为物质能量，促成创造的信念的坚定、成功的希望、克服困难的决心和勇气。这里，暗示恰恰充当了引发潜意识活动的重要角色。自我暗示者通过不断鼓励自己，反复给潜意识施加影响，使得不大愿意活动或不愿为人所知的潜意识行动了起来。潜意识的行动，又促成了意识力量的觉醒，并剧烈活动而转化为物质能量。例如，当人坚持提醒自己："只要用功努力，我一定会成功。"这种暗示就给潜意识施加了影响，使之行动起来，暗中支配意识，因而渐渐地"用功"起来，"努力"起来。这里，自我提醒就是一种自我暗示。这种自我暗示引发潜意识活动，进而转化为有意识的自觉行动，其心理学原因就在于：自我暗示会产生强烈的心理定势，并引导潜在动机产生行为，即潜意识根据已经与信念相符合的主观愿望形成一种意识能，从而指导主体行动。

3. 暗示可以诱使主体非智力因素发生作用，促成创造目标的实现

作为创造重要心理品质的兴趣、爱好、动机、目的、理想、信念、意志、情感等，都属于非智力因素。我们在前面已论证过，非智力因素的充分调动，是促进创造活动的非常重要的环节。如"疯狂英语"，实质上是强调在困难或基础较差情况下，明确学习目的，强化精神力量，自我暗示鼓舞，努力拼搏攻关，要求加强自我疯狂的激励意念，刻苦训练的大胆行动，进而转化为坚持"疯狂"地吼读英语，最后取得成功。"疯狂英语"上的一些警句如"热爱丢脸！欢迎挫折！享受痛苦！""勇往直前！追求成功！锻造辉煌！""咬牙冲过去的痛苦即是幸福的回忆！""我的誓言：我从今天开始疯狂！""我一定能讲一口最漂亮的英文！""挑战潜力！疯狂生活！昂扬激情！充满成就每一天！""我最强！我最能干！我最能吃苦！我肯定成功！""我要用我热情刻苦的疯狂，将英语变成随叫随到的忠实仆人！""用嘴巴疯狂一天的感觉，超过默默苦学十年！"这类标语口号性质的自我激励言语，实质上都是自我暗示。近十年以来，"疯狂英语"掀起了一个又一个热潮，千千万万的人，放开喉咙喊叫。一些原先对外语近乎一窍不通的人，用一年时间"疯狂"喊叫，渐渐

地，肩膀耸起来了，鼻梁勾起来了，成了地地道道的“美国人”！这是一种奇迹，是自我暗示的奇迹！所有这些，都为暗示这种心理意识活动的能量生成机制，给出了诠释和肯定。

（三）暗示法举例

暗示法有自我暗示和他人暗示、环境暗示和语词暗示等，我们这里重点介绍自我暗示。宋书文等主编的《心理学词典》（注：广西人民出版社 1984 版）认为：“自我暗示不是来自外界而是起自内心。”常见的自我暗示有呼诵法和催眠法。

1. 呼诵法

通过呼诵誓言口号来进行的暗示。如“疯狂英语”即集体呼诵法。

首先要制定呼诵语，内容要根据自己的目的而定，但应遵循四点原则：具体、直接、肯定。如：“注意力集中”、“我的记忆力好”、“我善于创造”、“我善于发明”、“我受人欢迎”等等。自我暗示的同时，要在头脑钟浮现出相应的形象来。如默念“注意力集中”，可以浮现自己认真学习的情形。

下面是稍长点的呼诵语，目的是改变自卑的心态。要真心去感悟它，接受它，要烂熟于心，坚持诵读不懈，肯定会有效果的：

我是世界上独一无二的人，我完全彻底地接受自己。我在脑海中只保留关于自己好的、积极的思想，我知道这些积极的思想会在我的生命中成为现实。我的眼光炯炯有神；眉心至鼻尖，光明润泽；我的双颊润泽，白里透红；我笑容满面，充满青春活力，充满温情甜蜜；我的嘴唇红润；我的整个面部容光焕发，富有青春气息，精神抖擞；我的头脑清醒，整个头部像泉水冲洗着似的，凉爽、舒适；我的肢体活动自如，充满力量；我的头发光明润泽；我全身的激素分泌正常；我身心健康，从容不迫、悠闲自在地生活。我的内心平静如水，我感到安详、舒适。我与山川、大地、天空、宇宙合一。我感到光亮、明净、舒适。我很健康，我很完美。我热爱自己，热爱生活，我每时每刻都在享受美好的人生。昨天的我已经消逝，今天的我才是生命的真实。随着每一天的来临，我的状况越来越好。我的举止行为与别人不一样，因为我与众不同，我每天都在成长。我摆脱了个人的缺陷。我对生命中的每一时刻都是积极的、勇敢的和热情的。我接受成功是自然的事，因为我已经具备了积极的心态。我知道我的个性是我态度的反映，我的态度是积极的，因此，我的个性也是积极的，人们对我的反应也会是积极的。我非常自信。在任何场合下，和所有的人在一起，我都完全自信。我的身体、心理、灵魂都很放松，紧张、压力、辛苦统统离我而去。我每天都充满自信、充满热情，镇定、平静地处理任何问题。我的整个身心都充满了安宁、祥和。我相信人都是善良的。在与他人交往时，我是宽容的。我喜欢寝室里的同学，我喜欢班级的同学。我的同学也喜欢我。我喜欢我的同事，我的同事也关心我。我放弃了有害的想法、虚伪的面具、消极的情感。我的心中充满着友爱、理解和宽容。别人消极的思想和行为无论如何都不能损害我。我高兴地放弃了生活中的旧观念、旧思想，我的头脑中充满着新观念、新思想。我思想解放，生活自由。我有积极的心态，聪明的头脑，我终生会有无数的好运气。我会生活幸福，事业成功。从现在起，我应该为迎接成功做一些实事了，我应该去行动了。

每天至少两次，多则不限，走在路上也可默想。①早上睡醒起床前，平躺在床上，默念口号两遍。②洗漱完毕，对着镜子，看着自己，举手握拳发誓一遍，然后自我欣赏。舒心微笑，显示出精神抖擞之飒爽英姿。③晚上睡觉时，全身放松，轻闭眼睛，在心里默念口号，然后会心微笑，渐渐入睡。④有条件的班组，可在老师或同学的组织下，在早读前集体朗诵发誓，然后互握朗笑，然后转入早读，可令人干劲倍增。

2. 催眠法

进入催眠状态下的暗示。具体做法是：①坐在椅子上，闭上双眼，脊背稍稍离开椅背。两腿不要靠拢，不能过于蜷回，也不能过于前伸，采取微微前伸，不太吃力的角度。把双手掌心朝下扣在膝盖上，再把它们翻过来时掌心向上。②暗示开始。请您在心中反复暗示自己："手翻过来。"并毫不违逆地顺从自己的暗示，以愉快的心情，配合着呼吸，轻轻地翻转双手。同时，把头逐渐低下来，身体也微微向前倾倒。手完全扣到双膝上，头低垂，身前顷，此时您的全身会松弛下来。③在心中重复如下暗示："身体左右摇摆，身体左右摇摆。"过一会儿，身体就自然摆动起来。以听之任之的态度，让身体摇摆起来，并把注意力集中于摇摆上。④接下来再反复暗示自己："身体转动起来，身体转动起来。"身体会自觉不自觉地转动起来。这时，您的心情会非常舒畅，注意力自然集中在身体动作上，进入了一是清晰的"催眠梦境"状态。⑤现在需要反复自我暗示："身体停下来。"身体便慢慢静止了。再反复自我暗示："身体向后倒下去。"使身体轻轻地仰靠在椅背上。⑥进入催眠状态后，心中反复默念自我暗示短语。如："我自信"、"我聪明"、"我善于思维"、"我善于求异"、"我会创造"等等。自我暗示的同时，要在头脑钟浮现出相应的形象来。⑦上述动作全部完成后，先伸伸懒腰，做做深呼吸，然后慢慢睁开眼睛，这次"催眠暗示法"的练习就结束了。

（四）注意事项

（1）制定短语，句子除了力求简洁扼要之外，还强调积极正向性。如果说："我不要颓废的情绪"，虽然没有说"差"，但这种消极的言语成分会将"颓废的情绪"的观念印在自己的潜意识中。因此要正面地说："我的情绪高昂!"

（2）发誓呼诵或默念时，要全神贯注，精力集中，郑重其事。气沉丹田，词句发自内心，声音铿锵有力，精神饱满，似有一股温暖而强大的力量在支撑着自己，坚信成功的豪迈之情表现在脸上。

（3）在每天活动过程中，保持心态轻松从容，心情畅快。经常憧憬、想象自己创造成功后的景象。保持笑容满面，精神抖擞。要相信自己一定能够成功，要相信有一股伟大的力量在支撑着自己去创造、去发明、去改革。

## 第三节 创造心理训练的命题技术

恩格斯曾把“具有能思维的脑子”，誉为“地球上的最美的花朵”。人类为使这“最美的花朵”开得更为灿烂，试图用不同的方法、不同的渠道、不同的形式培育之。创造心理命题就是其中重要手段。

命题是指“通过语句来反映事物情况的思维形式”。创造心理训练的命题技术是心理学家根据创造心理的结构和功能，设计的一些涵盖着发散与聚合、求异与变通、演练与信息分析这些操作手段，考察人的创造心理水平或创造思维样式的命题。

人类用不同的方法、不同的渠道、不同的形式培育大量的创造心理命题，涵盖了人类已有的全部经验，千年的长途跋涉和漫漫求索不仅为现代创造研究积累了大量的经验，也为创造心理命题奠定了厚实的基础。下面我们介绍的是近年我国心理学工作者创新的几种命题方法。他有几个明显特点：（1）这些命题从感性思维——理性思维——创造思维，从模仿——再创——创造，构成比较完整的、递进的训练体系。（2）把发展人的创造思维能力、培养正确的思维方式放在中心位置。它不只是一个简单的创造模式生成训练，它还包括心理活化和思维创新等训练。（3）将思维训练与心理心理结合起来，用来解决心理定型导致头脑僵化的问题，从而使心理摆脱定势的束缚、超越固定模式的局限。（4）将显意识训练与潜意识训练结合起来，把心理从潜意识的被束缚的“睡态”中唤醒，超越旧的思维层面，从更高的位置俯视自己的思维活动。

### 一、承续性命题技术

#### （一）承续性命题概述

承续命题也是采用经典案例作为命题材料，让被试从已有的信息进行有效推理或模仿，进而训练其再创造能力的命题技术。承续命题很接近我们在中小学作文训练的“后续”和“仿写”的形式，只不过训练的目的不同。

承续性命题所采用的经典案例多来自商界，表达的是在市场化条件下所产生的思维方式和方法。经典案例展现的是人们对商业筹划、运作活动的创造成果。它包括对市场机会的判别和把握，对产品的定位和消费者群体的确定，对潜在利益的准确预测和战略分析以及对商业活动各个环节的战术研究……经典案例着重在商界创业、营销、广告、商战等四个领域展开，将创造思维训练放置在五彩缤纷的案例背景之下作深入的命题探讨。

承续性命题是一种可操作性的思维命题。它的关键在于其严密性和科学性。同样一种操作，有人可以在事先看到结果，有人事后才恍然大悟。因此，在事先的筹划中，趋利避害就成为这一命题的必然轨迹。承续性命题是一种利益原则的思维，因此，对许多操作手段性质的考虑是非公益性的，而对于操作的可行性和实效性则是首位的。因而，承续性命题是实战型和实用型的。

承续性命题还具有可变性、可量性。可变性指的是“命题”是动态的，具有多种可能的演绎。可量性，也正是思维的严密性。它除了对投入和产出比要了然于胸外，还要随时能翻变出各类数字的花样以促成功。

（二）承续性命题的作用与意义

承续性命题采取模仿手段，训练被试的再创能力。承续性命题具有模仿与再创双重特质。承续性命题的功用把模仿设为创造的前提，让被试在模仿的基础上进行再创造，延伸原作的思维或提出新的理念。

承续性命题具有引领人们走向创造之路的意义。一般人对创造有畏惧之心，不敢尝试，而承续性命题是充分利用命题的惯势进行模仿，让被试在正确理解给定材料的基础之上，运用概念、判断、推理、分析、综合等逻辑思维的方法进行分门别类地筛选、加工，理出逻辑思路，提炼材料所反映的思想，具有逻辑牵引力；其次，承续性命题可以不断朝纵深方向探究创造的成因，做出突破性发现。也就是说既有其常态的一面，也有其创新的一面。

（三）承续性命题举例

承续性命题有三种类型：（1）简单模仿，基本是“照葫芦画瓢”如案例“慷慨的以旧换新”；（2）延伸性再创，仿照原案例的，另辟蹊径，如案例 2“麦当劳‘牛肉在哪里?’”；（3）充分发挥创造想象，将未了故事续做下去，如案例 3“亲兄弟的双簧戏”。

【案例 1】

**慷慨的以旧换新**[①]

1947 年，威廉·伯恩巴克与几位朋友成立了一家广告公司，正式营业后，

① 邱章乐，杨一华．商界思维．哈尔滨：黑龙江人民出版社，2004

纽约的奥尔巴克百货公司老板奥尔巴克先生来拜访伯恩巴克，请他为自己的公司做广告代理。

位于纽约古老的34街区的奥尔巴克百货公司，一向因价格低廉而为人们所熟悉。奥尔巴克先生不满意自己的经营状况，他希望能通过广告改变人们的固有印象，能够将奥尔巴克百货公司塑造成品位很高的时尚商店。

接受任务后，伯恩巴克经过周密调查，发现顾客之所以将奥尔巴克的公司作为廉价商场而少有光顾，主要是受到传统观念——便宜没好货的影响。伯恩巴克经过认真的思考，决定为奥尔公司确立一个鲜明的广告主题——“精致服装，低廉价格”，这也就是人们常说的价廉物美，并亲自创作了精美的系列广告作品。

其中，有这样一则广告：一张大幅照片占据了版面很大部分，画面上，一位青年男子挽着个年轻女子，一齐大步向前迈进，两个人都是笑容满面，青春的身体洋溢着满足得意的光彩。那个女子虽然看不见全身的正面形象，却可以通过其特有的神态，想到她有迷人的魅力。在画面的空白部分，引人注目地打上几行广告文字：

标题：“慷慨的以旧换新”。

副标题：“带来你的太太，只要几块钱……，我们将给您换个新女人。”

正文：为什么你硬要欺骗自己呢，认为你买不起最新与最好的东西？在奥尔巴克百货公司，你不必为买美丽的东西而付出高价钱。有无数种服装供你选择——一切都是全新的，一切都会使你兴奋。

现在就把你的太太带给我们，我们会把她换成一个可爱的女人——仅仅只需花上几元钱而已。这将是你有生以来最轻松最愉快的付款。

口号：做千百万的生意，赚几分钱的利润！

这则广告刊出以后，引起了消费者们的极大兴趣，人们纷纷来到奥尔巴克百货公司，有的消费者还给奥尔巴克打来电话，半开玩笑地要奥尔巴克履行承诺，给他们一个新的女人。就这样，随着广告的深入人心，奥尔巴克的公司被人们牢牢地记住了。

现在的问题是：请你模仿伯恩巴克的标题、副标题、正文、口号，再以“慷慨的以旧换新”为标题，为奥尔巴克百货公司做一个男性服装商场的广告文字。

**【解析】**　这则系统广告具有一定的普适性，因此，最简单的模仿就是把“太太”换成“先生”，把“女人”换成“丈夫”。当然，广告文字也要做适当调整，例如，“我们会把她换成一个可爱的女人”应改为“我们会把他换成一个伟岸的男人”等。

【案例 2】

## 麦当劳“牛肉在哪里?”

在美国汉堡包市场上，麦当劳占据着45%的份额，雄居榜首。汉堡包屈居第二，而排名第三的是万迪。

1969年创立万迪公司，经过十多年的努力，营业额已达到了麦当劳的1/4，万迪雄心勃勃，决心寻找机会向竞争对手麦当劳发起挑战。以便抢占更多的市场份额。1983年，这个机会终于来临。美国农业部的一项正式调查表明，麦当劳的双层四盎司牛肉馅巨型汉堡包，容量从没有超过三盎司（一盎司约28克）。万迪抓住这个有利时机，创造出了“牛肉在哪里”这个最著名的比较广告，而万迪的业务也得到了迅速的发展。

广告是由著名的影星克拉拉扮演，一位爱挑剔而又风韵犹存的老太太，来在一家餐厅里吃午餐，开始的时候，她眉飞色舞地盯着桌上的一个硕大的汉堡包，撕开以后却大惊失色：这么大的汉堡包，牛肉馅居然只有指甲片那么大。她左看右看，越看越愤怒，终于控制不住大声叫起来了：“牛肉在哪里?”接着响起了浑厚有力的话外音：“如果老太太能够去万迪用午餐，就不会发生找不到牛肉的情形了。”

广告发布以后，在消费者中激起了强烈的反响，“牛肉在哪里?”很快成为美国人的口头禅。甚至出现在美国总统的演讲里——蒙代尔竞选总统时用了这句话。该广告还被纽约国际广告大奖评为经典。这就极大地提高了万迪公司的知名度，万迪销售额当年比预计的还增加了18%。

现在的问题是：请你设想这则克拉拉广告十年之后，自己是万迪代理，想继续与克拉拉合作，将“牛肉在哪里”作进一步演绎，你能否承续原广告的影响力，设计一则有情节的广告。

**【解析】** 实际上，1984年，万迪又与克拉拉再度合作。这一次，克拉拉扮演耳聋的老太太，她从墨西哥返回美国，在机场，由于弄丢了返程入境卡不能入关。她一面回答验关人员没完没了地询问，一面惊慌失措地把口袋翻了翻，可还是找不到能证明自己是美国人的证件。后来，老太太实在忍无可忍，对验关人员大声叫嚷起来：“你难道不认识我？我是广告大明星!”接着便加上美国家喻户晓的那句话：“牛肉在哪里?”验关人员与受检的旅客们都被吸引过来，大家一下子认出了这位“爱挑剔的老太太”。随后爆发哄堂大笑。验关人员破例让他入境了。这则广告较好地开掘出克拉拉的个性资源和原广告的影响力，可供我们设计时借鉴。

【案例3】

## 亲兄弟的双簧戏

美国费城有两家廉价货商行——纽约廉价货商行和美国廉价货商行，两家正好门挨着门。有道是同行为冤家，两家店主犹如死敌，他们之间经常爆发舌战和价格战。一天，纽约廉价商店的橱窗中挂出一幅广告，上书：居民们看到这则消息，纷纷奔走相告，趋之若鹜。但同往常一样，没过多久，隔壁美国廉价商店的橱窗里赫然出现了这样一则广告：我店的被单与隔壁的相比，犹如罗密欧与朱丽叶的亲密关系一样，注意价格：每床5.95美元。这样一来，拥向纽约廉价商店的人们看到隔壁卖的比这里更便宜，马上放弃了这里的交易，转而拥向另一家廉价商店，一齐挤进店内，只消片刻，被单就被蜂拥而至的人们抢买一空。像这样的竞争在这两家商店之间可以说从未间断过。忽而东风压倒西风，忽而西风压倒东风，无尽无休。而当地的居民也总在盼望他们之间的竞争。因为他们的竞争会给人们带来好运气，可以用很少的钱就买到十分“便宜”的商品。除了利用广告相互压价竞争外，两家商店的老板还常常站在各自的商店门口，相互指责、对骂，甚至拳脚相加，场面十分激烈，但最终总有一方败下阵来，才能停止这场残酷的“战斗”。这时等待已久的市民们则好比在比赛场上听到起跑令一般拥向胜利一方的商店，将店内的商品一抢而空，不论能买到什么样的商品，他们都感到很惬意。就这样，两家商店的矛盾在当地最为著名、最为紧张，也最为持久。而附近的居民却从中获得了巨大的利益，买到了各种物美价廉的商品。他们总在盼望着两家商店的“战斗”再起，好使自己从中获益。这已经成了他们生活中不可缺少的一部分。

一晃，几十年过去了，两家商店的主人也老了。突然有一天……

突然有一天发生什么事情？请你续写下去。

**【解析】**　首先，我们对本案要有一个基本了解。商战如戏，亲兄弟的双簧戏目的只有一个：促销。他们平时的咒骂、威胁、互相攻击，都是人为扮演的。所有的“战斗”都是骗局。因为在他们两个人的“战斗”中，不论哪一方胜利了，只不过是由胜利一方把失败一方的货物一齐卖掉罢了。但如果仔细思量一下，其间还有点学问。首先，俩兄弟营造了竞价氛围，将顾客引入“二择一”的圈子，非此即彼，使人误以为捡了便宜；其次，见好就收，善得其终，连上当数十年的顾客也只能一笑了之。“烟幕战”，双簧戏也。据此，我们可续写如下：

……突然有一天，美国廉价商店的老板失踪了，铺面上了锁。大家再也看不到他们相互竞争的精彩场面了，感到很茫然，心里好像缺点什么。每一天，都在盼望出现奇迹：铺面又开张了，两家店主人开始“战斗”，但奇迹没有出现。过了一段时间，纽约廉价商店的老板也将自己的商店拍卖了，随后也搬走了。从此，附近的居民再也没有见到过这两个带给他们刺激和利益的怪人。终于有一天，商店的新主人前来清理财产时，发现了一桩令人费解的事情：两家商店间有一条秘密通道相连；在楼上，还有一道门连接两家老板的卧室。这是怎么回事？大家都有些惊讶，猜不透昔日“仇敌”的卧室为什么会相通。经过调查得出了一个让人哗然的结果：这两个死敌，原来竟是一对亲兄弟。回想他们演出的一幕幕闹剧，真让人哭笑不得。

## 二、信息加工命题技术

现代社会强烈要求的创新能力或者说创造力是什么呢？它实际上就是把头脑中那些被认为毫无关系的情报信息联结、联系起来的能力。这种并不关联的信息之间距离越大，把它们联系起来的设想也就越新越奇。人是不能创造出原始信息的，所以，创造力也就是对已有的信息再加工的过程。

### （一）信息加工命题技术概述

信息加工命题技术是利用创造思维的典型案例，从中抽取对信息进行有效加工的创造因子，进而命题的技术。

信息加工命题技术是基于以下特点：（1）利用创造思维的典型案例训练有助于探索人们在信息整合中可能出现的思维偏向和策略缺陷。（2）典型案例中的专业知识和冗余信息都会增加信息加工的困难，信息整合的领域中存在“少即是多”效应。（3）变化信息和干扰信息对信息加工的影响不同，状态信息尤其是表面突出的状态信息对人们的影响更大。（4）被试面临冗余信息的干扰之后，一旦形成某种错误的策略，就会产生一种思维定势，难以克服。（5）外部动机在大量信息的创造性整合中起到了反作用，不利于信息的创造性整合。

用创造思维的典型案例进行命题和以往心理学研究采用简单问题情景不同，信息加工命题技术力图还原现实，仿效现实决策中的复杂问题情景。其中涉及决策思维过程、创造性问题解决和信息能力三大领域，是一个跨领域的命题研究。对于信息量的提取和选择的研究，有利于从一个崭新的角度揭示创造性思维的信息加工机制和规律，有利于加快创造性思维能力的发展。因此，我们认为，创造性思维的信息加工的命题将会另辟一条心理训练的路径。

### （二）信息加工命题技术的目标

信息加工命题技术是在一个特定目标的指引下进行的，其最终目标也是实现这个目标。从确定如何收集信息、如何明确问题、如何加工信息、如何提出发散出多种供选择的方案，直到对多种供选择方案作出评价并形成最后的决定，都离不开目标的指引。如果目标不明确，那么整个命题过程都将是盲目的、混乱的，这样的命题其结果最终将是低质量的，甚至是错误的。而命题过程既承续了经典案例中原创者的创造精神，也包含了命题者的再创思维。从收集经典案例、明确问题、加工信息、发散出多种供选择的方案，直到对多种供选择方案作出评价并形成最后的决定，都需要命题者克服定势、打破限制、突破禁锢，产生新颖的、合理的、可执行的新方案。因此，命题过程也包含了创造性的顿悟过程。

（三）信息加工命题技术的环节

信息加工命题技术的环节简单说就是案例选择、抽取关键性信息要素、设计干扰信息、提出要解决的问题、设计评估方案五个。

1. 案例选择

信息加工命题技术的关键是选择有信息加工价值的案例。加工离不开信息，信息来源于经典案例，案例中的创造信息不充分或有偏差，命题必定质量低下。命题者的最大挑战，往往是在纷繁杂乱的案例信息面前，甄别不出有可供加工的信息资料，很难对信息进行选择，并提出一个有创意的完善方案。下面五个案例都选自邱章乐《商界思维》一书，都是讲成功者洞微商机，见微知著挖掘潜信息的故事。

【案例 1】　有这样一个故事：欧洲人涌入澳洲开拓殖民地时，有一个冒险者在澳洲奋斗多年，一事无成，以至于穷困潦倒，流落街头。一天，他偶然在海边钓到一条大鲨鱼，发现鲨鱼肚子里有个小皮包，包内有一张 50 天以前的英国报纸，报上报道说英国和一个国家爆发了战争。他从这条信息想到，战备物资需要大量羊毛，羊毛价格肯定会上涨，而当时澳洲羊毛严重滞销，价格极低。而从英国开来澳洲的船，至少要于过一个星期才能到达。于是，他开始大量收购羊毛。一星期后，消息传来时，许多经商的人都转而做羊毛生意，羊毛价格直线上升。这位冒险者靠这条信息一夜之间成了百万富翁。

【案例 2】　1982 年 2 月，爱尔——基琼火山爆发，喷出的大量火山灰遮天蔽日，经久不散。敏锐而有心的美国学者推断出来该年气候异常，世界许多地方将比平时出现更多的自然灾害，预计全球的农作物将明显歉收，因而世界粮食市场的价格将暴涨。由于美国上年储有大批粮食，因而他们决定减少三分之一的耕地面积，以进一步刺激粮食价格的上涨。次年，气候果然异常，造成世界粮食产量严重下降，而美国却成了唯一的粮食出口国。由于粮价上涨了一点六倍，迫使当时的苏联不得不削减军费，用高额外汇去买粮食。美国的这一招可谓一箭双雕。

【案例3】 李光前是著名爱国华侨陈嘉庚先生的女婿，新加坡的华人企业家。一次，一位英国商人要回国，打算把1000英亩胶园以10万元价格卖出。李光前调查之后决定购买，却遭到了他的岳父陈嘉庚先生的反对。陈嘉庚先生认为胶园附近经常有猛虎出没，危害人的生命安全，许多工人都不敢去割胶，这样即使胶园再便宜也没有什么价值。而李光前则通过调查了解到，政府已经计划在该胶园附近修建公路，有了公路，人来车往，老虎就会绝迹。李光前分析后认为，胶园价格肯定会涨起来，他坚持己见，筹钱把胶园买了下来。不久，李光前的预言变成了现实。政府在此胶园附近修建公路，胶园价格暴涨了2～3倍。1928年，李光前把这个胶园以大约40万元的高价售出。这样，在短短的一年内，李光前就净赚了30万元左右。他用这笔钱创办了自己的公司。

【案例4】

1975年3月的一天，美国亚默尔肉食加工公司老板亚默尔正坐在沙发上翻阅当天的报纸。突然，一则几十个字的消息让他差点跳了起来：墨西哥发现了瘟疫病例！他由此想到：如果墨西哥发生了瘟疫，就一定会传染到与之接邻的美国的加利福尼亚州和德克萨斯州，而从这两个州又会传染到整个美国，加州和德州又是美国肉食供应的主要基地。这样，肉和肉制品一定会大幅度涨价。他马上叫来家庭医生亨利，让他到墨西哥去实地考察瘟疫情况。几天后，亨利回电证实那里确实发生了瘟疫，而且非常厉害。亚默尔接到电报后，立即集中全部资金购买加利福尼亚和德克萨斯州的牛肉和生猪，并及时运到病历国东部。不久瘟疫传染到美国西部的几个州，美国政府发布紧急命令：严禁一切食品从这几个州外运，当然也包括牲畜在内。一时间，美国市场上肉类奇缺，价格暴涨。亚默尔在短短几个月里，净赚了900万美元。

【案例2】 陈家和是新加坡著名的“玻璃大王”，他从玻璃学徒成长为“玻璃大王”，正在于他能正确地对信息做出分析判断，及时把握住了商机。60年代初，新加坡政府制定了扩大城市建设的“大新加坡计划”，听到这个消息，陈家和马上断定这里边蕴藏着很大的商机。因为他知道，现代建筑设计的变化，使城市建筑逐渐由“水泥丛林”变成了“玻璃丛林”。开始，陈家和以每月100元的租金租下了半边店面，起了个派头不小的店名：“和兴镜庄玻璃工程”。两年后，又改名为“和兴玻璃工程有限公司”。1973年，这家公司正式建厂生产玻璃。由于经营有方，经济收入节节上升。于是，他又成立了“和兴投资控股有限公司”，自任公司董事长。同时，他还是和兴玻璃工程有限公司等八大公司的负责人，成为新加坡玻璃行业中首屈一指的企业家。

应当说，这五个案例都有创造价值：鲨鱼肚子里的一张旧报纸，火山爆发而喷出大量火山灰、政府计划修建公路，或制定扩大城市建设的计划，某地发现了瘟疫……这些大众信息或潜信息都成为商界创造的起点。选择经典案例有两点值得注意：(1) 有创造价值，并不等于信息加工价值，还要看它可否进行强化处理，使案例符合命题要求。从爱尔—基琼火山爆发中获得的这个潜信息是有价值的，但如果没有减少三分之一种粮面积的强化手段，其价值就不可能如此之大。看来，善于捕捉和挖掘潜信息是重要的，善于采取果断的措施也同样重要，而且可能更重要。(2) 挖掘案例中潜信息必须有对显信息的综合分析能力。墨西哥发生了瘟疫，这对于他的肉食加工公司来说，几乎毫无价值，但是，正是在这个表面上没有价值的信息背后，我们挖掘了这样一个很有价值的信息：肉类会涨价。我们从这里可以看出：有慧眼，才能把这纷扰世界看个清清楚楚明明白白真真切切；有思想，才能洞微烛幽，见微知著，把信息转化为商机。

2. 抽取关键性信息要素

以亚默尔案例为例，我们抽取了下面的 6 条必要信息：

(1) 美国居民最常吃的食物是牛肉；

(2) 墨西哥刚刚爆发了一种罕见的畜牧类瘟疫；

(3) 此瘟疫在畜牧类动物（如猪、牛、羊）中传播非常快，全世界都还没有方法成功地控制这种瘟疫的快速传播；

(4) 德州是美国最主要的牛肉产地，占全国牛肉产量的一半；

(5) 德州与墨西哥接壤；

(6) 美国法律明文禁止疫区食品外运。

这 6 条信息有内在的逻辑关系：都是围绕“牛肉”和“牛肉产地”展开的，其心理定势存活于“牛肉的买卖”和“何时买卖”上。

3. 设计干扰信息

仍以亚默尔案例为例，在上述 6 条必要信息的基础上，增加了与“德州牛肉”问题无关的 14 条干扰信息。干扰信息分为两类：一类是状态信息（关于美国地理、文化等方面的信息），一类是变化信息（关于禽流感发生的变化信息）。

(1) 墨西哥刚刚爆发了一种罕见的畜牧类瘟疫。

(2) 此瘟疫在畜牧类动物（如猪、牛、羊）中正快速的传播，势不可挡。

(3) 人吃了染上瘟疫的动物也会引发严重的传染病。

(4) 由于此类瘟疫之前从未出现过，国际上亦对此束手无策，估计数月内都无法控制。

(5) 美国民众各大媒体争先报道墨西哥某个村被封锁的消息。

(6) 最近亚洲又出现禽流感，日本、韩国正处于禽流感的恐慌之中。

(7) 据研究候鸟迁徙是禽流感传播的重要途径之一，因而无法控制。

(8) 到目前为止，国际上对禽流感尚无有效治疗措施。

(9) 国际卫生组织在日内瓦研讨目前的严峻局势。

(10) 美国德州占地69万1千30平方公里，是全美面积第二大州，与墨西哥接壤。

(11) 德州是美国农业与畜牧业的重镇，也因此孕育出了牛仔文化，同时也是美国最主要的牛肉产地，占全国牛肉产量的一半。

(12) 由于德州牛肉的产量巨大，因而一直有大量库存牛肉。

(13) 美国的加州是禽鸟类生长的天堂，是美国最主要的鸡肉生产基地。

(14) 美国居民最常吃的食物为牛肉和鸡肉。

(15) 牛的饲养是美国最重要的畜牧产业之一。

(16) 牛奶被认为是美国人强身之宝，美国的小孩每天要喝大量的牛奶。

(17) 快餐是美国一般居民的主要食品之一。

(18) 鸡肉是美国快餐的主要原料。

(19) 美国法律明文禁止疫区食品外运。

(20) 一旦出现畜禽类无法控制的疫情，国际上都会采取地区封锁以及大面积销毁的措施。

4. 提出要解决的问题

亚默尔案例的问题是：(1) 你根据这些信息，做出一个投资建议。(正确的答案是：以最快的速度在德州大量收购牛肉，外运到其他州储存起来。几个月以后，当墨西哥的畜牧瘟疫传到德州，德州牛肉禁止外运，导致牛肉价格暴涨的时候再出售) (2) 从中分辨出干扰信息和必要信息（必要信息6条，干扰信息14条，见上文)。

5. 设计评估方案

采用个别训练，让被试设想出答案（或没有想出答案但是到了截止时间）之后，要求被试进行口头报告，回顾自己是排除冗余信息选择出答案的，报告自己“开始怎么想、其后怎么想、最后怎么想”的。

评估方案重点考察被试对信息加工的创造水平，强调创造顿悟的结点。仍以亚默尔案例为例：在该案例中需要对6条必要信息作出创造性地加工，其中有两个需要顿悟的结点：首先要由“(2) 墨西哥刚刚爆发了一种罕见的畜牧类瘟疫”。和“(5) 德州与墨西哥接壤。”以及“(3) 此瘟疫在畜牧类动物（如猪、牛、羊）中传播非常快，全世界都还没有方法成功地控制这种瘟疫的快速传播”。这三条信息综合而得出“德州即将染上此种畜牧类瘟疫”；再进一步发现“(4) 德州是美国最主要的牛肉产地，占全国牛肉产量的一半”。和，“(1) 美国居民最常吃的食物是牛肉”会产生牛肉生意也许是一个不错的商机，形成初步的意向。但这里还有一条必要信息“(6) 美国法律明文禁止疫区食品外运”。这就是第二个顿悟点：需要将牛肉外运出德州，待到德州牛肉封锁时，全美牛肉的供应将一下子紧缺起来，因而此时抛售早已运出德州的大量库存牛肉，将获得很大的利润。由此可见，这 6 条信息都对此决策的形成有着必要作用，只有将这 6 条信息进行充分加工才能得到一个独特的有创意的可行的决策。这个过程需要顿悟的存在，是一个创造性的信息加工过程。这也符合“低进高出”理论，这 6 条信息都是现实生活中或者已存在或者刚发生的一些看似并无价值也毫无关联的分散信息，产生一个“可行的”且“创新的”（别人不容易想到的）方案。因此从零散信息到形成一个好的方案的过程亦是一个创造性的信息加工过程。

评估方案还应落实在答案的正确性上。亚默尔案例必须包含四个要点：“在德州大量收购牛肉”、“运出德州”、“先储存起来”、“等待牛肉涨价再卖”，且这四点以外没有错误的要点。

## 三、虚拟情境命题技术

所谓虚拟情境，是指问题呈现的方式脱离控制性情境，是用文字、影像等刺激形势展现问题情境，让被试设想在一定情境中解答问题，达到思维训练与评估的目的。随着计算机的普及，网络虚拟实验环境也可以提供一些在现实中无法体验的情景。网络虚拟实验是在 Web 中创建出一个可视的三维环境，如各类卡通动画，演义现实情节，创设问题情境。其中每一个可视的三维物体代表一种实验对象。通过鼠标的点击以及拖曳操作，用户可以进行虚拟的情境训练。网络虚拟实验室实现的基础是多媒体计算机技术、网络技术与仪器技术的结合。虚拟仪器技术与认知模拟方法的结合也赋予虚拟情境的智能化特征，被试可以自由地、无顾虑地进入虚拟情境中扮演虚拟角色，进行各种训练。它不仅能够使训练的空间无限扩展（可用于远程训练），更加重要的是可以增加命题的真实性，使被试产生“身临其境”的体验，甚至和异地的被试进行同步对比训练。美国著名未来学家阿尔温·托夫勒在《第三次浪潮》中指出“虚拟智能环境可能最终将不仅开始改变我们分析问题和综合情况的方法，并且将开始改变我们大脑的物质组成和化学性质。”可见虚拟智能环境对人的大脑的重要作用。虚拟情境的关键在于情境具有何种问题。问题是引起思维活动的重要条件。当人们面临疑问时，总是倾向于消除这种疑问。这种倾向不会因虚拟情境而影响人们的思维活动。因此虚拟情境所设置的各个问题环节，都是以思维活动为中心。

虚拟情境命题类型按其形式和内部程序设计原理可分为场景式、游戏式两种。

### （一）场景式

场景是具体的、可感知的，它是一种微观社会环境，具有一定的边界区域，前面我们已经强调，那些宏观的政治经济制度、历史文化传统等所谓社会大环境虽然对人的行为起着根本性的决定作用，但不能称之为场景。场景与人的活动之间存在着交互作用关系，它总是由人构建、创造出来，又反过来影响着人的行为，制约着社会事件发展的。场景式虚拟情境可以很有效地弥补自然情境的不足。如下面一道情境训练：

一家旅馆招聘侍者，前来应聘的人很多。老板想考考他们："有一天当你走进客人的房间，发现一女客正在裸浴。你应该怎么办?"

这样的情境是无法用自然情境或模拟情境展现的，因为这类场景很令人难堪，但用虚拟的卡通场景就比较合适。卡通场景不仅可以设计出那些在训练中不能再现的难堪场景，还可以以切换场景的方式演义考场情景。如上面这道测题，可以展现众人抢答的场景：有的说"对不起，小姐，我不是故意的。"有的说"小姐，我什么都没有看见。"……这样虚拟的场景可以增加真实感，使问题情境得以延伸。场景展示到此告一段落，被试回答后，再以画外音告之老板满意的回答并给以讲解：

"老板满意的回答是'对不起，先生！我不是故意的。'明知对方为女士，却称其为先生，不仅解除了自己的难堪，也为对方创造了慰藉，可谓大智若愚，机变有术。"

（二）游戏式

主要用于考查被试操作应变能力。无论 RPG、SLG 还是 ACT，用于训练的软件和被试应构成统一的、动态的多层模型系统。训练本体包含游戏内核（内层）和交互层两层。通过交互层，游戏可以有效地向被试展示内层的某些信息，又能接受被试者的输入，交互层是被试眼中所能见到的游戏。而内层对被试者来说相当于一个黑箱，被试者通过交互输入一定的行为，内层根据自己的内部机制产生一定的反应，又通过交互层输出。这种根据一定输入决定产生什么样输出的内部机制对被试来说是不可见的。一个设计出色的智能游戏必须要细心地隐藏内层的运行机制，因为内层的运行机制一旦泄露，被试者完全掌握了其规律，训练在被试者眼中将失去一切挑战性和趣味性。则训练的生命周期也就至此结束了。

例如下面这个侦探游戏：

你赶到××女子住宿学校时，劫持案已经发生了。有人在学校后面长满牵牛花的小溪边发现了美术系女生马丽的图画夹和写生用的其他用品，马丽的画夹，上面只画了几朵盛开的牵牛花，未画藤和叶。草地里还有从马丽外衣上掉下来的一粒纽扣。在场的住宿生说她们最后一次看到马丽是早晨 7 点钟。

在发案现场不远处，有汽车停留的痕迹，根据车轮压过的印迹，这是一部“雷诺牌”快速越野车。据守门人反映，这天有三部这种越野车进出大门，一部是上午 8 时出门向东驶去，一部是上午 9 时出门向南驶去，一部是上午 10 时出门向西驶去。到底向哪个方向追捕劫持犯呢?

你如果选中向东，请按 1 键；你如果选中向南，请按 2 键；你如果选中向西，请按 3 键。

……

（如果你选中按 2）你开车向南追捕，你追呀追，最后筋疲力尽，无功而返……

（如果你选中按 3）你开车向西追捕，你追呀追，最后筋疲力尽，无功而返……

（如果你选中按 1）你开车向东追捕，因为你知道马丽是在画牵牛花时被劫走的，而牵牛花只有早晨才盛开，过了上午 9 点钟就开始萎谢了。根据马丽未完成的画稿，你断定发案时间应是上午 8 点之前。现在你来到三岔路口，这里有三道车辙，……第一道车辙约 5 厘米宽，向东拐；第二道车辙前后轮相距约 3 米，向西拐；而第三道车辙不很清晰，照直向南开。

你如果选中向东，请按 1 键；你如果选中向西，请按 2 键；你如果选中向南，请按 3 键。

……

每一次正确选择，都会引发新的问题，而新的问题是非重复性的，而在难度上是递进的，直至被试失败。这就如运动员跳高，每一次成功，都会面临新的高度。在训练过程中，被试获得操纵权后，进行输入。引发某个事件（显然单线 RP6 游戏同一时刻只可能引发一个唯一的事件），被试操纵权被剥夺。当事件完成后，操纵权又被赋予被试，用来引发下一个事件。被试就是这样不停地交替地被赋予和剥夺操纵权，训练也就这样按设定的轨道发展下去。所以被试实际上只拥有决定何时引发事件的权利（被试的能力高低就在于是否能很快找到引发事件的“点”，能力低者会淹没于 RPG 游戏中各种信息的海洋中，不知那个信息是决定事件发展的关键），而不具有任何决定事件发展顺序或事件本身的权利。这种动态的多层模型系统，就构成游戏式虚拟情境命题的灵魂。

## 四、求异性命题技术

### （一）求异性命题概述

求异性命题的目的是设计一些含有不同的结论的训练测试题，让被试沿着不同方向思考，使之敏于生疑，敢于存疑，勇于质疑，并由此源源生发出新异、多彩、多元的新构思、新思想、新思维，把思维从狭窄、封闭、陈旧相因的体系中解放出来，在一个新的领域中进行思维的创造性、开拓性的辐射与复合。显然，求异性命题的设计业需要高度的操作性思维参与。

（二）求异性命题原则

求异性命题并不是让人们不着边际地去胡思乱想，去异想天开，去任意蛮干。它虽然没有固定的模式，但有一些原则性的方法。一是大跨度的求异命题方式。用广博的知识，集智慧之大成，触类旁通，大跨度地思维，从各个方面去把握事物整体关系的"形象"，抓住了事物的机理，深入探索，寻求命题和解题之间的关系。二是整体的求异命题方式。把相互关联的命题作为一个完整的、有机的体系，进行系统的分析。正确区分部分与整体、微观与宏观、特殊与普遍、具体与抽象等的辩证关系，从整体中把握部分。三是综合集成的求异命题方式。这是系统思维的一种表现形式。当人们每日驰骋在古今中外浩瀚的知识海洋里的时候，绝不应良莠不分，像一块巨大的海绵，无批判地兼收并蓄，而是极善于去伪存真，去其糟粕，取其精华，予以辩证地否定即扬弃，批判地综合集成一切有用的知识。因而，总能在无边的知识海洋里，不断发现鲜花遍地的绿洲。四是逻辑思维与非逻辑思维相结合的求异命题方式，注重于思维的多维度与多侧面。

（三）求异性命题举例

1. 斜面思考法

有一个容积为 1 升的木升。试问，不用其他量具，只用这个木升，怎样才能准确地量出 0.5 升的米来？

**【解析】** 只要把木升倾斜成 45 度角就可量出 0.5 升的米。但平常人们对于量米的问题，总是习惯于从水平的角度来考虑。这种习惯思维使被试者找不到解决这一问题的办法。因此，要摆脱习惯思维，还应善于运用倾斜思考法。倾斜思考法的本质是求异，即打破习惯定势，从多维度去寻求解决问题的技法

2. 情境推导法

一幅绳梯悬挂在轮船舷侧，有一丈露在海面上，潮水上涨时速为 6 寸，问多少时间后绳梯只有 7 尺露在海面上？

**【解析】** 有人坚持认为 5 小时后绳梯只有 7 尺露在海面上。当他们被告知"水涨船高"这一因素时，才恍然大悟。

他们为什么不能正确地回答这一问题？这是因为"多少时间后绳梯只有 7 尺露在海面上"这句话，往往使被试者不去考虑绳梯会不会只有 7 尺露在海面上，而是考虑何时只有 7 尺露在海面上；而且问题中的那些数字引导被试者去计算。而且故意有丈、有尺、有寸，这样给被试者一种印象，似乎要设法把丈化为尺，把尺化为寸。于是"计算"这种心理倾向强烈地吸引他们的

注意，使他们全神贯注，以至忽略了在问题情境中隐蔽的，但却是最重要的“水涨船高”这一情境变化因素。该事实表明，要有效地解决问题，必须注意隐蔽的情境变化的因素。

3. 形象换元法

埃及金字塔高耸入云，巍巍壮观。但是它究竟有多高？这个谜曾经困惑了许多人。

有一天，古希腊的哲学家泰勒斯来到金字塔下，深为金字塔的非凡气势所折服。当他听说自公元前3000年埃及人建造金字塔后，竟无人能测量出它的高度，大为惊讶，便答应用最简单的方法解决这个千古难题。

一天上午，阳光明媚，金字塔下人山人海。泰勒斯和他的助手带了一把尺子来到金字塔下。开始，太阳斜照着，人影很长；太阳越升越高，人影越来越短。当助手测得泰勒斯的影子长度跟其身高一样时，泰勒斯立即将金字塔的影子做上记号，并用尺子量出影长。然后，泰勒斯当众宣布，这个影长就是金字塔的高度。当即，人群沸腾了，大家都被这位哲学家的智慧所折服。

一个千古难题，解决得如此巧妙简当，其奥秘是什么呢？

**【解析】**　其实，泰勒斯用的是形象换元法（当时的人们，对于三角形相似的一些性质，还不甚了了）。当泰勒斯的影子长等于身长时，构成了一个等腰直角三角形。同样，金字塔中心垂线也与其影子构成了一个等腰的直角三角形。泰勒斯巧妙地运用两个形象（人和金字塔）之间的关系，解决了问题。

形象换元，属于形象思维的组成部分，它借助形象（如事物的形体、色彩等）之间的逻辑关系，推导出未知形象的相关结论。它是对形象信息进行加工处理的思维，是一个促进感性映像上升为理性意象的认识过程。泰勒斯的形象换元法是通过置换系统内的元素或联系，从而使系统产生变化的变通思维。换元法关键的一步在于发现并决定可以相互代替的事物及其等值关系和实施代替的具体办法。这种相互代替的事物的等值关系和实施代替的具体方法，构成了解决问题的途径和发明新方法的摇篮。

4. “哥丹结”思维法

“哥丹结”思维就是还原思维。任何创造活动，都有创造的起点和创造的原点。创造的原点是唯一性的，而创造的起点却有无穷性。深入研究事物的原点，回归本质原点，从原点上解决问题，这就是“哥丹结”思维的根本特征。

公元前333年的一个冬天，亚历山大率领马其顿军队进入了亚洲的哥丹城。在城里，亚历山大听到了一个著名的预言：城中有一个非常复杂的“哥丹结”，谁能够打开它，谁就能成为亚细亚王。

亚历山大对这个预言非常感兴趣，让人带他去看看这个难解之结，并试图打开它。可是，亚历山大尝试了几个月，也无法找到解决的办法。他茫然没有头绪，自问道："我用什么方法才能打开这个结呢？"有一天早晨起来以后，他突然恍然大悟：我只要按照"打开这个结"的规则去做就可以了。他只用了一个很简单的方法，就打开了那个节。亚历山大因此扫清最后一个障碍，成为亚细亚王。

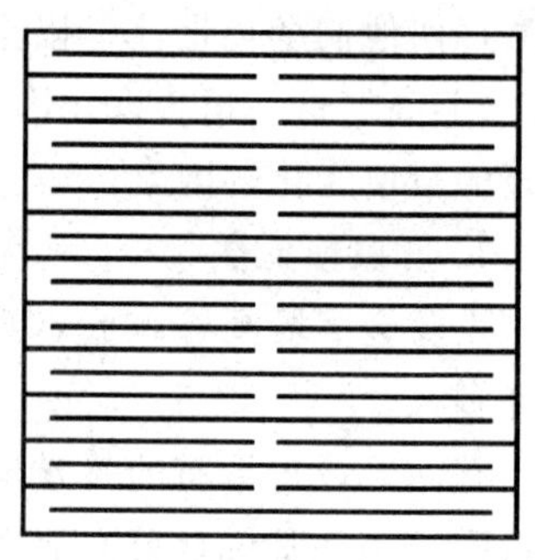

那么，亚历山大是怎样打开这个结的呢？

**【解析】** 亚历山大挥起手中的剑，一下子将"哥丹结"斩成了两半。这是一个典型的还原思维方式。遇到难以解开的结，只要将这个问题限定在"打开就是成功"的规则上就可以了。

5. 荒诞思维法

有些名人的想法看起来很荒诞。

爱迪生 5 岁那年，从家里拿了好多鸡蛋，一动不动地蜷伏在干草堆里孵小鸡。原来，他看见母鸡孵蛋，觉得很有趣，便决定自己亲自试一下——这当然是荒诞之事。

爱迪生 10 岁那年，看见小鸟在天空中自由地飞翔，就想：人为什么不能飞呢？他联想起用柠檬酸加苏打制成的"沸腾散"，可以产生大量的氧化碳，说不定用这个方法可以使人像鸟一样飞来飞去呢？于是他找人做了试验，让他的合作者喝了大量的"沸腾散"，看看能不能飞起来——这当然也是荒诞之事。

爱迪生 15 岁那年，认真地研究了如何把一块铜熔化，再加点其他什么金属，使它变成金子——这当然更是荒诞之事。

爱迪生后来却做了许多可能的事，例如把声音留下来，把电码传到千里之外，把开水浇到 120°等等。他一直到 70 岁还是童心未泯。

有一次，他拿出一张纸，这张小纸宽 1 寸，长 1 寸，没有巴掌大。

他对膝下儿孙说："有什么巧妙的方法能够把这张纸剪出个洞，并使你从中钻出来钻进去呢？大概你们又会认为这是不可能的荒诞之事。但是，所有荒诞的事，都是暂时的。这个游戏，只要异想天开地动动脑筋，你就会懂得这么一个道理：许多荒诞不可能的事，原来是那么简单地可能了。

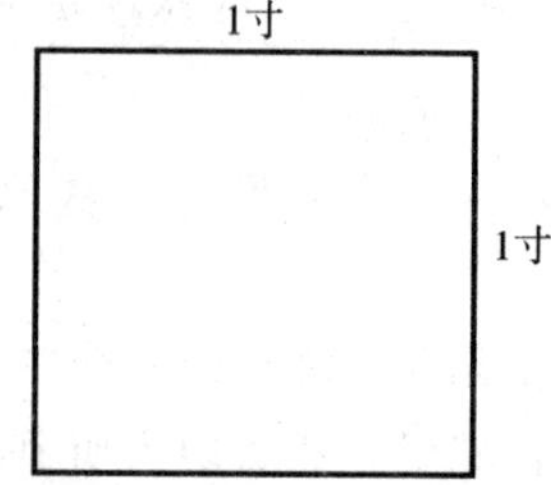

从方寸大小的纸中钻来钻去，你可能吗？

**【解析】** 如图所示，沿着纸上的线剪开再展开，即可让人钻进钻出。这是把“面”变为“线”的做法。

6. 造势思维法

造势是指在思维的过程中，调动已有的全部信息，创造有利于解决问题的条件，从而将弱势逆转为强势，将不可能的事情变为可能。

伟大的印象派画家毕加索，少年闯荡巴黎的时候，默默无闻，非常贫穷。他的画一张也卖不出去，因为画店老板主要是经营一些名家的画，可是，当时毕加索的名字没有任何的光彩。

当毕加索的口袋里只剩下15个银币时，他决定孤注一掷。他雇用了几个大学生，让他们每天都在画店里转悠，每个人在临走的时候都要询店老板：“请问，你们这里有毕加索的画吗？……”“请问，在哪里能买到毕加索的画？”“请问，毕加索到巴黎来了吗？”

请问，毕加索这样做使用的是什么计谋？请想象后面发生了什么事情。

**【解析】** 毕加索使用的是造势变通之计，也就是在绝望中造就了一个先声夺人之势。他雇用了几个大学生在画店里转悠，不到一个月，巴黎大大小小的画店老板的耳朵里都灌满了“毕加索”几个字，他们多么渴望能够见到这个先声夺人的毕加索！直到这时，毕加索才露面，他带着自己的画出现在如饥似渴的画店老板面前，成功地拍卖了自己的作品，一夜成名。这是针对那些画店老板根深蒂固的社会偏见而设计的“小动作”。如果他要按照社会的惯例，耐心地等候画界的接纳，也许会比另外一个印象派的大师凡·高的命运更加悲惨。凡·高是在饥寒交迫中用子弹结束了那颗伟大的、天才的大脑的活动。现在，全世界都接纳了毕加索的艺术。人们微笑而宽容地谈论着当年毕加索自我拍卖——一夜成名的怪招，因为他的画毕竟是真正的艺术瑰宝。

# 第八章　创造心理测量

【知识框图】

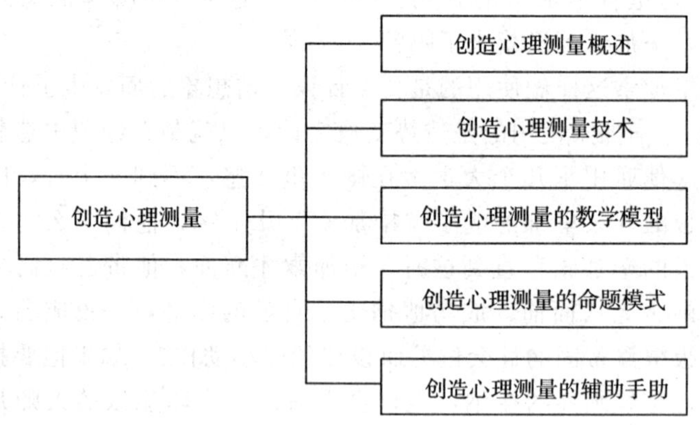


任何学科的发展和腾飞都必须借助于测量。许多现代科学的理论是在有了合适的测量工具后才赖以构建自己的体系的，例如过去我们对温度的感受是十分主观和粗略的，就像目前对创造心理众说纷纭的解释一样。后来发现物质有热胀冷缩的性质，也就是发现温度的升降与物质体积有正相关，于是发明了温度计。温度计发明之后，热力学才随之诞生和成熟起来。创造心理学应是本世纪的领航学科，全世界有众多的学科期盼着这架航母早日出港，以引领万架快艇遨游学术之海，但由于没有常效实用的测量工具，这架航母还处于待航状态，这是令人十分遗憾的事。故创造心理测量的研究成为亟待攻克的难关。

# 第一节　创造心理测量概述

虽然西方学术界公认吉尔福特于1950年的演说辞标志着创造性心理研究的真正开端，但是有文献指出，早在19世纪末20世纪初，就有人试图应用测验技术探讨想象与创造现象。Barron和Harrington（1981）指出，早在1900年之前，Binet和Henri就提出过后来被视为创造性核心要素的发散性思维测验。甚至吉尔福特本人也提到1898到1950年期间有关创造性和智力相互关系的研究文献。但是，总的来说，在20世纪上半叶，有关创造心理测量的研究还仅仅是开端。

## 一、创造心理测量的框架

创造心理测量科学的框架，有三个主要的方面：1、测量技术，2、数学模型，3、命题模式。

关于测量技术，自比内以来，人类已创立了许多心理测量技术，并以自己的实践进一步去完善它。经典测量实质上是对行为样组的标准化测量，是一种系统程序。我们在制定测量标准和使用量表时，应借鉴心理测验的成功经验，特别注意在标准化、专业化、量表化等方面满足测量学的基本要求。经典心理测量尽管有一些成功经验，但也存在一些瑕疵。例如，智力测验往往仅关注测试的结果，而忽视测验过程中大脑的功能质量。这就降低了测量的准确度。因此创造心理测量除应借鉴心理测验的成功经验外，还应有自己的创新。

关于数学模型，当今测量学界最有影响的两大理论是经典测量理论（Classical Test theory，CTT）和项目反应理论（Item Response theory，IRT），两大理论的核心部分是数学模型，它们是基于不同的假设提出的。经典测量理论采用的是线性的定性模型；项目反应理论采用的是非线性的概率模型。项目反应理论虽然在国外发展很快，但在国内研究不多，因此对多数心理学工作者来说是比较陌生的，其基本思想与心理学中关于潜在特质的一般理论有关。

关于命题模式，作业命题、自陈命题、投射命题及情境命题是心理测量学中的四大命题，但都需要重新审视。四大命题中，作业命题处于主导和中心位置，但近来人们发现作业测验往往仅关注测试的结果，而忽视测验过程中的全程反应，有远离命题目标的倾向；自陈命题虽然被普遍使用，但遭到的批评也较强烈：一是自陈性的问卷测验无法解决“伪装”倾向，二是自陈命题普遍适合于西方文化，是否普遍适合于中国文化还是个问题；投射命题因其晦涩难懂难以操作而有衰退倾向，开发具有较好效度并容易操作的投射技术迫在眉睫；情境命题所设计的特定情境只能评估到特定的心理特质，并且要花费大量的人力、物力、财力和时间，故也要革故鼎新；作业命题、自陈命题、投射命题及情境命题在过去的应用方面都是各司其能的，现在我们应该考虑它们在创造心理测量中的综合运用和相互佐证。总之，创造心理测量体系重新构建伊始，综合各种技术是一个重要的课题。我们必须重视各种经典命题法的交叉渗透和综合利用，开辟创造心理测量的新路径。

## 二、传统创造心理测验

### （一）世界著名的创造心理测验

国外 20 世纪 50 年代到 60 年代编制的三种著名的创造心理测验，尽管在内容上有很大的差异，但从编制测验的指导思想看，都是以发散性思维为指标的，而且它们的分测验都可以归入 30 种不同类型的发散性思维能力中去。

1. 托兰斯创造性思维测验

1966 年正式出版的托伦斯创造性思维测验（TTCT）是目前应用最广泛的创造力测验，适用于各年龄阶段的人。托兰斯测验由言语创造性思维测验、图画创造性思维测验以及声音和词的创造性思维测验构成。这些测验均以游戏的形式组织、呈现，测验过程轻松愉快。言语测验由 7 个分测验构成。前三个测验是根据一张图画推演而来，他们分别是：A. 提问题；B. 猜原因；C. 猜后果。后四个测验是：A. 产品改造；B. 非常用途测验；C. 非常问题；D. 假想。图画测验有三个，都是呈现未完成的或抽象的图案，要求被试完成它们，使其具有一定的意义。这三个分测验分别是：A. 图画构造；B. 未完成图画；C. 圆圈（或平行线）测验。声音和词测验的指导语和刺激都用录音磁带形式呈现。它包括两个分测验：A. 音响想象；B. 象声词想象。这三套测验的记分有所不同，言语测验从流畅性、变通性和独特性三方面记分；声音和词测验只计独特性得分。具体的使用细则、信度资料、常模参阅测验手册。

2. 南加利福尼亚大学测验

由吉尔福特（（J. P. Guilford）和他的同事们于 1957 年编制的南加利福尼亚智力结构发散性能力测验（SOI），是吉尔福特根据其提出的智力三维结构模型编制的。吉尔福特认为发散性思维是创造力的外在表现，由此他将该测验发展为一套创造力测验。该测验由言语测验和图形测验两部分组成，共 14 个项目。言语部分有 10 个项目：字词流畅、观念流畅、联想流畅、表达流畅、多种用途、解释比喻、效用测验、故事命题、推断结果、职业象征。图形部分包括4个项目：作图、略图、火柴问题、装饰。这套包含14个分测验的测验适用于初中生。另一套包含5个言语分测验和图形分测验的测验适用于初中以下的学生。这两套测验都根据被试反应的数量、速度和新颖性，依照记分手册的标准记分。

3. 芝加哥大学创造力测验

该测验是美国芝加哥大学的两位心理学家盖策尔斯和杰克森在60年代初编制的，共有5项分测验，其中有些源自吉尔福特的创造力测验。这五个分测验分别是语词联想、用途测验、隐蔽图形、完成寓言、组成问题。该测验适用于小学高年级至高中阶段的学生，可集体施测。其记分标准以反应数量、新奇性、多样性分别对应于流畅性、独特性和变通性。

4. 沃利奇—凯根测验

该测验由沃利奇和凯根在60年代中期编制，侧重于联想方面的发散性思维测验，其评价程序主要源自吉尔福特的工作，但有两点不同。其一是测量的内容只限于观念联想的生产性和独创性；其二是施测时无时间限制，以游戏形式组织，施测气氛轻松。测验共5个项目，3项是言语的，包括列举例子、多种用途、找共同点；2项是图形的，包括模式含义和线条含义。该测验从反应数目和独创性两方面记分，适用于青少年中小学生，1968年经修订后适用于幼儿。

（二）传统创造心理测验评析

1. 积极的评价

发散性思维测验虽然很简单，但它的确测量了创造能力的主要成分。如果我们把创造力定义为创造性解决问题的能力，那么创造性解决问题与一般解决问题的区别在于：一般解决问题，无论是解决知识性问题，还是解决日常生活的问题，均可依赖已有的知识经验、现成的方案；而创造性解决问题，却没有现成的方案，它要求对现有的信息进行加工、创造性的构思。发散性思维测验，从流畅性、变通性和独特性三方面评分，这就在一定程度上评价了创造性解决问题所需要的能力。

将创造性思维仅仅视为发散性思维，除了以上原因之外，还存在其他理由。首先，在科学发展史中，有很多事例都说明了这一点。当科学的发展受到某种偏见束缚时，需要人们找到一种新的观念或方法战胜偏见，促使科学向前发展。比如丹麦天文学家第谷，工作勤奋，技术高超，但由于缺乏发散性思维，不能摆脱“地心说”的影响。相反，他的助手开普勒虽然技术不如第谷，但具有良好的发散性思维，最终导致了行星运动第三定律的发现。其次，在学校教育中，大部分教师所关心的是训练学生寻找一个正确答案的聚合思维，从而大大束缚了学生的创造力。这说明忽视发散性思维的训练会影响创造性思维的形成和发展。再次，在现实生活中，确实存在着只用发散性思维的创造性思维，这主要指那种具有多种答案的问题。如要求对一缺结尾的故事续上结尾，被试就可以做出多种答案。所以说，发散性思维的确是构成创造性思维的最重要的成分。

2. 消极的评价

(1) 效度证据问题

创造性思维测量技术面临的最主要的批评是创造性测量的效度证据不足。有的批评家（Plucker & Renzulli，1999）认为，发散性思维测验不能真正地测量或预测人的创造性思维，因为测验中的任务太具体，与实际的创造能力的距离太远。目前国内有一种很流行的观点：在讲创造性思维时，不讲别的，只讲发散性思维，以为发散性思维就等同于创造性思维。其实，发散性思维固然是创造性思维结构的一个组成要素，它在创造性思维活动中也确有不可替代的作用——为思维活动指明方向，即要求朝着与传统的思想、观念、理论相反的方向去思维，其实质是要冲破传统思想、观念和理论的束缚。发散性思维的这一作用是很重要的，但不应夸大，而且要看到它仅仅起这一个作用（思维定向作用）；发散性思维并非创造性思维过程的主体，更不是创造性思维的全部内容。Weisberg（1993）认为发散性思维测验“既不能测量创造性思维，也不能测量创造能力”。有研究者（Hattie，1980）指出，发散性思维测验容易受训练、施测条件以及其他施测因素的影响，其测验分数难以反映出实际的创造潜力。

(2) 思维混同问题

对创造性心理测量技术的第二个批评是将直觉思维混同于形象思维。直觉思维是目前心理学界尚未进行深入研究，因而对其本质以及思维加工特征还不十分清楚的一个领域。正因为如此，所以不仅在一般群众中，甚至在一些学者中也流行一种说法“直觉是第六感觉”。什么是“第六感觉”，就是一种说不清楚的、莫名其妙的感觉。“直觉”在许多人看来似乎是一种凭空而来的毫无根据的主观臆断。这种对直觉的理解是不对的，直觉思维加工至少有以下三方面的基本特征：第一，整体把握——撇开事物的细枝末节，从整体、从全局去把握事物，是一种从大处着眼、总揽全局的思维；第二，直观透视与空间整合——对直觉思维来说，整体把握是指对事物之间关系的整体把握，即直觉思维只考虑事物之间的关系，而不考虑每个事物的具体属性（对事物具体属性进行分析、综合、抽象、概括是逻辑思维与形象思维的任务，不是直觉思维的任务）；要从整体上把握事物之间的关系，直觉思维所用的方法是“直观透视”和“空间整合”，而不是靠逻辑的分析与综合；第三，快速判断——直觉思维要求在瞬间对空间结构关系作出判断，所以是一种快速的、跳跃的空间立体思维（而逻辑思维则是在一维时间轴上的线性、顺序的慢节奏思维）。目前许多文献都抹杀直觉思维的基本特征，否认直觉思维是一种独立的思维形式，更不属于人类的基本思维形式。这样做的后果必然是削弱甚至完全取消对青少年在直觉思维方面的培养与训练。

## 第二节　创造心理测量技术

经典创造心理测验对测验的编制提出了一系列具体实用的统计分析方法，这些方法在实际测量工作中产生了巨大影响，至今仍然在使用。林崇德教授在本书编写过程中强调："在制定测量标准和使用量表时，应借鉴心理测验的成功经验。特别注意在标准化、专业化、量表化等方面满足测量学的基本要求。"经典测验的编制技术是创造心理测验的基础，是心理学工作者应关注的问题。经典测验的编制是一个复杂的系统，其中比较重要的是选题的编制及命题分析等方面的基本技术。

### 一、测量的标准化

"测量"一词，是对事物的一种量化表现形式，常常用于对某一事物属性的范围进行描述和界定。如何对人的思维进行测量和界定呢？本节主要研究创造心理测量的基本概念以及相关的辅助性技术问题。

测量，用史蒂文思（Stevens）的话来说，"是按照法则给事物指派数字"。这是迄今为人们认可的定义。现代科学发端于物的测量。物理学家花了很大的气力来使物的测量越来越精细。物理学家经常感兴趣的是，在一个特定的量中可测量某事物特征的分布，以及这些分布所经历的变化。物理学家凭借数学公式来描述事实，显示其中事物之间具体的量化关系。

世界上任何现象，只要有质的、存在的，总有一种数量。几乎所有的测量家都赞同桑戴克所说的："随便什么东西，只要存在的，总存在于数量之中。"[①] 麦柯尔加了一个很漂亮的说明："没有一种数量是不能测量的，也没有一种质是不能被测量的。"[②] 现代科学心理学也试图借助物的测量理论，对人的心理进行量化。冯特的记忆鼓、韦伯的感知定律等研究，使人们知道心理功能可以用一些纯粹的量化术语来表示。

---

① Thorndike, E. L.. The Seventeenh Yearbook of the National Sociey for the of Education. Public School Publishuing Co, 1918: 16

② McCall, W. A.. Measurement. New Yoek: Macmillan, 1939: 18

（一）创造心理测验量表

任何测量都要有测量工具。创造心理测量的工具一般是一份包含各种命题的量表，在测验量表中可能包含很多难度不同的问题。

创造心理测验量表与其他科学测量量尺一样，用来测量事物或人的某种属性的数量特征。理想的测量工具应该有一个绝对零点和相等的单位，但创造心理测验量表有时却不能满足这样的要求。例如，创造思维力等于零究竟是一种什么状态是很难确定的。如果一个量表有相等的单位和绝对零点，称这量表为比例量表。比例量表的测量结果可以进行加减乘除四则运算。如果一个量表有相等的单位而没有绝对的零点，称这个量表为等距量表。等距量表的测量结果可以进行加减运算，不能进行乘除运算。如果一个量表既无相等的单位又无绝对的零点，只能将一组人或事物按某种属性的多少排列出等级次序，称这个量表为等级量表或顺序量表。原则上等级量表的测量结果不能进行代数四则运算。如果一个量表只能将被测量的人或事物按某种属性分成若干类别，而各类别之间不具有任何等级意义，称这个量表为分类量表或称名量表。分类量表的测量结果不是某种属性的数量标志，它们如同身份证号码，或考场座位号码，不可以进行任何数学分析。

如果一个创造心理测验量表是等距量表，可以对测验结果进行多种统计分析。但如果一个思维命题测验量表是等级量表，原则上是不允许对测量结果进行四则运算的，于是就很难进行复杂精细的统计分析。所以，心理测验工作者力求使创造心理测验量表达到或接近于等距量表的水平。实际上，在很多研究中假定等级量表近似于等距量表，并按处理等距数据的规则处理测量结果，如果对数据分析的结果是有意义的，那么就更可以相信这种假定是没有太大错误的。但是，有必要明确认识：对等级量表的测量结果进行加或减的运算，隐含着该等级量表近似于等距量表的假定。这样可以使研究者作结论时保持一种更为谨慎的态度，以免做出断然肯定或否定的结论。假设对于每一种属性，都客观地存在着一个“真实的量表”，但如果实际使用的量表与“真实的”量表之间没有相同的零点或合适的间距，将会造成什么差别呢？具体地说如果一个测量学家假定一个量表是等距量表而其实它并不是，在这个测量学家的研究工作中，将会发生什么错误呢？例如，他可能报告说，两个研究变量之间存在着线性关系，而实际上另外一种曲线函数关系才可能会确切地描述这两个研究变量之间的关系。

（二）测量的标准化

创造心理测量的高级形式是测验。创造心理测验实质上是行为样本的客观化和标准化的测量。通俗地说，创造心理测验就是依据一定的心理理论和测量技术，遵循一定的操作程序，对人的行为进行量化，从而对创造心理能力、创造心理品质等做出推断。

规范的创造心理测验应包括：

1. 测试题目

创造心理测量的原理就是刺激→反应的原理。测试题目就是刺激。这些刺激不同于其他刺激的地方就在于它有三种标准：（1）选择的刺激项目应能测量拟测创造心理的特点，这就是逻辑性标准；（2）刺激项目和外部创造效应具有可观察的关系，这就是实证性标准；（3）刺激项目之间应有较高的相关量，这就是同质性标准①。测试题目必须是从与创造思维、创造品质相关的大量题目中经过比较和筛选所确定的，必须能够根据创造心理测验要求，测察所需的个人创造心理特征，同时必须保证创造心理测验题目在相当时间内的稳定性。

2. 施测方法

测试的方法必须经过严格的标准化，包括测试材料（问卷、答题纸等）、物理环境（照明、间距等）、主试的指导等都基本一致，以尽量保证平衡掉一些可能对测验结果产生影响的无关因素。

3. 计分方法

创造心理测验的计分方法应该从测验的原理出发，根据创造心理测验的常模，确定统一、规范的计分方法，以保证创造心理测验结果的可比性和一致性。

4. 技术指标

创造心理测验必须有客观、真实的技术指标，包括信度、效度、区分度等等，技术指标在很大程度上决定了创造心理测验的质量和效果。

5. 结果解释

创造心理测验必须提供对有关数据结果的解释方法，同时必须根据创造心理测验的常模，保证创造心理测验解释方法的规范性和一致性。

## 二、测验的编制

编制测验的具体方法，根据测验的性质及用途的不同而不同。但由于测验原理大体相同，在编制过程中有其共同规则和程序。首先要明确测量的功能。是创造心理还是一般心理？必须对构成创造心理样式的各要素作一一分析，以使对创造心理的要素与结构获得更完满的认识。其次明确测量对象。编制测验前要明确所要测的对象是个人还是团体，受测者的年龄、性别、智力及文化水平、社会地位等。再次要明确测量用途。即所编制的测验，是用

---

① 邱章乐．心理测量法．福州：福建科技出版社，1988

于解决什么问题。是为招聘人员还是检查人员应变能力？是选拔、诊断之用，抑或作为评价或分类之用？目的不同，编制测验的取材范围及难度也就有所不同。

编好后可在小范围试用，检验此量表的信度、效度，初步确定此量表是否可用。然后再在较大的范围内试用。除进一步检验其信度、效度外，还要进行测题项目分析，将区分度不高的项目删除。

测题分析，就是检验测验中各个测题项目的好坏。因为一个好的测验，其中每个项目必须有较高的区分度及适当的难度。否则不能算是一个优秀的测验。测题项目的分析包括检验测验中每个项目的应答率、难度及区分度①。

通过预测，对测验的各个命题项目或子项目进行分析，是编制和修订测验的主要环节。广义说来。命题项目分析既包括定性分析，也包括定量分析。定性分析主要回答测验是否具有内容效度，定量分析的主要指标是难度与区分度。

（一）命题指标分析

命题指标是对被试群体的成绩分析，经常使用的测量指针有平均分和标准偏差。

1. 平均分数

平均分数是用得最多的一种集中量数。所谓集中量数是指反映分数集中位置这个特征的数值，它代表一批分数，反映一批分数的典型情况，因此常用它进行不同分数组之间的比较。集中量数的形式有多种，如算术平均数、中位数、众数等。算术平均数则是最常用的一种。

设一组分数分别用 $X_1$，$X_2$，…，$X_n$ 表示，则这组有 $n$ 个分数的分数组的平均分$\overline{X}$为：

$$\bar{X}=\frac{1}{n}\ (x_1+x_2+\cdots+x_n)$$

2. 标准差

对于一批分数，除了要了解它的集中量数外，还应了解它的差异量数，即分数的分散程度或离散程度。差异量数的形式也有多种，标准差是最重要的差异量数。若有 $n$ 个分数 $X_1$，$X_2$，…，$X_n$，这组分数的标准差定义为：

$$S^2=\frac{1}{n}\sum_{i-1}^{n}(x_i-\bar{x})^2$$

① 宋维真，张瑶．心理测验．北京：科学出版社，1987

$$S=\sqrt{\frac{1}{n}\sum_{i-1}^{n}(x_i-\bar{x})^2}$$

（二）难度分析

有两种评估办法。一种为以被试者完成每一项目的平均时间来估计难度；一种为以被试者答对或通过每个项目的人数百分比来估计。思维测验多用后者作为难度指标，即以通过率作为难度指标。计算方法可由下面公式表示：

$$P=\frac{R}{N}\times 100\%$$

$P$＝项目难度（通过率）；

$N$＝全体受测者人数；

$R$＝答对或通过该项目的人数或在答案方向上同样回答的人数；

例如思维测验项目中的选择题，通过则记 1 分，错误则记 0 分。对这类得分的项目，就可用以上公式。如果备选答案为数个，则可用一个难度校正公式再加以校正。

$$CP=\frac{KP-1}{K-1}$$

$CP$＝通过率（校正后）

$P$＝实得的通过率

$K$＝备选答案

假定一个项目有 75% 的被试者通过。若此题有 5 个备选答案，则

$$CP=\frac{5\times 0.75-1}{5-1}=0.69$$

用同样的方法，当有 4 个备选答案、3 个备选答案及有 2 个备选答案时的通过率。

由于选择题允许猜测，所以通过率可能有很大的偶然性。备选答案的数目越少，偶然性的影响越大。为了平衡偶然性对难度的影响。吉尔福特提出了上面的公式，对难度（通过率）加以校正。

通过率达到百分之几的项目为有意义的呢？这取决于测验的目的、项目的形式以及测验的性质。在教育工作中。对被试成绩的检查，可以不考虑难度。只要主试认为项目内容包括了被试已学的知识与技巧就够了。如果测验用于选拔，应该比较多地采用那些难度值接近录取率的项目。如：要招收百分之四十的申请者，最理想的项目难度应在 0.40 左右，如果我们要把全体被

试者做最大程度的区分，则 0.50 左右的难度更合适。通过率为 0%与 100%都作为无辨别性项目，应删去。

（三）区分度分析

区分度即鉴别度，是指测验项目对被试者的区分程度或鉴别能力[①]。计算区分度的方法有多种，用得比较普遍的一种方法是两端分组法。它是比较得分在高、低两端的受试者通过该题目的比率。假设 $PH$ 和 $PL$ 分别为高分组和低分组通过某个题目的百分比，则下式提供了该题目的区分度的指标：

$$D=PH-PL$$

$D$ 是区分度指数。$D$ 的值在 $-1$ 和 $+1$ 之间。$D=+1$，表示高分组全部答对，而低分组全都答错；$D=-1$ 则与上面的情形相反，低分组的全部答对，高分组的却全都答错；$D=0$，则表示两个分数组的通过率相等。一般认为，$D$ 在 0.4 以上就非常好了。

上式也可表示为：

$$D=\frac{R_H-R_L}{n}$$

其中 $PH$ 及 $PL$ 分别表示高分组和低分组通过该题的人数，$n$ 为每组的人数。

显然，两个组越是处于极端，二者之间的差异越是明显。但很极端的分组（例如最高 10%和最低 10%），由于每组的人数太少，会降低结果的可靠性。有人证明，在常态分布中，高低分的分组最佳点是上下 27%，以此为分界点，既可以使两个对比组间的差异尽可能大，又可使两组人数尽可能多。当分布比常态曲线更平缓或更陡时，最佳分界点可比 27%稍大或稍小些。当被试的人数不太多时，分界点可取 25%— 33%之间的任何数字，若被试少于 1O0 人，甚至可用 50%作分界点，把上下各半作为高分组和低分组。

求项目区分度的相关法主要是二列相关。二列相关适用于两个可以连续测量的变量，但其中有一个由于某种原因被分成两个类别，通过或不通过，及格或不及格。

$$r_b=\frac{X_p-X_q}{S_t}\cdot\frac{p_q}{y}$$

或

$$r_b=\frac{X_p-X_t}{S_t}\cdot\frac{p}{y}$$

① 宋维真，张瑶．心理测验．北京：科学出版社，1987

式中，$X_p$＝二分变量中高分组 $x$ 值的平均数；

$X_q$＝二分变量中低分组 $x$ 值的平均数；

$X_t$＝所有 $x$ 的平均数；

$S_t$＝所有 $x$ 的标准差；

$P$＝高分组人数与总人数之比；

$q$＝低分组人数与总人数之比即 $1-p$；

$y$＝$p$ 与 $q$ 交界处正态曲线的高度。

二列相关系数 $r_b$ 显著考验用下面的公式：

$$Z=\frac{r_b}{\frac{1}{y}\cdot\sqrt{\frac{pq}{n}}}$$

这里 $N$ 为总人数，其作符号与上同。

点二列相关：此相关适用于一个变量为连续变量，另一变量为二分变量。通用公式如下：

$$r_{Pb}=\frac{x_p x_q}{s_t}\cdot\sqrt{pq}$$

或

$$r_{Pb}=\frac{x_p-x_t}{s_t}\cdot\sqrt{\frac{p}{q}}$$

## 三、建立常模

常模是一种供比较的标准量数，由标准化样本测试结果计算而来，即某一标准化样本的平均数和标准差。它是心理测评用于比较和解释测验结果时的参照分数标准。测验分数必须与某种标准比较，才能显示出它所代表的意义。常模的制定是依据测验适用对象总体的平均成绩。其可信度取决于样组的代表性和可靠性。前者又取决于样组的取样原则（坚持随机取样）和容量大小。一般地说，样组容量越大，取得的常模越可靠。

在心理与教育测验中，常用的有年龄常模和年级常模两种。按不同年龄阶段制定的各年龄阶段的常模，多为智力测验所采用；按学校年级制定的各年级的常模，适合于教育测验。常模可因标准化时选取的样本不同而有其他类别，如民族常模、职业常模等。

常模的适用范围取决于取样的范围。若从全国取样，所得常模是全国的；若在地区取样，所提的常模则是地区的，不能随意使用于其他地区。另外，不同历史时期，样组的平均水平会有不同的变化，常模也将随之变化，因此常模应及时修订。

## 四、创造心理测验的信度与效度

在心理测验研究中，信度与效度是很常见的两个概念。一个测量量表要有效度必须有信度，没有信度就没有效度；但是有了信度不一定有效度。下面我们详细进行信度与效度的分析技术。

### （一）信度分析

思维测验必须是可信的，有信度的思维测验才有意义。思维测验信度从本质上讲是与其他测验一致的。下面我们从广义经典测量学的理论意义上探讨信度问题。

信度又叫可靠性。在测量理论中，信度被定义为：一组测量分数的真变异数与总变异数（实得变异数）的比率：

$$r_{xx}\text{（信度系数）}=\text{真变异数}\cdot\frac{s_t^2}{s_x^2\text{（实得变异数）}}$$

测验过程受很多无关变量的影响，会使我们的测验产生误差。一类为系统误差，一类为随机误差。系统误差产生恒定的效果，不影响信度。随机误差受各种因素作用而影响信度。随机误差越大，信度越低。任何测验只能包括一定的样本，由专门的施测者，对一定的被试者，在一定的时间、地点施测。情况稍有不同，便会得到不同的结果。信度涉及的问题就是测验分数的意义有多大，从对样本的测量来推论总体（真实分数）能达到何种正确程度。从信息论的观点出发，任何一组信息都包括一些真正的信息（信号）和一些错误的信息（噪音），思维测验也就是希望获得有关的真正信息，而尽量减少错误的信息。真正的信息在所测的对象身上应该是一致的，有相对稳定性。而错误信息则是不稳定的，是随着客观环境的变化而变化的。有随时间变化的，有随内容变化的等等。信度估计就是要估计某个测验在不同时间进行测验时其结果稳定性及某个测验的两个类型之间的一致性，另外还有一种一致性称之为内部一致性或同质性。即讨论测验里所有的项目是否测量同一特征。如果所获结果一致性较高，则可以认为此测验有一定的信度。信度是个理论上构想的概念。在实际中，只能根据一组实得分数，用同一样本所得的两组资料的相关作为测量一致性的指标，这样的相关系数，称之为信度系数。其定义与信度相等。

与信度系数有关的一个概念叫信度指数。是实得分数与真分数的相关，等于真正分数的标准差与实得分数的标准差之比。

$$r_{xt}\text{（信度指数）}=\frac{s_T}{s_X}$$

信度指数的平方是信度系数。

$$r_{xt}^{2}\text{（信度指数的平方）}=r_{XX}\text{（信度 }n\text{ 系数）}=\frac{S_T^2}{S_X^2}$$

信度系数是实得分数与真分数的相关的平方。

相关系数的平方表示两个变量间共存的变异数比例。因此，信度系数实际是真正分数与实得分数之间的决定系数，可以解释为在实得分数的变异数中有多少比例是由真分数的变异决定的。例如：当信度系数为 0.90 时，我们可以说，实得分数中有 90％的变异数是来自真正分数的，仅有 10％是来自测量误差。在极端例子中，如信度系数等于 1.0 时，则无测量误差。所有差异都来自真分数；若信度系数等于 0 时，则所有的变异均反映了测量误差。信度系数达到多高才可以接受呢？最理想的情况是 1.00，但这是办不到的。一般能力与成就测验的信度系数在 0.90 以上即可认为该测验有一定的信度。而采用问卷法等辅助量表时，信度系数通常在 0.80～0.85 以上即可认为该测验有一定的信度。

信度可分四种：

1. 再测信度

此种信度是检验时间的间隔对测验分数的影响。用同一测验，对同一组被试者经过一段时间，进行前后两次施测，求其两次结果之间的相关，所得相关系数即为再测信度。此种信度反映测验分数的稳定程度，故又称稳定性系数。

2. 复本信度

任何测验都是从可能题目中选取一部分。如果抽取不同的部分，则可编制很多平行的等值测验，叫复本。复本也就是内容形式相等的两个测验，因此也叫等值测验。等值测验的信度又可分为两种。一种为在同时连续施测两个等值测验的信度；一种为相距一段时间分两次施测两个等值测验的信度。前者的复本信度又称等值性系数。后者的复本信度又称稳定性与等值性系数。

复本法评估信度可避免再测法的缺点。其不足之处是很难掌握到真正的复本。在选题的内容、难度、区分度等方面，两个复本应该相同。若不一致，就会得到歪曲了的信度系数。因此在实际中除了必须采用此法才能达到目的外，评价一个测验的信度很少利用复本法，较多采用再测法。如不能间隔一段时间，进行第二次再测，往往采用分半法。

3. 分半信度

分半法是将题目分成对等的两半，根据两半测验所得的分数。计算其相关系数作为信度指标。其意义与等值信度一样解释。所不同的是：一是两个独立的复本；一是在测验完了后从原有的题目中分出一个复本，而且后者是在同一个时间完成的。

4. 同质性信度

同质性指的是测验内容即所有题目间的一致性。主要指的是分数的一致，而不是题目的内容与形式的一致。

（二）效度分析

效度指的是测量的真实性、准确性。这个测验能够测量出所要测验的东西有多少是真实的。例如：要测量考生的思维灵敏度，设计的命题却在很大程度上受数学水平的影响，那么我们说该命题来测该生思维灵敏度的效度不高。

效度是科学测量量表必备的条件。一个测验若无效度，则其他条件无论怎么完备，都是无意义的。所以在编制思维测验的时候，首先要鉴定其效度。经典思维测验认为没有效度资料的测验是不能用的。但效度不是绝对的，是相对的。一个创造心理测量量表是否有效，只能对某种创造心理的结构或特性的测量有效。另外效度也只能达到某种程度，不可能十全十美。

影响效度的因素很多。除了一般因素外，还有测验的长度也会影响其效度。因为相关系数的大小与分数范围有直接关系。如测验的项目较多，得的分数数目较大，则相关系数即可增加。所以增加测验的长度，不但能提高测验的信度，也能提高测验的效度。但是，如果测验过长，也会降低其信度和效度。被试者的选择也很重要。用来做效度研究的样本，必须是测验所要应用的团体中的典型代表。如大学新生的思维测验必须用刚入大学的被试作效度研究。如将这测验运用到大学毕业后的被试中，则可能效度很低。因此可以说，效度也是相对的。

根据效度侧重的方面不同，测验效度一般可分为三大类：即内容效度、效标关联效度和构想效度。

1. 内容效度

主要指测验所选的项目是否符合有关的内容。例如。要测某个应聘者创造性思维能力，命题必须符合创造性思维的心理成分，即含“发散与聚合”、“求异与求同”、“横向与纵向”等方面的创造元素“在不同层面上的结合”，而不能把命题重点放在形式逻辑上。

2. 效标关联效度

效标关联效度又称实证效度，测验的功能就是预测个人在某些情况下的行为表现。被预测的行为是检验测验效度的标准，由于这种效度是看测验对效标预测得如何，所以叫效标关联效度。这种效度需在实践中检验，所以又称之为实证效度。

3. 构想效度（也称为结构效度）

构想效度与创造心理学的理论有关。效标关联效度是以一个明确的效标来考察测验的效度。但在有些心理学的理论领域中就没有绝对的效标，而纯粹是人们假定的概念或特质。如：创造力、批判性思维等。这种效度是在实践中逐渐发现并得到证实的，也就是说这个测验是对创造心理学的构想验证。

三种效度有一定内在联系。最明显的例子是预测效度和内容效度可以支持构想效度。在很多情况下，用于测量某种结构的测验可以当做预测源使用。创造心理测验的目的主要是为了测量创造心理结构，但它可以预测许多其他相关变量。如大学学习的成绩，从事某项工作的业绩等等。反过来说，这种预测愈成功，愈增加该测验的构想效度。三种效度经常是互相联系，互相支持的。

## 第三节　创造心理测量的数学模型

所谓数学模型就是用字母、数字及其他数学符号所建立起来的等式或不等式以及图表、图像、框图等描述客观事物的特征及其内在联系的数学表达式。运用数学模型解决创造心理测量过程中的实际问题，一般必须经过以下三个步骤：1、建立数学模型；2、进行数学运算；3、解释和评估。创造心理测量的数学模型有两种截然不同的类型，即线性模型和非线性模型。

### 一、线性模型

#### （一）线性模型概述

线性模型是一类统计模型的总称，它包括了线性回归模型、方差分析模型、协方差分析模型和线性混合效应模型（或称方差分量模型）等。所谓线性的数学含义是指两个变量之间具有正比例关系，它在笛卡尔坐标平面上表示为一条直线，线性由此而得名。一般说，如果一个多项式函数的最高次幂是一次的，就称它为线性函数或线性方程。非线性概念就是相对于线性而言的，即多项式函数的幂是高于1的方程称为高次方程或非线性方程。线性函数具有简单的比例关系，满足叠加原理。而非线性函数则不具有简单的比例关系，叠加原理也不成立，整体也不是局部之和。

从牛顿、伽里略时代开始，线性模型一直是近现代自然科学所常用的数学模型。科学相信宇宙的和谐、并以研究自然界的秩序和规律为宗旨。“经典科学”或“牛顿体系”所描绘的世界是一个机械的、由决定论支配的世界，在这个世界中，每一个事件都由初始条件决定，而只要给出了初始条件，我们就不仅可以预言未来，甚至还能追溯过去。整个世界就如同一架构造精确的时钟，它的各个零件按照确定的规律在平衡中运行。在决定论看来，按确定方式运行的宇宙是不会出现例外的。

（二）传统心理测量的线性模型

我们以 WISC－R 为例说明传统心理测量的线性模型：

WISC－R 的每个分测验都用点积记分，一个儿童在各分测验直接测得的分数叫原始分数。由于原始分数的参照点、记分单位各不相同，在统计汇合总分时就成了问题。为此，就需要把各个分测验的原始分数转化为均数为 10、标准差为 3 的常态化标准分数。具体做法是：先将每个年龄组的原始分数做出累积分布表，再将分布常态化，然后对每个原始分数计算出与它相应的量表记分。其计算公式如下：

$$X=10+3Z$$

如果原始分数分布呈常态，此式可推演为：

$$X=10+3Z=\frac{3\left(X-\overline{X}\right)}{S}$$

上述公式中，$X$ 为所要转换的特定的常态化标准分；10 为指定的常态化标准分数的均数数值；3 为指定的常态化标准分数的标准差数值；$X_1$ 为某一分测验的原始分数；$\overline{X}$为某一分测验原始分数的均数；$S$ 为某一分测验原始分数的标准差。

把各个年龄组中每个被试所得的各个分测验量表分数按照语言、作业以及全量表三种加以汇合，然后算出各年龄组三种量表总分的均数和标准差。这样，就可算出某个年龄组三种量表总分的标准分数。不过这时的标准分数的均数是 100，标准差为 15。这样，我们就可以计算要求的离差智商。

$$IQ_D=15Z+100=15\left(\frac{X_{SS}-\overline{X}_{SS}}{S_{SS}}\right)+100$$

这里 $IQ_D$ 为离差智商，15 为指定的标准分数分布上的标准差的数值，$X_{SS}$ 为随意年龄水平某个被试者所获得的量表总分，$\overline{X}_{SS}$ 为随意年龄水平所有被试者所获得量表总分的平均数，$S_{SS}$ 为随意一个年龄水平所有被试者所获得的量表总分的标准差。

线性数学模型，对心理测验的影响概括为这样三个方面：一是认为心理的分布呈正态形式，其发展是渐进的，过程是平稳的。心理发展的间断、跳跃及突变被看做是心理症状。二是表示整体是局部之和，即心理的整体性可以通过其组成部分来表示。三是强调行为的客观性和因果制约性，同时追求因果的透明性和相互作用的简单性，力求在每一种情形中都辨认出原因和结果来（如晶态智商和液态智商）。不可否认，以牛顿和爱因斯坦为代表的传统的科学精神和科学方法对心理测量学发展的影响是巨大的。线性的模型包括实证主义的思想不仅直接造成了心理学由哲学形态发展为科学形态，而且使心理学在其发展的百余年间积累了大量关于人和动物心理活动的科学材料和科学事实。

## 二、非线性模型

### （一）非线性模型概述

“线性”与“非线性”的区别主要表现在三个方面，首先，在运动形式上，非线性现象表现为从规则运动向不规则运动的转化和跃变，而线性运动一般表现为时空中的平滑运动；第二，从系统对外界影响和系统参量微小变化的响应上看，非线性系统中参量的极微小变化，在一些关节点上，可以引起系统运动形式的定性改变，而线性系统往往表现为对外界影响成比例的变化；第三，反映在连续介质中的波动上，非线性作用可以促使空间规整形结构的形成和维持，而线性行为则表现为弥散结构。第三点的含义是指在一个非线性系统中，系统自身存在着组织机制，它能够使系统由无序转变并维持一种有序的结构。

非线性对心理学发展的哲学意义来看，它改变了心理学长期赖以生存的实证主义哲学基础和信奉的决定论的思想。它告诉我们，对不断演化、开放、复杂的创造心理，不能用决定性的简单模式来反映。在非线性系统中存在一种并非由外界随机因素所驱动而是系统自身所固有的随机行为。当我们面对心理学所研究的、和别的自然科学完全不同的有意识、有无限能动性和创造性的人时，更应该认为某种心理现象的产生是概率的而不是决定性的。人的创造心理是世界上最复杂的事物之一，在我们多年追求行为变化的确定性规律而未果之后，我们应该醒悟到，那些被认为是意外的、不确定的、和理论不符的、甚至在心理学研究中希望加以摆脱的，正是我们应该致力去认识的更具有普遍性意义的东西。创造心理世界的本质是概率的，而一心想获取任何简单的因果性联系并因此来解释人类复杂的创造心理活动的努力肯定是行不通的。

### （二）非线性模型举例

当今测量学界最有影响的非线性测量理论是项目反应理论（Item Response theory，项目反应理论），项目反应理论从另外一个角度来分析每一个项目的项目特征曲线（Item Characteristic Curve，ICC）和项目信息函数（Item Information Function，IFF）。项目反应理论采用的是非线性的概率模型。

#### 1. 项目反应的原理

项目反应理论建立在一种数学模型的基础上，即当一个被试者试图回答一个测验项目时而产生的数学模型。

项目反应理论方法和传统方法之间有重大的差异。传统方法是基于比较简单的正确率和项目—测验总分的相关这类统计量；计算这些统计量的费用是低的。项目反应理论方法则基于更为复杂的理论，并要求采用高速计算机的参数估计方法。传统方法允许测验编制者建立量表，量表要求整个样本有指定的内在一致性以及一种特定的原始分数的分布。假如量表建立在大的、有代表性的被试样本的基础上，并且将来的样本是从同一总体随机抽取的，那么，可以期望在将来的样本中获得具有这些特性的量表和测验。项目反应理论方法允许测验编制者建立具有规定的 TIC 的心理量表。尤其是测验信息能在 $\theta$ 水平相对应，而且这些决定如果出错，代价将很高。测验总分的分布和内在一致性（即 $\alpha$ 系数）不予明确考虑。这是有道理的，因为测验可靠性与内在一致性估计决定量表的精确度。编制一个量表，就整体而言，它具有可接受的内在一致性水平，在重要的截止分数上或在重要的 $\theta$ 区间上却不能提供足够充分的信息。关于这一点，L. 赫林认为应当注意最初的 JDI 在 $\theta=-0.5$ 会提供大量信息，但在 $\theta=1.0$ 时，提供的信息则会减少。比起 CTT 来，项目反应理论模型作了较强的假设（如局部独立性，逻辑斯蒂 ICC）并获得更强的结果。严格说来，项目反应理论项目参数并不是按 CTT 定义的。但使用 CTT 编制测量工具的实践工作者，一般采用项目—测验双列相关 $r_b$ 作为项目区分度的测量值。洛德悖论说明了对项目 i 的正确反应的比例 Pi 是依赖于子体的，对子体的依存性 Pi＝E（Ui）。证明 $r_b$ 对子体也有依存性是很容易的。在项目反应理论中，项目参数就不依存于被试子体，能力参数也不依存于项目库。这样，项目反应理论就从根本上从 CTT 的数学巢穴中破壳而出了。

2. 项目反应模型

项目反应理论有三条基本假设：潜在特质空间的单维性假设——指组成某个测验的所有项目都是测量同一潜在特质；局部独立性假设——指对某个被试能力而言，项目间无相关存在；项目特征曲线假设——对被试某项目的正确反应概率与其能力之间的函数关系所作的模型。在项目反应理论多种项目反应模型中，主要分为两大类：静态模型与动态模型。静态模型描述被试某时刻的素质、能力水平（不随时间变化）；动态模型则用来描述被试的内在素质、能力水平随时间变化的情况。目前比较成熟的是静态模型。静态模型还可以根据测试能力的维度分为单维、多维，根据测验的评分方式分为二值记分和多值记分（二值记分是指用 1 表示答对，用 0 表示答错），以及根据项目特性曲线的形状分为正态卵型和逻辑斯蒂型等多种，其中著名的是二级评分模型中的单参数逻辑斯蒂模型（即拉什模型）和三参数逻辑斯蒂模型，后者有项目难度、项目区分度、猜测三个参数。只要找到适合数据的模型，就可以对项目进行比较精确的分析。逻辑斯蒂模型是由伯恩鲍姆于 1957 年提出的，他所假设的项目特性曲线如图所示。项目特性曲线描述的是被试测验得分与被试内在素质、能力水平之间的关系。在图中具有不同能力水平的各个被试用 Q 表示；被试关于项目 j（即第 j 题）的测验得分用“正答概率”Pj（Q）表示。一定能力水平的被试对某一测验项目的正答概率只与该项目（即试题）的质量有关。

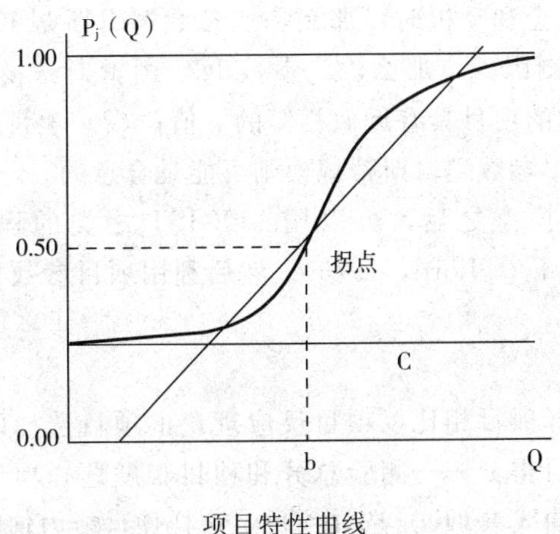


项目特性曲线

由图上图可见，所假设的项目特性曲线形状是以拐点为对称中心的 S 形。曲线下部的渐近线离坐标原点有一定的距离 Cj，这是由于存在猜测因素，即使能力素质很低的被试仍有可能答对该项目，因此距离 Cj 即可定义为项目 j 的猜测参数。由图还可看到，拐点在纵轴上的投影落在 Cj 与 1 之间的中点（1+Cj）/2 上，这表明对于能力素质水平为 b（拐点在横轴上的投影）的被试来说，若不考虑猜测因素，则答对与答错项目的概率恰好相等，即对于能力素质水平为 b 的被试来说，所回答的项目有适当的难度（不太容易也不太难），所以通常就把 b 定义为该项目的难度参数。此外，曲线越陡峭，正答概率 Pj（Q）随能力 Q 的变化就越敏感，该项目区分被试的能力就越强。而曲线的陡峭程度是由拐点处的斜率决定的，因此我们就可以将曲线在拐点处的斜率定义为该项目的区分度参数，并用 a 表示。

由以上分析可见，项目特性曲线所描述的实际上是，被试的正答概率 Pj（Q）与项目质量数 a、b、c、以及被试的能力素质水平 Q 之间的数值关系。

3. 项目反应理论测验的编制

用项目反应理论编制测验的一般方法有三个步骤。

（1）项目编写和单维假定

在传统方法中，我们假定，对创造心理的结构进行命题，编写项目是为了测量某种真实的理论所确定的某一构造。单维度，作为所有项目反应理论模型的假设，是在项目反应理论中使用的专门术语，用以形成所有项目都是测量单个潜在特性的思想。现在，让我们简单地说，编写项目的目的是为了测量个体的创造心理的结构和特征。

（2）计算 ICC

研究人员必须首先确定哪个项目反应理论模型最适合于他们所要处理的数据。假如被试不知道题目的正确答案（多项选择能力倾向或成就测验项目），而有猜测的机会和动机时，那么，三参数逻辑斯蒂 ICC 可能是合适的。假如不可能出现猜测因素，那么，二参数 ICC 逻辑斯蒂模型可能是适当的。如果（1）经过选择的项目具有近似相等的 a 值；（2）项目内容或项目形式排除了猜测，那么，单参数逻辑斯蒂规模则可能是合意的。

在选定适当的模型之后，可以用 LOGIST 之类的程序估计项目参数（Wood，Wingersky，& Lord，1976）。然后利用项目参数估计值编制合适的测验。

（3）项目选择

与传统方法选择项目相比，项目反应理论的项目选择以更直接的方式进行。我们不根据项目得分——测验总分和项目难度选择项目，因为我们能按照期望的测验信息曲线（TIC）选择项目，这样使得能力估计值在每个 $\theta$ 水平上都有比较适合的精度。传统方法在对项目作选择时，没有直接的方法保证达到某个预先指定的测量精度水平。

形成量表的项目反应理论方法和传统方法都需要一个项目库，它比量表的最终形式所要求的项目更多些。两种方法都需要大样本的被试以便计算项目统计量，这些统计量是用来选择项目和评价最终（测量）工具的替换形式的。

4. 项目反应理论评价

项目反应理论在理论和方法上有以下优点：

（1）采用非线性模型，建立了被试对项目的反应（观察变量）与其潜在特质（潜变量）之间的非线性关系，这一点更符合事实；

（2）对被试能力的估计不依赖于特定的测验题目。IRT 将被试能力和测题难度放在同一量尺上进行估计，无论测验的难易，被试能力估计值不变，不同的测验结果可直接比较；

（3）难度和区分度的估计值与被试能力无关，同一个测验项目，高能力和低能力被试的反应拟合同一条项目特征函数曲线（ICC），同一条 ICC 所对应的项目参数是唯一的；

（4）测验信息函数的概念代替了信度理论，用测验对能力估计所提供的信息量的多少来表示测量的精度，这避免了平行测验的假定，并能给出不同能力被试的测量精度；

(5) 据项目信息量的大小来选择对能力估计精度，使测验达到预先规定的满意的精度，对不同能力的被试实施不同测题，既提高了测量精度又缩短了测验长度；

(6) 对测验等值、适应性测验、标准参照性测验的编制等问题给出了满意的解决办法[①]。

项目反应理论的理论体系构建于更复杂的数学模型之上，其概念和理论推导更加严谨，但应该看到，IET 也有其不足之处，表现在以下几方面：

(1) 单维性假定难以满足。这是项目反应理论受到攻击的最主要原因。单维性是指测验测量的是单一潜在物质，但严格的单维性是难以满足的。目前的现实问题是，单维性需达到什么程度才能应用项目反应理论，但这一标准的确定尚缺乏充分的理论依据；

(2) 目前项目反应理论的应用仍以两级记分模型为主，且局限于单维反应模型，更高级的项目反应理论模型尚处于理论上的探索阶段；

(3) 项目反应理论建立在更复杂的数学模型之上，依赖更强的假设，计算复杂，不易被人掌握；

(4) 项目反应理论对测验条件要求较严格，样本容量要大，被试的能力分布范围要广，测题数量要多，这些条件不满足就会影响其精确性；

(5) 对 CTT 的一些研究领域，如测验效度问题等，项目反应理论并没有提出独到的见解。正因为如此，在项目反应理论出现后的四十余年，尤其在中国，未见流行多广。在心理与教育测量中，仍以 CTT 为基础进行大量心理测验，收集、评价各项目，心理测量关于项目分析的教学部分也仍以 CTT 为主，鲜见项目反应理论。

## 第四节　创造心理测量的命题模式

创造心理测量命题已形成作业命题、自陈命题、投射命题及情境命题四大模式，这四大模式都有自己的体系和特色。作业命题法，使用一些“任务导向”的客观作业测验，在掩蔽测验目的的条件下，从被试完成这些客观作业的态度、风格及完成作业的质和量上来了解分析其思维特征和样式，是创造心理测量的主要手段。自陈命题、投射命题及情境命题是其辅助方法。它

① 郭庆科．经典测验理论与项目反应理论的对比研究．山东师大学报（自然科学版），2000（3）

们在过去的应用都是各司其能的，现在我们应该考虑它们在创造心理测量中的综合运用和相互佐证。

## 一、作业命题法

作业本身的含义是指从事某项特定的智力或生产活动，作为心理学术语主要是指一种测量方法。作业命题法，是以行为样组的客观的和标准化的作业让被试者去完成，从而鉴定其潜在能量的一种测量法。它不依赖于被试的语言、观念、思想等，而是使用一些“任务导向”的客观作业测验，在掩蔽测验目的的条件下，从被试完成这些客观作业的态度、风格及完成作业的质和量上来了解分析其作业性格，藉此评价被试的智力或思维等方面的特征。

创造心理的作业命题主要有两种类型：实用作业命题和发散搜索命题。

### （一）实用作业命题

真正设计出实用作业命题的，当推邓克尔。邓克尔是德国心理学家、格式塔心理学的奠基者——韦特海默的学生。他设计的有趣命题，不是用于检验特殊的假设，而是研究创造思维过程。他设计的这些实验，意义在于开拓解决问题所运用的推理过程。

下面这个实用命题是他的一个著名实验，要解决的问题是一个实际问题：“假如一个人，生了胃肿瘤，又不能够施行外科切除手术，只能采用放射治疗，问怎样才能把它消除呢?”这个问题的难点是，射线不仅可以破坏患病的组织，同样也会破坏健康组织，而肿瘤组织周围又全是健康的组织。

一位被试者，用了一个半小时才得出了最后解决问题的方法。他的整个思路如下：

（1）把射线通过食道（咽喉）送入胃部；

（2）服用化学试剂，使健康组织不致遭受射线的破坏；

（3）把肿瘤移至人体的表面，让射线对其直接照射；

（4）试用一种新的方法，看看能否降低射线的强度，使之不会损伤健康组织，又能杀死肿瘤？射线的强度应是可变的。可是应怎样做呢?

（5）最后一个方法：设法转移或扩散射线。问题突然解决了：“把一束宽而弱的射线穿过一个透镜，送入胃部，并把焦点对准肿瘤，使之接受聚焦后增强了射线”。这正是所要求的解决问题的方法。但最有效的解决方法是，把几束较弱的射线射向肿瘤，使得只在肿瘤上才聚集起足以毁灭细胞组织的射线，而对周围的其他组织无害。

邓克尔通过许多不同的实验，他得出了有关寻找解决问题方法的过程的一般性结论。按照邓克尔的理论，人们实际上是这样解决问题的：

（1）提出盲目或错误的解决问题方法，但并非一无是处。上一命题中被试者似乎要保持肿瘤、健康组织和射线的基本关系，提出符合某些事实的建议。让射线从食道通入是行不通的，可是让射线从组织的空隙中通过，而不触及健康组织的主意，却是正确的；

(2) 每一个方案都重新阐述这个问题。一个新的假设是在所有因素的灵活转变中建立的，这种"转变"是抽象推理的固有特征；

(3) 任何一个假设，都是根据其功能特征来判断是否可行，许多假设都有相同的功能值（例如："移动肿瘤使之直接暴露在射线下，或者单独采用外科手术切除肿瘤"，或"把射线聚焦在肿瘤上，并避开周围的组织"）。一旦提出某些完善的假设，就必须在实际情况中考虑，确定什么是切实可用的；

(4) 盲目的解决方法不会超出产生问题的特殊情境。在已经抓住的功能特征的情境下，解决各种问题的方法能迁移和应用到不同的情境中。

在解决问题的严格推理过程中，被试者分析情境，以便发现其中所包含的材料和关键的因素，通过对这些材料的重新组织，使得解决问题的方法越来越清楚。同样，对目标也必须分析，以便使被试者能够看到为了从"认识问题"到"最终解决问题"，必须做些什么。不过，这种在解决问题时进行严格推理的做法是很少见的。

### （二）发散搜索命题

把创造思维命题与创造品质结合起来研究的首推美国心理学家吉尔福特。吉尔福特在早期研究中，曾把创造性思维品质分为五大因素，即对问题的敏感性、流畅性（包括联想流畅因子、表达流畅因子、观念流畅因子和语言流畅因子等）、灵活性、独创性、精致性和再定义能力。从命题设计上，他多采用语言文字、数字计算、图像再造和识别、操作性作业等形式。吉尔福特的学生托伦斯、吉特泽尔斯、杰克森等三人，继承老师的事业，进一步对创新命题进行研究和设计，命题有了一些新的内容和形式，主要有：词的联想（如给出多义词，让被试说出词义并从相反、相似、从属等方面加以联想）；物体用途（发散式地指出物体的用途，例如提出"粉笔有什么用途"，要求答案越多越好）；从隐蔽的图案中找出完整的东西来（如给被试看一张画着几何图形的卡片，要求找出另一个更复杂隐蔽起来的图形）；解释寓言揭示寓意（如给几个没有结尾的寓言，要求对每一寓言都做出三种不同的结尾）；自编问题并看谁编得新奇等等。

吉尔福特及其弟子的思维命题的核心是发散搜索功能，这是一种不依常规，寻求变异，从多方面探索答案的命题形式，命题具有流畅、变通、独特三个特性：流畅是指发散的数量，是量的指标，也是发散的基础；变通是指发散的范围和灵活性，是发散的关键；独特是指发散的新异成分，是发散的目的。因此，吉尔福特及其弟子的思维命题具有不少特色，他们强调思维品质作为创造性因子，并从这个结构出发进行命题设计，从而使人们对自身的创造性思维有了新的认识。这些命题有明确的训练和测试功能，尤其对思维的灵活性、发散性、独特性的发展与促进很有裨益。

## 二、投射命题法

投射（projection）这一概念最早由弗洛伊德提出。在弗洛伊德看来，自我（ego）会将不能接受的冲动、欲望和观念转移到别人身上。像那些不能宽恕自己、内心充满敌意的神经症和精神分裂症病人，就常常以迫害妄想的方式将自己的敌意转嫁于别人。可见最早的投射是精神分析家认定的一种防御机制。荣格在他的自由联想测验中发展了这一概念，他认为词的联想中可以激活、投射出情结。H. A. Murray 发展了著名的投射技术主题统觉测验（TAT），其投射概念亦是从弗洛伊德的概念演化而来，但不仅仅是一种防御机制。Murray 认为人们在认知和解释模糊性刺激时的知觉整合受到需要、兴趣以及总的心理组织（psychological organization）的影响。L. K. Frank 则是最早提出投射方法的人，他认为投射方法可以用以研究人格。这种方法就是使用一些刺激情境，使被试做出反应。使用这些刺激情境是要获得被试本身独特的人格组织投射在刺激情境的信息。

投射测验是一种特殊的人格测评技术。通俗地说，投射技术是向被试提供一些未经组织的刺激情境，让被试在不受限制的情境下，自由表现他的反应。主试分析反应的结果，便可推断被试的人格特征。

投射技术的基本假设是：（1）人们对于外界刺激的反应都是有原因且可以预测的，而不是偶然发生的；（2）个人的反应固然取决于当时的刺激和情境，但个人当时的、心理状况、已有的经验、对未来的企望，对当时的知觉与反应的性质和方向都发生了很大作用；（3）人格结构的大部分处于潜意识中，个人无法凭意识说明自己，而当个人面对一种不明的刺激情境时，却常可以使隐藏在潜意识中的欲望、需求、动机冲突等泄露出来，即把一个反映其人格特点的结构加到刺激上。

投射测验有四个特点：（1）测验材料没有明确的结构和固定意义，其结构和意义完全由受测者自己决定；（2）受测者有广泛自由的反应方式，可作多种反应；（3）受测者不知道测试的目的；（4）可以同时测量多个个体纬度，对结构进行整体性分析。

投射技术或投射测验属于心理测验的范畴，这一类测验中最具代表性的是墨迹技术和主题统觉测验。我们在本书图式与创造一章中，已介绍了罗夏墨迹测验，下面介绍主题统觉测验。

题统觉测验原为美国摩尔根（C. D. Morgan）和莫瑞（H. A. Murray）二

人于1935年创制的另一种著名投射测验。这种测验和我们在中小学常采用的“看图说话”的形式很为相似。因此，较之墨迹测验，它显得要明朗一点。

主题统觉测验全套测验包括30张内容很暧昧的黑白图片，及另外一张空白卡片。图画内容多为人物，兼有部分景物。实际使用时，对每一被试者只能选取其中20张（包括空白的一张在内）使用。用主题统觉测验实施时，每次给予被试者一张图片，让他以图片的内容为主题，凭个人的想象，编造一个故事。故事的内容虽不加限制，但必须包括：

(1) 图中显示的是一种什么样的情境，即发生了什么事？

(2) 什么原因导致此情境的发生？

(3) 可能会有什么样的结果？

(4) 当事人的思想感受如何？

测验设计者认为，被试在看图编故事时，通过描述和解释不确定的社会情境，就会不知不觉地将内在的人格表露出来。

主题统觉测验例举

我们以主题统觉测验测试女性的卡片为例。下图画面是一位青年女子的肖像，背景是一个正在做鬼脸的头裹围巾的老太婆。描述这张画使人多有阴森感。不同心理或不同创造特点的女性在这幅测题面前编述了不同色彩、不同结局的故事。

例如：有甲、乙、丙三个女子，按自己的想象分别编造三个有关此画面的故事：

甲：“这女子有了自己的心上人，为了他，她可以付出自己的一切。可是她母亲很不满意，一心一意替她寻找另一个有钱有势的人。她很忧郁，因为她同样爱她的母亲，她母亲为了她，的确吃了很多苦，现在她正处在十字路口，正当她抬脚勇敢地去追求自己的幸福时，她母亲的阴影就出来了。”

乙：“女人就怕自己衰老，画上的这个女人也是这样，她很漂亮，越是漂亮就越担心年老色衰。所以她的美丽不但没有给她带来幸福，反而平添了许多忧愁。其实是杞人忧天，担心不担心都无济于事，越是担心，老得越快。不过，话虽这么讲，一旦真的老成画像上的这个老太婆，简直浑身都不自在了。”

丙：“这是女人吗？我看更像男人。我认识的一个男青年就是这样的，很标致，和姑娘一样，连体态都那么娇娆。可是他娶的妻子却非常难看，就像画上的老太婆一样，真不知道他为什么愿意和她结婚！他太可怜了，所有姑娘都同情他，因为他心地善良，郁郁寡欢，看他痛苦的样子真叫人受不了……。我扯太远了，对吗？看这幅画，不由地就让人想到这件事了。”

不同个性倾向的女子，对这幅图的理解明显烙上生活阅历和价值取向了。如果我们要求被试不仅仅编一个故事，而是多个，则可以从中获得创造思维的有关信息了。

主题统觉测验虽然有很详尽的评分手册，并且由专业人员来施测和解释，但评分仍然带有相当的主观性或直觉性，有关主题统觉测验的信度和效度的研究结果还是不太令人满意。即便是两位专业人士也会对同一测验做出不同的判断。但主题统觉测验仍然是有用的，只是应该将测验与个人生活史、其他测验的数据和行为观察联系起来解释。有经验的专业人员往往使用主题统觉测验对被试的人格做出尝试性的解释，然后根据其他资料来决定接受还是抛弃这种解释。

### 三、情境命题法

在经典测验理论中，我们将情境界定为人身处其中的，由情绪情态、礼仪规范，角色关系、时空设施等因素构成的并直接作用于人的具体的活动场合。情境是具体的、可感知的，它是一种微观社会环境，具有一定的边界区域，那些宏观的政治经济制度、历史文化传统等所谓社会大环境虽然对人的行为起着根本性的决定作用，但不能称之为情境。情境与人的活动之间存在着交互作用关系，它总是由人构建、创造出来，又反过来影响着人的行为，制约着社会事件发展的。

情境命题法用于测量的情境刺激也可分为客观情境和主观情境，客观情境经人工设计，成为经典控制情境的测试题，而主观情境则成为模拟情境的命题。本书在经典控制情境的命题法的基础上，延伸模拟情境命题，并拓展另一崭新的命题领域——虚拟情境的命题方法，该法在本书第七章已介绍，本节不再赘述，重点介绍控制情境和模拟情境。

#### （一）控制情境命题

控制情境命题法也叫情境控制法，以设计、控制、操作某些情境来测试创造心理品质或其他心理指标的方法。控制情境命题法又叫 ABC 情境命题。这是一种行为机能分析过程，包括三个组成部分，即：先行条件（Antecedent Conditions），行为本身（Behavior）和结果（Consequences）。这里采用了它们三个英文字的第一个字母，故称 ABC 情境命题。该法的基本前提是：人的具体行为模式依附于特定的情境，换句话说，特定的情境会引发出人的具体行为模式。而这些行为模式正反映了我们所要研究的心理特征。该方法是指通过给受测者设置一定的问题情境，控制和改变一些条件，记录其反应情况，然后加以分析的一种测评方法。

较为著名的研究是有关阻碍个体创造力发挥的心理定势现象的研究，以及个体如何克服功能固着，创造性地解决问题的研究。解题障碍是格式塔学派研究知觉时发现的，即人们在知觉一个物体时，倾向于只从它的一般性功能上认识它，称为功能固着性（functional fixedness）。例如，上图显示的问题是利用给定的工具将两根悬挂在天花板上的绳子接在一起，对于这个问题，唯一的解决方法是把桌上的钳子拿起来，捆在一根绳子的尾端，像钟摆似地使之晃动，然后再抓着另一根绳子，走到房间中间，等捆着钳子的绳子晃到眼前，再将它抓住，这样就可以将两根绳子接在一起了。曾有人用这个问题进行实验，发现只有39%的被试可以在10分钟内找到答案。问题的症结就在于被试只把钳子视为一种功能固定的技术工具，没有想到钳子也可以用它的重量当摆来使用。

同样的，下图显示的问题是利用给定的工具将蜡烛固定在墙壁上，对于这个问题，只有你不仅仅把火柴盒看做是装东西的盒子，而换一个角度看成是一个平台，你才能想出解决办法。导致上述两个问题不能顺利解决的关键，都是因为被试在表征物体时总是按照物体的传统功能，不会变通，在问题解决时不能用新的方式来表征问题情境。这种功能固着现象有时会限制人们的思维和解决问题的能力。在情境测验中，可以把问题解决定义为具有一系列目标指向性的认知操作，它应具备以下三个特征（1）目标指向性。即问题的解决活动具有明确的目的性。问题解决就是通过一系列认知活动有目的、有

意识地把初始状态变为目标状态。(2)操作系列性。问题解决必须包含有一系列的心理操作才能称为情境问题解决活动。能够自动化完成或只有单一操作的不能构成问题解决过程。(3)认知性操作。问题解决这种目标指向性活动是依存于认知性操作的。不具备认知性操作的活动,不被看做是问题解决。

(二)模拟情境命题法

模拟情境命题是指在特定的时间和空间里面对面地以观、询问、测验等多种手段了解被试,并对被试创造心理的多方面素质进行综合性评判与考核的方式。下面介绍的是较为成熟的模拟情境命题。

1. 公文筐作业

公文筐作业是让被试者在所安排的假想的情境中扮演某种管理者的角色,对事先设计的文件进行处理,进而针对被试者处理公文的方式、方法、结果等进行评价。公文筐测验一般用于对高级管理者的评价,它可以对应试者的计划、预测、决策、沟通等管理能力进行测查,在管理领域应用十分广泛。

这个测试项目由15个文件组成。所有文件都是中层干部经常要处理的会议通知、申请报告、电话记录和备忘录等。要求被试者在两小时内处理完毕。文件处理以团体测试方式进行,有主试统一的指导语。15个文件的来源大体分为三类:第一类是管理中已有正确结论的文件,在文书档案调查的基础上对某些文件做了加工提炼。这样产生的文件易于对被试处理结果的有效性进行评价;第二类是文件处理的条件已经具备,要求被试在综合分析基础上进行决策,这类文件有容易处理的,也有比较难以处理的;第三类是尚缺少某些条件或信息的,看被试者是否善于提出问题和假设,或者有无获得进一步信息的要求。这类文件的处理具有一定的难度。

2. 小组集体讨论

这个测试项目是讨论一项人事安排问题。为了引起争论,按实际管理中常碰到的复杂因素,设计了测试内容。该项目也以团体测验形式进行,将被试者分成若干小组,每组六个人。不明确谁是召集人。在主试讲完指导话后即开始讨论。看谁善于集中正确意见,并说服他人,把讨论引向一致。

3. 上下级对话

这个项目属于管理角色扮演。设计了一个上级做下级思想工作的材料,由被试者扮演上级,测评者担任下级,以个别测验方式进行。如面对一个经常迟到且满不在乎的人,看被试如何应对。

4. 工作布置

这个测试项目属于即席发言。要求被试者看阅报纸报道后,以职能科长的身份即席发言。结合个别测验方式进行。下级由测评者担任。

模拟情境命题具有五大基本特点:

（1）直观性。模拟情境命题是对被试的直观性考核，强调进行面对面、直接地观察、询问和测试。被试的外在表现，对主试人的评判将有一定的影响作用；被试的现场表现，如口才，构成面试考核的重点。因此，感性因素在面试中有着重要地位。

（2）综合性。模拟情境命题是对被试的综合性考核，既可以考察笔试难以考察的知识运用和处理实际问题的能力，也可以考察那些通过笔试不能考察到的被试的仪态、谈吐、举止以及待人接物方式等等。

（3）过程性。模拟情境命题是对被试的过程性考核。笔试强调结果，即考生最后上交的书面文字材料，通过对这些文字材料进行审阅判分；而情境模拟测评强调过程，即从被试准备进入考场到离开考场这一时间阶段的所有表现，都可能影响主试人对被试的评判。而且由于首因效应和先入为主等心理现象的存在，一些专家指出，被试在面试前5分钟的表现甚至是决定面试成败的关键。

（4）互动性。模拟情境命题是用人单位和被试之间的双向互动式考核。在笔试中，考生与评分者之间没有接触，评分者依据那些既定不变的答案进行评分，评分者与考生之间缺乏沟通与互动；而在模拟情境命题测评中，当主试人对被试的回答和表现有疑问或感兴趣时，可以提出追加性的问题，被试亦可根据主试人的言谈表情等，了解主试人的意图，提出问题或作进一步的解释。有时，被试还可以主动提出一些令双方感兴趣的话题，以活跃面试气氛，扩大相互间了解，争取主试人的好感。

（5）多样性。模拟情境命题在形式上具有灵活多样性。模拟情境命题的形式多种多样，既可以坐在办公室里很正式地进行，也可以在咖啡厅里边喝边聊地进行。例如：为了评鉴管理干部的创造思维力、想象力、创造人格等特征，可设置无领袖团体情境（Leaderless group situation）。该测验是在一组彼此不相识的人群面前，提出一项在有限的器材条件下需参加者通力合作，并在规定时间内完成的任务。在这里，谁是小组领导人未确定，而且规定如不能按期完成任务每人都要受惩罚。在此情境下，如有人自动承担起领导者的责任，获得小组成员的支持而顺利完成任务者，此人即具有管理干部的特质。

### 四、自陈命题法

自陈命题法是被试者本人对自己心理或思维特质按自己的意见予以评鉴的一种方法。其测量工具是以实验为基础的、有一定组织形式的问卷和量表构成。由于这种方法简单易行，又被人们转借到能力心理学、犯罪心理学、领导心理学、教育心理学、恋爱心理学等各个领域，成为运用最广泛的心理测验。

（一）自陈命题的性质

与投射法相比，自陈命题对被试者的反应（回答）有控得多。投射法的测验允许被试者有相当大的自由选择反应的余地，自陈命题却将被试者的反应限制在一定范围内，通常以问卷的形式出现，让被试者凭自己的意见，从若干问题中选择适合于描写自己特质的回答。

投射法的研究者认为，心理或思维特质蕴藏于意识和无意识的动机与冲突之中。这是以心理动力学为理论基础的。而自陈命题法的研究者却认为，所有的问题都要从心理或思维特质中去寻找，用因素分析法即可找到心理或思维特质。投射命题法似乎是一架心理显微镜，能照出被试者本人意识不到的心理特性；而自陈命题法却将人的特质摆出来让人挑选。它们之间的区别可列表如下：

表　投射命题法与自陈命题法的区别

| 测验类别 | 测验特征 | 举例 | 获得的资料 | 理论途径 | 代表人物 |
|---|---|---|---|---|---|
| 投射命题法 | 伪装 | 罗夏墨迹测验<br>主题统觉测验 | 意识和无意识的动机与冲突 | 心理动力学 | 弗洛伊德 |
| 自陈命题法 | 明了 | MMPI、16PF | 人格特质 | 人格特质的因素分析学说 | 卡特尔 |

因此，尽管自陈命题法和心理投射法都是用于心理或思维特质测量，但其形式、设计原理和功能都是大相径庭的。

（二）自陈命题的常见形式

自陈命题多用问卷的形式列出数十甚至数百道题目，让被试者圈选或做简单的回答。以下二例即为常见的试题形式：

我有时说话很快，来不及思考。　　是□否□？□

你喜欢看惊险故事片吗？　　　　　是□否□？□

以上两个问题，每题都有三个可能的回答方式。按个人对自己的实际情况，从肯定（是）、否定（否）和无法判断（?）三者之中挑选出一种回答。

自陈命题的第二种常见形式，就是并列陈述两项或多项心理或思维特质，让被试者按照自己的意见圈选出其中的一项。这种题目形式如下：

A. 我喜欢批评那些有权威和有地位的人。

B. 在长辈或上级面前，我会感到胆怯。

自陈命题的第三种常见形式，就是一个问题情境中的多种处理办法，让被试者考虑自己最有可能的一种。而这一问题情境，被试者本人并未亲自经历，只是一个假设。如：

滑雪场上，一个滑雪运动员正姿态优美地滑雪，忽然在他的正前方有一个很大的洞口，眼看他掉进冰窟，这时你将怎么办？

a. 大声叫喊，让他躲避。

b. 只好眼巴巴看着他掉进去。

c. 让他接受一次教训也好。

d. 赶快喊救护队来搭救。

e. 有好戏看了，谁让他这么逞强。

上述a、b、c、d、e并不能包括所有的可能，只让被试者选择最接近的一种。

（三）自陈命题的设计原理

自陈命题的效度和信度虽较之一般作业量表低。但在编制时也要经过标准化的程序。初看起来，自陈命题制作易如反掌，只要提出一连串问题让被试者回答就是了，但事实上并不那么简单，其中有不少理论和技术性问题。

1. 相关性

自陈命题的相关性体现在两个方面：首先，问卷的内容要有实际依据，不能凭空想当然。想当然提出的问题只有提出问题的本人感到合适，被试者则不一定感到合适；其次，问卷的内容要有理论依据，即测验的项目要与测验的目的相吻合。例如测量人物的性格的内倾还是外倾（性向），那么在问卷的设计上必须体现内倾性和外倾性格的特征来。

2. 相对随意性

项目的内容是具体的，有控的，但对每一条项目都有两种以上可供选择的回答，被试者可以选择他们最赞同的或觉得最能反映实际情况的那些回答。这种选择是由被试者主观感觉而定，所以测验是随意的；又因为问卷的项目受测验目的限制，选择是在一定范围内进行的，所以又是有限度的。这比起投射测验随意性要小得多，受控得多。对答卷的评定是以被试者对问卷中全部或者若干项目回答的相互有意义地联系程度为准绳的，有比较固定的界段和评语，不像罗氏墨迹测验或主题统觉测验的评定由主试者随意而定。

3. 技巧性

问卷既然以问题的方式提出，设计的问题要力求简明具体，注意技巧：

（1）问题必须具体。应该问一些关于事实的问题，而力求避免一些观点的问题。如不要这样设问："你为什么不喜爱和别人交往？""你对开会学习的意见如何？""你认为老师教课的方法应如何改进？"等等。这种问题三言两语很难讲清楚，被试者往往一时答不上而不乐意回答。

（2）问题必须提得简单明了，要不动多大脑筋就能回答。譬如不应该问："你一年看多少本文艺书籍？"这样被试者不得不回忆一下，还得计算一番，这样太麻烦。如果把问题改成“你喜欢看文艺书籍吗?”问题就容易回答得多。

(3) 问题应该以肯定式提出，而不应以否定式提出。如不应该问：“你没有经常失眠，对吗?”而应该问：“你经常失眠吗?”因为用否定式提出问题容易导致否定回答和不置可否的态度。

(4) 涉及关于被试者本人私隐的问题不应列入测验项目。譬如不应问：“你谈过几次恋爱?”“你多少时间洗一次澡?”

(5) 应该避免提诱导性问题，如不应这样设问：“在公共场合吸烟是很讨厌人的，是吗?”“性格内向的人容易得病，你常有病吗?”这样提问，有些被试者往往会把真实情况掩盖起来。

4. 标准性

量表设计之后，也应该具有可资比较的常模以及一定的实施程序。在建立测验的效度时，通常是选取两组人，作为两个标准化样本之用，一组是由具有良好适应的人口中选出，一组是由不良适应的人口中选出，用同样的题目先测验两组，然后只选取其中得到不同答案的各题，用作测验的正式题目，因为只有这类题目才具有辨别的功用。这个原则，对于用以编制测量病态倾向的人格测验，更有其必要性。

一个自陈命题，可以设计来测量心理或思维特质中的单一特质，例如有单为鉴别支配与顺从的，也有单为鉴别内倾与外向的。有的自陈命题是设计来测量整个人格倾向，并用来鉴别个人适应情况以及病态倾向的。当一个自陈测验同时测量数个心理或思维特质时，测量结果将得到几个分数，每个分数表示某一方面的特质，由几个分数的组合，则可得到心理或思维特质的剖析图。由此剖析图，即可对个人的心理或思维特质，获得概括的了解。

5. 创造性人格自陈问卷举例

创造性人格的自陈问卷既有他评形式的，也有自评形式的，如关于过去创造成果的问卷或自传式陈述，自省报告等也能打开一个与创造行为有关的广阔视野。典型的自陈项目通常是“我喜欢创造新游戏”等。考察与创造力有关的情感行为的自陈式评价工具主要有《发现才能团体问卷》(Group Inventory for Finding Talent)(Rimm，1980)和两个自评量表《Khatena-Torrance 创造性知觉问卷》(Khatena-Torrance Creative Perception Inventory)、《你属于哪一类人》(What Kind of Person Are You)、《关于我自己》(Something About Myself)(Khatena&Torrance，1990)，这些工具主要用于测量青少年对创造性自我的知觉。传记式问卷一般由对过去创造成果的自传性陈述组成。对于年幼中小学生，这种问卷通常由其父母完成。此外，兴趣问卷能反映出一个学生在某一特定领域具有创造力的可能性

(Cohen&Gelbrich，1998)。有关其他人格建构如学习或思维风格的测量也能反映出中小学生的创造力。然而，人格角度的测量信效度较低，对创造力训练的效果的敏感度也较低。

下面介绍几个常用的鉴别创造力人格的量表。

(1) 发现才能团体问卷

该问卷是 S. Rimm 和 G. Davis 分别于 1976 年和 1980 年研究出来的一种问卷。其使用和研究范围很广，涉及各种族、各国度的各种中小学生。它包括三个年级型，初级型用于一、二年级，基本型用于三、四年级，高级型用于五、六年级。问卷分别由 32、34 和 33 道是非题组成。该测验主要测量中小学生的独立性、坚持性、变通性、好奇心、兴趣广度、过去的创造活动及爱好等。下面是一些项目举例，如，我有一些很好的看法（测独立性）、猜容易的谜语最有趣（测坚持性）、我喜欢玩我熟悉的游戏，不喜欢玩新游戏（测变通性）、我喜欢把东西拆开，看他们是怎么回事（测好奇心）等等。

(2) 托兰斯问卷

托兰斯在 1965 年编制了一个简便、易行、相对有效的创造性人格自陈量表《你属于哪一类人》。该量表包括 66 个从 50 项有关研究中收集来的创造性人格的特征。其中的项目均是自选形式，即二择一式，其目的是让受测者本人提供其创造性人格特征的报告，以了解他们的创造性水平。下面是该量表中的一些例题：

① 办事情、观察事物或听人说话时能专心致志。
② 说话、作文时经常用类比的方法。
③ 能全神贯注地读书、书写和绘画。
④ 完成老师布置的作业后，总有一种兴奋感。
⑤ 敢于想权威挑战。
⑥ 习惯与寻找事物的各种原因。
⑦ 能仔细地观察事物。
⑧ 能从别人说话中发现问题。
⑨ 在进行创造性思维活动中，经常忘记时间。
⑩ 除日常生活外，平时大部分时间都在读书学习。
⑪ 能主动发现问题，并能找出与之有关的各种关系。
⑫ 对周围事物总持有好奇心。
⑬ 对某一问题有新发现时，精神上总感到异常兴奋。
⑭ 通常能预测事物的结果，并能正确地验证这一结果。
⑮ 即使遇到困难和挫折，也不气馁。
⑯ 经常思考事物的新答案和新结果。

⑰ 具有敏锐的观察力以及提出问题的能力。

⑱ 在学习中，有自己选定的独特研究课题，并能采用自己独有的发现方法和研究方法。

⑲ 遇到问题时，常能从多方面探索可能性，而不是固定在一种思路或局限在某一方面。

⑳ 总有新设想在脑子里涌现，即使在游玩时也能产生新设想。

评分标准：每项肯定回答记一分，最后记总分。测量结果分四个等级：0～9 分是创造性差，10～13 分是创造性一般，14～17 分是创造性好，18～20 分是创造性很好。

(3) 劳德塞的创造才能“简易测试”量表

美国普林斯顿创造才能研究公司总经理、心理学家尤金 . 劳德塞曾设了一套 50 个题的创造才能“简易测量”量表，后来他又改进了自己的方法，而仅仅使用形容词的选择法，其题目及评分标准如下：

① 题目

从下面描述人物性格的形容词中，挑选出 10 个你认为最能说明你性格的词：

精神饱满　热情　骄傲自大　有朝气　孤独　泰然自若　虚心
脾气温和　自信　实惠　不屈不挠有独创性　具说服力具高效率
好交际　束手束脚不拘礼节机灵　严格　好奇　乐于助人
观察敏锐老练　不满足　有主见　严于律己　易预测　复杂
思路清晰　谦逊与求是　足智多谋　时髦　有理解力　性急　感觉灵敏
柔顺　创新　拘泥形式谨慎　有献身精神　有远见　善良　坚强
一丝不苟无畏　实干　漫不经心　有组织力　有克制力

② 评分标准

a. 选下列每个形容词可得 10 分

精神饱满有主见　创新　观察敏锐有献身精神　好奇　不屈不挠　有独创　有朝气　柔顺　感觉敏锐热情　足智多谋　无畏严于律己

b. 选下列每个形容词可得 5 分

自信　虚心　一丝不苟有远见　机灵　坚强　不拘礼节　不满足

③ 分级标准

91 分以上非凡；81—90 优良；71—80 良好；41—70 普通；21—40 薄弱；20 以下毫无创造力。

(四) 自陈量表法的优缺点

1. 优点

(1) 可操作性强；(2) 采用标准化测试的形式；(3) 简单易行，解释比较容易，可进行自我诊断；（4）客观、全面，应用非常广泛。

2. 缺点

（1）稳定性差。由于个人的创造行为随时间而有所改变，所以测试所测量的行为比能力测试的稳定性；（2）被测试者容易弄虚作假。测试中的问题明显，稍有头脑的被试往往可以伪述或伪测；（3）大多数问卷调查表容易被钻空子，所以预测效度不太理想。尤其在录用考核中进行该类测试时，被测试者往往偏向好的一面，即选择社会所期望的答案，或把自己表现得更好的倾向。

## 五、创造心理命题技术的改革

国外如今流行的评价中心技术已关注不同命题技术的互补作用。例如采用多种评价技术（特别是不同类型的工作情境模拟技术）来进行选拔人才和培训人员。美国评价中心所采用的主要技术有：公文处理法（使用频度95%）；无领导小组讨论（使用频度85%）；模拟面谈（使用频度75%）；时间安排（使用频度45%）；案例分析（使用频度40%）；管理游戏（使用频度35%）；背景面谈（使用频度10%）；纸笔测验（使用频度5%）；智力测验（使用频度2%）；阅读测验（使用频度1%）；计算测验（使用频度1%）；人格测验（使用频度1%）；投射命题测验（使用频度1%）。其中公文处理、无领导小组讨、模拟面谈、时间安排、案例分析、管理游戏、背景面谈等都属于情境命题。情境命题既是对现实生活和工作的一种模拟，因此，受到各方的青睐。但情境命题设计难度大，要花费大量的人力、物力、财力和时间。而这一点对作业命题却不存在。作业命题与情境命题的互补性很明显。人类千年的长途跋涉和漫漫求索为作业命题奠定了厚实的基础，可以弥补情境命题的这一局限。而作业命题的情境化设计，也会使作业命题更贴近生活实际。

自陈命题简单，操作容易，但无法探测潜意识内容，刺激的高度结构化又使结果解释余地较小，所以自陈命题很难从个案性上把握个体的思维特征。投射命题测验操作难度大，但可以对思维样式或特征作综合的，完整的探讨，对被试的内心世界作深层探索（可能探测到个体的潜意识内容），并做出动态解释。自陈命题虽然加入了一些测谎命题，但是仍不能很好解决被试作假的企图。因此它比较适合被试不至于有意防范而作虚假的反应。而投射命题测验的表面效度低，即测验的目的常常是部分或全部隐藏着，与问卷测验的一目了然相比，被试很难判断它所测的内容，因此它的表面效度更低，测验目的的掩蔽性较好，能比较真实反映被试的情况。另外，投射技术还可弥补问卷测验的文化背景的影响。

我们尝试用自陈命题、作业命题、投射命题和情境命题的互补性，设计

W-QIUS 反向思维测验。该测验有两部分构成，前一部分是自陈命题，后一部分是作业命题、投射命题和情境命题。但这种综合性命题存在诸多技术问题：首先是由于国际上心理和教育测量的趋势是越来越多地使用标准参照测验，而这种综合性命题测验并不强调项目的区分度，因此，会遭受到 CTT 的批评；第二，项目反应理论强调以数学模型为核心，模型的数学公式复杂，加之综合性命题测验形式和内容的多元性将令大多数人望而生畏，心理学工作者并没有统计学家那样丰富的数学知识，向项目反应理论靠陇比较困难。另外，项目反应理论比较复杂，人工计算是不可能的，计算机软件得到了一展所长之处。但由于各种软件有一定局限性，主要是对被试数和项目数及适用的模型有所限制，比如 LOGIST 是根据三参数对数模式设计的，要求被试人数至少为 1000，项目数至少为 40；BI-CAL 软件分析 Rash 模型；BILOG 处理单、双、三参数对数模型等等。所以对心理测量人员，首先要懂得什么模型用什么软件，又需要对被试数、项目数进行控制，自由度比较小；第三，综合性命题测验要得出稳定的参数值，其首要的条件是测验项目和模型拟合。由于综合性命题测验是建立在相当强的假设基础上的，因此对假设的检验就变得十分重要了。各种模型都需要进行检验的一条假设是单维性检验。恰恰在单维性问题上，综合性命题测验承受着来自理论上和实际应用方面的巨大压力，学者们对此存在尖锐的不同看法，既然被试的测验数据不仅仅由能力 $\theta$ 决定，还受测验时的多种内外环境的影响，那么综合性命题测验要求的单维性假设就根本不能满足。总之，综合性命题测验仍有存在、发展的趋势。在遇到一般问题，不需精确求解的情况下，用它进行思维样式分析是恰当的，因为比较综合、易于全面反映，而且作为传统集大成者，它相对单一命题而言，已经发展得比较充分了。而综合性命题测验的一些弱点并非不能克服，一旦对应的数学模式建立起来，技术上有根本突破，它就会腾越居上了。

下面列举大学生反向思维测验是我们综合近年来的相关量表改制而成的。该量表主要是由自陈量表法与作业量表法互补而成，尤其是作业对自陈的真实性的佐证是十分明显的。

## W-QIUS 大学生反向思维测验
## （适合 17 岁以上大学生）

**【指导语】** 反向思维实质是思维的逆向发散过程。这种发散的特点具有颠倒的辐射性质，如视角颠倒一下，位置颠倒一下，角色颠倒一下，表意顺序颠倒一下、观点颠倒一下，输赢颠倒一下、作用颠倒一下，方式颠倒一下，程序颠倒一下，动静颠倒一下、过程颠倒一下，因果颠倒一下、主次颠倒一下、理论颠倒一下……也就是从相反的角度选定突破口，改变事物原本的运行方向。尤其是顺向思维使人陷入困境的时候，反向思维让思维重新选择一个出发点，重新确定一个方向，可能就会使您茅塞顿开，豁然开朗，顺利到达成功的彼岸。下面的问题就是考察你反向思维的能力的，每道题你只能选择一个答案。

**【测题】**

1. 你经常将问题倒过来考虑吗？

A. 是　　B. 说不准　　C. 不

2. 你经常站到对方来考虑问题吗？

A. 是　　B. 说不准　　C. 不

3. 你听老师讲课时，有没有想到如果自己是老师的情况？

A. 有　　B. 说不准　　C. 没有

4. 你常反驳别人的意见吗？

A. 是　　B. 说不准　　C. 不

5. 你有时会提出一个与正在讨论的问题完全相反的问题吗？

A. 是　　B. 说不准　　C. 不

6. 在写作文时，你尝试过倒叙的写法吗？

A. 多次　　B. 有几次　　C. 没有

7. 在解数学题时，你常常使用逆推法（即从结果推到条件）吗？

A. 是　　B. 说不准　　C. 不

8. 看小说时，你曾直接翻到书尾看看结局如何，然后再决定是否仔细阅读整本书吗？

A. 多次　　B. 有几次　　C. 没有

9. 你能意识到吃了别人亏，上了别人当给你带来的好处吗？

A. 是　　B. 说不准　　C. 不

10. 你理解否极泰来，泰极否反的说法吗？

A. 完全理解和赞同　B. 有些理解　　C. 不理解或不赞同

下面请准备好纸和笔，把一个钟放在面前。然后以规定的时间完成以下的问题，记下各题答题时间，并做出最适合你的选择。

11. 从相反的方向能观察到一些奇怪的画面。下面图（1）是从口袋里向外看到手伸进口袋取钱包的画面，那么（2）图是从什么角度看到的？（限时 2 分钟）

A. 10 秒钟内完成　　B. 1 分钟内完成

C. 1～2 分钟内完成　　D. 2 分钟内没有完成

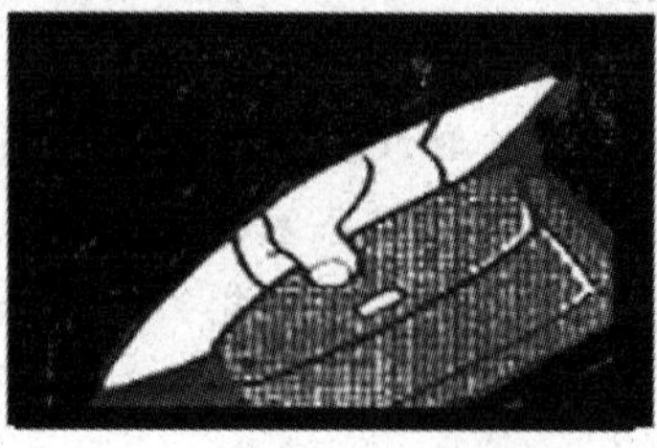
图（1）

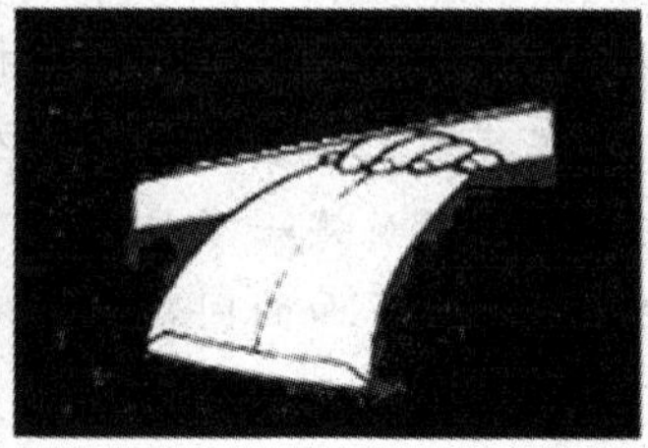
图（2）

12. 我们知道煮熟的鸡蛋只能平放在桌子上。请你想一个办法，让煮熟的鸡蛋直立在桌子上。注意，不允许借助其他工具或物品。（限时 2 分钟）

A. 10 秒钟内完成　　B. 1 分钟内完成

C. 1～2 分钟内完成　　D. 2 分钟内没有完成

13. 瓶塞已经陷进瓶口里，无法用手取出。请问在不打破瓶子的前提下，你有办法让瓶中的液体流出来吗？注意，不允许借助其他工具或物品。（限时 2 分钟）

A. 10 秒钟内完成　　B. 1 分钟内完成

C. 1～2 分钟内完成　　D. 2 分钟内没有完成

14. 黑白双关图中的对象与背景的关系通常是相互转化的。下图 1 是最好的示例：你可以把它看成两个人的面孔或一个花瓶，两者可以反复变动，但你不可能同时把两者都当作知觉对象，看到两者都同时存在。图 2 也是双关图形，不同的背景可以有不同的内容。请从不同的背景说出与图案相仿的不同事物，说得越多越好。

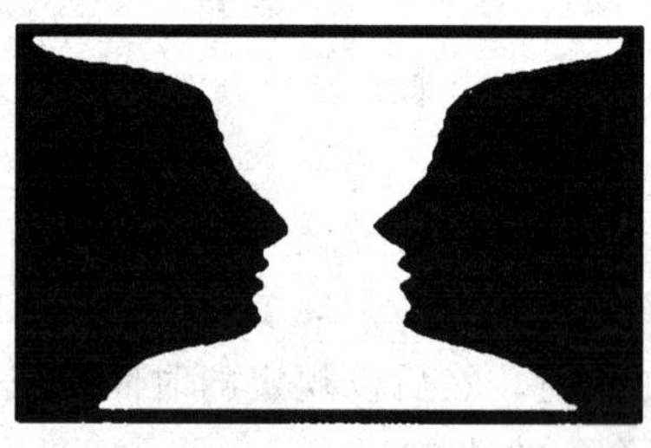

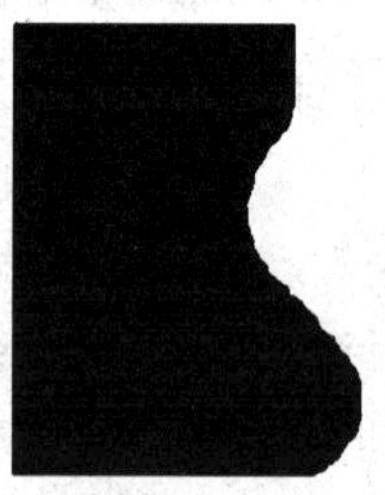
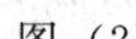

图（1）　　图（2）

A. 5 分钟内想出 5 个以上答案　　B. 5 分钟内想出 2～5 个答案

C. 5 分钟内想出 1 个答案　　D. 5 分钟内没有想出答案

15. 在炎热、干燥的沙漠中，两位摩托车手为获得一笔优厚的奖金正在进行一场奇怪的比赛：谁的车最迟到达位于沙漠另一端的目的地，谁就获胜。出发后，两位车手都磨蹭着不肯前进，越来越严重的饥渴感包围着他们。你能替他们想一个办法，使他们尽快地结束这场比赛，又不致因此输掉这场比赛吗？（限时 5 分钟）

A. 30 秒钟内完成且有正确答案　　B. 2 分钟内完成且有正确答案

C. 5 分钟内完成且有正确答案　　D. 5 分钟内没有完成或答案错误

16. 下面（1）图是从口腔里向外看到的一个人脸，那么（2）图是从什么角度看到一双鞋的？（限时 2 分钟）

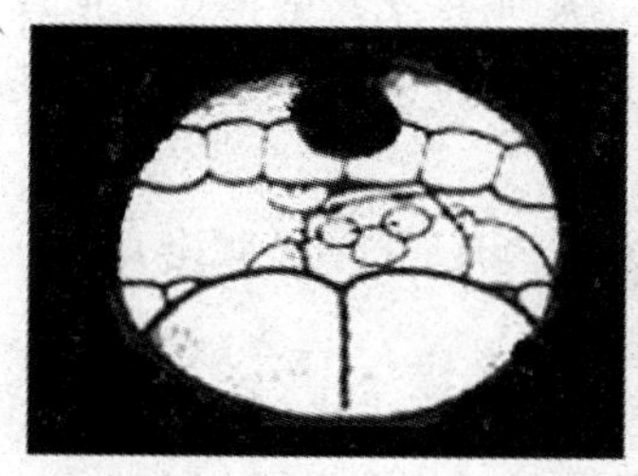

图（1）

图（2）

A. 30 秒钟内完成且有正确答案　　B. 1 分钟内完成且有正确答案

C. 2 分钟内完成且有正确答案　　D. 2 分钟内没有完成或答案错误

17. 老师想从学生甲和学生乙两个人中选一个参加创造兴趣小组，就把他们带进一间黑屋子里。

老师点着灯说："这张桌子上有五顶帽子，两顶是红色的，三顶是黑色的。现在，我把灯吹掉，并把帽子摆的位置搞乱，然后，我们三人每人摸一顶帽子戴在头上。当我把灯再点着时，请你们尽快地说出自己头上戴的帽子是什么颜色的。"说完之后，老师就把灯吹掉了，然后，三个人都摸了一顶帽子戴在头上。同时，老师把余下的两顶帽子藏了起来。待这一切做完之后，老师把灯重新点亮。这时候，学生甲和学生乙两人看到老师头上戴的是一顶红色的帽子。学生甲见学生乙在犹豫，马上说道："我戴的是黑帽子。"老师于是将学生甲选入创造兴趣组。

你知道学生甲是如何推理的？

A. 30 秒钟内完成且有正确答案　　B. 2 分钟内完成且有正确答案

C. 5 分钟内完成且有正确答案　　D. 5 分钟内没有完成或答案错误

18. 以前，人们是不穿鞋子的。有一个王国，大臣们为了讨好国王，将他所有的房间都铺上牛皮，当国王走在上面的时候，感到十分的舒服。于是国王就下令，将全国所有的土地全部铺上牛皮。这简直是不可能的事！到那儿去找这么多的牛皮！即使有那么多牛皮，又怎能把国王要走的路全铺满呀。大臣们全慌了，他们抓耳搔腮一筹莫展。

有什么办法，既不要把国王要走的路全铺满牛皮，又使国王每一步都能踩着牛皮走呢？（限时 5 分钟）

A. 30 秒钟内完成且有正确答案　　B. 2 分钟内完成且有正确答案

C. 5 分钟内完成且有正确答案　　D. 5 分钟内没有完成或答案错误

19. 有一家动物园的老板，生意比较清淡。于是，他请来了一些专家给他想办法，讨论的题目是如何捉到老虎。

专家们按照 K、J 方法开展了讨论，K、J 方法是 1970 年日本学者川喜田二郎所创立的，约定在会上须思想解放，展开想象，无论意见怎样荒谬也不许反驳；要求与会者努力寻找联合或改进他人的意见，最后由决策人整理并且做出抉择。

会议开始以后，有一位计算机数学家发言说："不必捉老虎了！把猫拿来就可以了。"他的理由："猫是老虎的近似值。"

"只要给猫照一张照片就可以了！因为猫的照片是老虎的同态像。"接着发言的是一位代数学家，他运用了在数学中"同态象"的概念。

后来，一位拓学者站起来，说："不必再谈了，老虎已经捉到了！我用一个拓扑的变换：把笼子里的内部变成外部，外部变成笼子的内部，不管哪里有老虎，都可以用这个方法做到！"

这则故事听起来荒谬可笑，可是，动物园的老板却受到了启发，这就是："把笼子的内部变成外部，而将外部变成笼子的内部。"按这个设想的动物园建立起来以后，果然吸引了四方来客，生意日益兴隆起来。你如果是动物园的老板，听到拓学者的话后，会有什么设想？（限时 5 分钟）

A. 30 秒钟内完成且有正确答案　　B. 2 分钟内完成且有正确答案

C. 5 分钟内完成且有正确答案　　D. 5 分钟内没有完成或答案错误

20. 一个周末的夜晚，滨海某个城市有一家剧院正在上演从北京来的大型歌舞节目，出场的演员阵容强大，其中不乏大腕歌星、笑星，因此引来不少的人上前去争相购票，一时间，剧场的前面被围得里三层外三层，拥挤不堪。大家正在一股劲地往前挤，突然一个长头发的青年人混在人群中，装出被别人挤得东倒西歪的样子，趁机从前面的一个戴近视眼镜的中年妇女的口袋里掏出一个红色的小钱包，急急忙忙地向自己兜里一塞，还装模作样地向周围的人们看了一眼，自以为无人知道，故意叫到："他妈的太挤了！"一边说一边挤出了人群。

可小偷哪里知道，他所做的这一切，早已被刚买到票的中学生小玫看在眼里，小玫皱起了眉头，思考着：怎么办？

这里人很多又十分拥挤，一旦喊"抓贼"，罪犯在混乱中最容易逃脱；直接去派出所报告吧，小偷可能早已经逃之夭夭了。最好的办法是利用调虎离山之计，将小偷从有利于逃跑的环境，转移到不利于逃跑的地方，稳住他再去派出所报告。作为小姑娘的小玫同学，与高大的男青年对抗，当然不是对手，可使用计谋却无需考虑到身体的条件。

你如果是小玫，能想出什么好办法？请把故事写下去。（限时10分钟）

A. 1分钟内完成　　　　B. 5分钟内完成

C. 10分钟内完成　　　　D. 10分钟内没有完成

**【评分规则】**

1—15题：选A得3分，选B得2分，选C得0分；

16—20题：选A得3分，选B得2分，选C得1分，选D得0分。

**【参考答案】**（11题—20题）：

11. 从邮箱里望外看。

12. 将鸡蛋的一头敲碎立起。

13. 将瓶塞捣进瓶子里。

14. 花瓶、痰盂、河流、沙滩、地图、耳朵、两个葫芦、两把比邻的大提琴、两个人体、两人相对、相背而行、擦肩而过、相对无语等。

15. 将两人的赛车调换一下，比赛就可由原先的“比慢”改为“比快”。

16. 从鼻孔里向下看到一双鞋。

17. 学生甲采用逆向推理法：如果我戴的也是红帽子，那么，就马上可以猜到自己是戴黑帽子（因为红帽子只有两顶）；而现在学生乙并没有立刻猜到，可见，我戴的不是红帽子。

18. 很简单，将牛皮做成鞋子让国王穿。

19. 建立一个天然的动物园，将老虎和其他野兽放在自然的环境下生活，而参观者去参观时，进入一个活动的笼子——密封的汽车里游览。这就是“把笼子的内部变成外部，而将外部变成笼子的内部”。也就是从相反的角度选定突破口，改变事物原本的位置。

20. 小玫灵机一动，急急忙忙地掏出了自己的那张戏票看了一下，是24排4座，然后走到小偷面前，问：“戏票，这一场的，你要票吗?”小偷得了手，目前正好没事，便回答说：“我要的!”见小偷进了剧院，小玫一口气跑到派出所将刚才发生的事情经过以及小偷的相貌特征一五一十地对值班民警讲了一遍。值班民警赶到剧院来个瓮中捉鳖。小枚使用的是“调虎离山”之计，就是在对手不知不觉的情况下，引诱其从有利于他的地方退出，并自动地进入有利于我方的地方，然后出击成功。

## 第五节 创造心理测量的辅助手段

现代创造心理测量学的建立，除借鉴传统经典的心测技术外，还应使用其他各种辅助研究手段，如同感评估技术、实验评估技术、信息论的研究、个案研究、生物统计技术、计算机模拟技术等。

### 一、同感评估技术

美国哈佛大学的Amabile教授认为，尽管人们对创造力的定义可能不完全一样，但是同一领域的专家们对同一作品会有基本一致的同感(consensus)。这种同感可以成为评价创造力的基础。因此，她于1982年提出了“同感评估技术”[①]。

（一）同感评估技术理论

任何测量技术都是建立在特定理论基础之上的，同感评估技术也不例外。在Amabile看来，一个人的创造力必定反映在其作品所具有的创造性中，而作品的创造性则主要反映在作品的新颖性和适宜性两个方面。

显然，现实中，一个作品的新颖性和适宜性既取决于作品本身的特征，也取决于人们，特别是熟悉该领域的专家们对该作品的评价。在通常情况下，专家们对该作品的评价能够比较好地反映该作品的特征。同一领域的专家们对一个作品的评价通常会有较好的一致性。因此，Amabile对创造力的“同感”定义是创造力评价的一个操作性定义，评价的主要依据是评价者对创造力的内隐标准。不过，Amabile认为，能够采用同感评估技术技术评价的作品必须满足下面两个条件（1）具有新颖性和适宜性；（2）作品生产是开放式的。显然，从广义上看，第一个条件是所有作品都能满足的，因为，所有作品都可以被看成是有新颖性和适宜性的，只是新颖和适宜的程度不同而已。但第二个条件并不是所有作品都能满足的。那些显而易见有统一标准答案的作品是不能用同感评估技术来评价的。

（二）同感评估技术介绍

1. 评价者

评价者是同感评估技术实施的重要因素。不过，基于内隐理论的同感评估技术技术要求评价者对相关领域比较熟悉。在评价时，要求评价者根据自己对创造力的内隐理论，对产品或反应的创造性做出独立的评价。

---

① 宋晓辉、施建农，心理科学进展，2005（6），739－744

2. 适用于同感评估技术评价的作品

能适用于同感评估技术技术评价的作品或反应需要满足一定的条件。换句话说，不是所有的作品或反应都可以同感评估技术技术来评估。就像前面提到的，具有明显标准答案的作品或反应不适宜用同感评估技术评价。如数学计算，或物质的常规分类，如常规动植物的分类，或基本测量，如长度或体积的测量等。一般来说同感评估技术对引发创造性产品或反应的任务有如下要求：（1）能够引发产品或可清楚观察的反应，以供观察者对其评价；（2）所有被试的测试环境、实验材料和指导语是相同的；（3）对应于创造力的概念定义，任务是启发式的，即具有足够的开放度，允许产品具有相当的灵活性和新颖性；（4）在社会心理研究中，任务不能过于依赖某些特殊技能；（5）其引发的产品或反应可以由适宜的评价者对其进行信度较高的评价。

目前，同感评估技术主要用于与言语或语言、艺术或表演或具有多种解决方案的问题解决等有关的作品或反应的创造性。与言语或语言有关作品或反应有诗歌、故事或为图片定标题等；与艺术或表演有关的作品或反应有拼贴画、绘画（包括线条画、油画和素描等）、手工艺品和动作表演等；而与问题解决有关的作品或反应有计算机编程、沙漠求生或建筑设计等。在心理学研究中，同感评估技术应用得最为广泛的是用于评价儿童言语创造力和艺术创造力。

3. 评价过程

在对某个作品或某类作品进行评价时，首先要挑选熟悉相关领域的成员组织评价小组，其次要告诉评价者，应该对作品的哪些方面进行评价，最后由评价者对所有被试的产品或反应做出独立评价。所有评价者根据自己对创造力的内隐理论对作品或反应做出评价。通常有三种做法：第一种是按照产品所具有的创造性由高到低对所有产品进行排序；第二种是将所有产品分为五类：创造性很低、创造性稍低、无法判断、创造性稍高和创造性很高；第三种是采用 Likert 五点量表，并在其中三个上分别写上：高、中和低。在这三种方法中，第三种方法的评分者一致性较高，使用较多的也是这种方法。

采用同感评估技术评价时，以下几点是非常重要的：（1）评价者必须熟悉该领域，即有该领域的工作经验；（2）所有评价者必须对作品进行独立评价；（3）评价者必须先了解要评价的所有作品，然后根据作品的相对水平对创造性高低做出评价；（4）评价时，应该以随机顺序评价作品。

（三）同感评估技术技术的应用

同感评估技术由于其接近于真实生活的评价方式，得到越来越广泛的使用，逐渐成为创造力评价的一种重要方法，被广泛应用于社会心理学、个体差异及领域特殊性和领域一般性研究。Amabile 认为社会和环境因素对创造力表现有重要影响，而同感评估技术的产生正是为了社会心理研究。这些研究包括评价和奖赏对创造力的作用、榜样和动机导向的影响以及其他环境因素（如，学校、工作以及家庭）的影响等。例如她和 Hennessey 在 1982 年做过的奖赏和任务标签对儿童创造力的影响的实验，使用了讲故事的任务，由三位小学教师作为评价者，评分者信度为 0.91，最后得到了有奖赏组的言语创造力高于无奖赏组的结果。国内曲小军使用同感评估技术作过评价和奖赏对于场依存和场独立儿童的语言创造力的影响。

（四）对同感评估技术技术的评价

为了对同感评估技术技术有一个客观的评论，我们认为，将它与基于发散性思维的传统创造力测验作比较是比较合适的。因为在发散性思维中表现出来的反应的低频性和不寻常性就可以代表独特性，而独特性是创造性的一个核心。然而，事实上，有创造性的东西是独特的，但独特的东西不一定是有创造性的，因为，有创造性的东西必须同时满足例外一个条件，那就是适宜性和合适性。换句话说，一个新异独特的东西，如果是没有用的，那它只能算是古怪的而不是创造性的。显然，适宜性具有相对性，并且在很大程度上依赖于外界的评价。传统的创造性思维测验对此的考虑比较少，因此，测试结果的生态效度受到严重影响。而同感评估技术技术则在这方面考虑的比较多，因此具有很好的生态效度。实际上，同感评估技术技术对创造性产品的考虑更侧重于质量而不是数量，这正好与传统的发散性思维测验不同。传统的发散性思维测验更重视数量。

在理论基础上，同感评估技术技术的基础是人们对创造力的内隐理论，也就是人们对客观事物的主观评价是有共性的。这种观点得到了当前内隐理论研究的支持，而且，在实际的研究中也证明同感评估技术技术有很好的适用范围。

然而，值得提醒的是，正因为这样，同感评估技术技术也必然存在着致命的弱点，那就是，当一个产品的创造性程度远远超出该时代的认识程度时，该产品就会因为不能被识别而被误认为不具有创造性。历史上有不少伟大的科学发现就是因为不能在当时被评价而被延迟了很多年。不过，不管过了多久，最终能被识别也说明，创造性是要通过别人的评价才能被识别的。这一点也正好是同感评估技术技术的主要思想。或许这就是为什么同感评估技术越来越得到认可和推广的原因。

## 二、个案研究技术

个案研究法（case study method）亦称个案历史法。追踪研究某一个体或团体的行为的一种方法。它包括对一个或几个个案材料的收集、记录，并写出个案报告。在现场收集数据的叫做“实地调查”。它通常采用观察、面谈、收集文件证据、描述统计、测验、问卷、图片、影片或录像资料等方法。

在大多数情况下，尽管个案研究以某个或某几个个体作为研究的对象，但这并不排除将研究结果推广到一般情况，但这并不排除将研究结果推广到一般情况，也不排除在个案之间作比较后在实际中加以应用。对个案研究结果的推广和应用属于判断范畴，而非分析范畴，个案研究的任务就是为这种判断提供经过整理的经验报告，并为判断提供依据。在这一点上，个案研究有点像历史研究，它在判断时常需描述或引证个案的情况。因此个案研究法亦称“个案历史法”。个案研究法与创造心理测量技术一样，也涉及对创造心理的测量，但又不像心理测量技术所测量的是那种目前和最近的创造水平。历史统计学家几乎完全是从历史文献中得到大量的数据，而很少依赖心理测量研究所使用的自我报告。1980 年以来，在创造者论文及制作产品以及其他领域内广泛地应用了个案研究法。

（一）论文评估

由于创造活动的多样性，创造成果的形式也是多种多样的。发表论文，这是创造成果之一。

首先是发表论文的数量。据统计，一般科学家一生平均只发表 3.5 篇论文，美国科学院院士一生平均发表 145 篇论文，而一位诺贝尔奖获得者一生中发表论文的数量就更多了。比如 1947 年获诺贝尔化学奖的鲁宾逊，总共发表了 770 多篇论文。其次，是发表论文的质量。常用引用指数估计科学论文的质量。所谓引用指数，指被引用的论文数与发表文章数之比。有人统计了 1986—1990 年 5O 位最有影响的心理学家的引用指数。他们发表的文章均在 10 篇以上，其引用指数为 8.41—19.90，为这一时期心理学平均引用指数的 4.5—10.5 倍。

前苏联学者还提出了一种更为精确地计算科学论文发表成绩的方法。这种方法不仅考虑引用次数，而且按引用目的划分为三种类型，分别记分。

第一种引用，只列举所有从事某项研究的人，每引用一次记一分；

第二种引用，引用某人获得的实际成果，如引用公式、实验方法、治疗手段等等，此种引用记 10 分；

第三种引用，为了发表与完善作者提出的思想而引用。这种引用记 100 分。

根据上面规定的评分标准，可计算出论文发表成绩的指数：分子是引用得分，分母是发表论文总数。比如某科学家共发表 10 篇论文，总共被引用 34 次，其中第一种引用为 31 次，第二种引用 2 次，第三种引用为 1 次。

其论文发表成绩指数为：

31＋（10×2）＋100）/10＝15.1

（二）制作产品评估技术

制作产品，如，发明家发明的机器、服装设计师设计与制作的服装、厨师的美味佳肴，等等，均属于不同领域的创造性制品。许多科学家都强调对产品分析的重要性。S．贝西默和K．欧奎因在多年研究的基础上，还提出一个评价创造产品的模型。

这个模型强调从新颖、解决、精细与综合三个维度和隶属于其下的11个属性对产品的创造性进行评价。所谓新颖性，指过程、材料的设计的新奇性，包括独特、惊异、始创等第三个属性；所谓解决，指产品的功能、用途和可操作性，包括价值、逻辑、实用等三个属性；所谓精细与综合，指产品的最终风格，包括组织、优美、复杂性、理解、精致等五个属性。

贝西默等以这三维模型为指导，设计了一个包括11个分量表、70个测验项目的产品语义量表。该量表中的每个项目都是向被试者呈现一对双向形容词，如新鲜的——过时的，惊人的——陈腐的等等，总共70对。测量时，评定者要根据量表所列项目对创造产品作七个等级评定，最后，得出三个维度和11个分量表的分数，用来表示产品制造者创造能力之高低。

他们使用这一量表，对两件被认为具有不同创造性的T恤衫进行评定的结果表明，在独特、惊异、始创、价值和复杂性等五个分量表的得分上，那件高创造性的t恤衫明显高于另一件，证明该量表具有较好的效度，是一种可行的创造产品评定工具。

学生也有多种创造产品，如他们在课外活动的小发明、小论文；他们参加各种竞赛所取得的实验成果，他们在各种刊物上发表的文学创作和艺术作品等等，均可以从数量和质量对其作评价。

MacKinnon（1978）认为："所有创造性研究的出发点（或基础）是对创造性产品的分析，即确定是什么使它们与普通产品不同"。Runco（1989）指出，对创造性产品的分析有助于解决由发散性思维测验与成人评定量表的测量特性之间的不一致所造成的测量问题。事实上，对创造性产品特征的研究之所以重要，主要是为了满足研究者建立外部标准的需要。但是应用心理技术评定创造性产品的特征在技术上存在许多限制。到目前为止，创造性产品测量最常用的方法是基于外部判断的等级评定，如教师评定、父母评定和专家评定。

近10年来，教师评定受到最为广泛的重视。每一种评定工具都要求教师详细评定学生作品的特征。例如，由Besemer和O'Quin（1993）设计的创造性产品语义量表（the Creative Product Semantic Scale）要求评价者判断作品的新颖性、问题解决的有效性、精密性以及其他综合性特征；由Reis和

Renzulli（1991）设计的学生作品评定表（the Student Product Assessment Form）列出了9个作品特征的等级评定指标（如问题的集中性、方法的适当性、独创性、功能定向等）。所有这些工具都具有一定的信度，但是它们的效度还有待于进一步证明。

### 三、实验评估技术

实验是人们根据研究的目的，利用科学仪器、设备，人为地控制自然现象，排除干扰，突出主要因素，在有利条件下去研究自然规律的一种方法。

心理学从哲学中分离出来，作为一门独立的学科，是从19世纪末现代心理学之父冯特（Wilhelm Wundt）设立世界第一所心理学实验室开始的。自从W.冯特1879年创建第一个心理学实验室以来，实验始终是心理学研究的重要领域，其研究成果是心理学知识体系的主体。抛开以内省方法研究人的意识的W·冯特和反对研究人的意识的行为主义心理学不说，在心理学建立以前，有相当数量的心理学家致力于用生理学的研究方法，研究认知过程中的神经活动以及导致这些神经活动的生物化学过程，试图揭示创造潜能的生理机制。这种研究至今已持续了几十年。心理学家在研究较低级的认知过程的生理机制方面取得了一定的进展，而在研究创造思维等高级认知过程的生理机制时却困难重重，至今仍未取得重大突破。其根本原因是，人的高级认知虽然是在一定的生理基础上形成的，却是比生理活动更高级、更复杂的运动形式。以低级运动形式来解释较高级的运动形式，自然是困难的。

在这种情况下，从自然哲学的背景中诞生的心理测量科学，在方法论特征上特别强调实验的作用。根据不同的目的要求和对象特点，发展起来多种多样的实验形式。例如根据目的，可有定性实验、定量实验；根据过程中的不同作用，可分为比较实验、分析实验和综合实验；根据实验手段是否直接作用于心理信息，可分为直接实验和模拟实验等。但是，无论何种形式的实验，都是实验者借助实验手段变革和控制实验对象以取得所需的感性材料的过程，它一般都经过如下几个基本步骤：（1）明确创造心理实验的目的；（2）进行创造心理实验的设计；（3）创造心理实验的实施；（4）创造心理实验结果的分析和处理；（5）对创造心理实验结果作理论解释。由此可见，创造心理实验的过程是一个在理论指导下进行的过程。没有正确理论，实验就失去了意义和目的，实验的活动就无从安排，在实验中取得了资料也无法得出科学的结论，甚至即使取得了重要的结果也可能理解错误。

从效用上可以区分出两种基本类型的实验，一种是发现性实验，一种是检验性的实验。前者是在没有对事物的属性或函数之间的关系做出确定性假说的情况下进行，旨在发现相应的属性或关系；后者则对某个假设的经验性预言进行实验证实。发现性实验是在同一个假设框架内进行的，如果借助某种假说，有理由相信在某个特定的系统中，变量B依赖于变量A，那么，这两个变量之间关系的性质就可以用实验来确定。发现性实验不只是揭示变量之间的函数关系，有时实验往往会导致假说的精致化。假说可能涉及多个变量，但没有任何先验的方式能把所有相关的变量都考虑进去；唯一的标准是实用性的，即假说成功地预言并解释了范围广泛的事实。在预言出了差错，或者离开了补充性的假说就不充分的时候，抱着发现心态的作业者会假定还有一个没有受到控制的变量，从而可以进一步寻找这个变量或就其性质作假设。如果新的作业假说成功地预言并解释了相关的事实，就可以认为作业假说已经考虑到了有关的变量。如果说近代心理测量科学离不开实验的话，这种联系也在于实验方法被赋予了作业一种新的方向。创造心理学家的注意力首先是局限在那些可以测量和计算的性质上，把一个创造思维问题转化为可以进行数学处理的问题，实验正是为了数学处理的目的而被组织起来了。

实验评估技术大多用于作业测验、投射测验、情境测验和一些自陈量表编制过程。这种方法比单纯的观察方法有明显的特点和优点。第一，实验可以进一步纯化和简化测验。简化是科学研究的一个重要原则。测验因素十分复杂，各种因素互相联系、互相影响、互相作用，交织在一起，往往使人不易发现其中哪个因素同测验目的发生联系，联系的方式如何。为此在观察中就要进行简化。这种简化，在自然观察中是通过观察对象的选择来实现的。但是，在自然条件下的观察，这种简化和纯化的作用毕竟是间接的，并且对许多现象来说还是很困难的。在实验中情况就不同，人们可以借助于科学仪器、装备所创造的条件，排除自然过程中各种偶然的、次要的因素的干扰，使我们需要认识的某种测验属性或联系以比较纯粹的形态呈现出来。第二，实验可以强化测验对象。创造心理特征在常态下往往不易出现，只有在一些极端的条件下，才能呈现出来，而这种条件在自然状况下无法直接控制。实验可以凭借各种物质手段，造成这类特殊条件，如剥夺感觉、紧张应激、极限训练等等。在这种强化了的特殊条件下，人们遇到了许多前所未有的在自然状态中不能或不易遇到的新现象，从而发现了具有重大意义的新事实。第三，实验取得的结果比较确实，可以重复出现，便于鉴定。在自然观察的情况下，由于情况复杂，各种因素难于控制，所以有的发现，就比较难以重复。实验中各种条件可以控制，因此一般来说，只要在相同的条件下，重复做此项实验，就能够取得相同的实验结果。这样就有利于人们进行长期研究，反复比较，并对以往的实验结果加以核对，一个人的发现，也就可为别人重复证实。另外，实验还可以模拟研究对象的运动过程，对那些时过境迁的现象以及无法进行直接实验的对象，进行间接实验研究，从而认识对象的性质。

实验方法之所以具有上述优点，是因为实验比之于一般观察更具有理性方法的特点。科学实验和观察都是感性活动，但它们都具有理性方法的特点。马克思曾经指出："归纳、分析、比较、观察和实验是理性方法的重要条件。"在这里，马克思把实验和观察的方法看做与归纳、分析、比较的方法一样，都是理性方法的重要条件，这是很有道理的。因为实验与观察本身就是抽象，离不开比较、分析、综合和类比、归纳、演绎。这种理性方法的特点，在实验中体现得特别明显。因为在实验中，我们实际上是把抽象、分析、综合等理性思维的方法物化出来，使之转化为感性的对象，以便为进一步的理性思维提供材料。正因为实验能把抽象的理性方法再现于感性的具体之中，因而就使它不但具有了感性活动的优点，而且又具有了理性方法的优点，更具有了把两者高度结合起来的特殊的优点。

## 四、其他技术支持

### （一）生物统计技术

也许与创造心理测量观点最接近的方法是生物统计技术。这是最近才发展起来的创造研究途径。我们对个体的遗传学和神经生物学机制知道得很少。我们既不了解创造个体是否具有与众不同的遗传构造，也不知道他们的神经系统是否具有值得注意的结构和功能。然而，任何有关创造的科学研究最终都需要解决这些生物学问题。

生物统计技术的研究是关于大脑机能和认知功能的特殊类型之间关系的研究。简言之，这种技术是由研究者在个体在完成特定的认知任务时（例如，解决数学问题），测定其大脑中的葡萄糖代谢情况。既然葡萄糖代谢是大脑活动的一个度量指标，研究者就能在认知活动过程中查明并测出正在工作的大脑特定区域的活动。虽然某一具体的神经测量方法可能会面临一些传统的心理测量方法面临的问题（例如，如何确定创造性思维任务以及测量的精确度等），但是随着新技术的产生和应用，应用这种技术而开展的创造心理研究将会逐渐多起来。

### （二）计算机模拟技术

创造心理测量技术在相当程度上类似于计算机模拟技术。后者的基本假设是运用人工智能技术可以把个人的创造心理转化为一种计算机程序。它的基本观点是把创造心理过程看做一种心理计算，因此，创造心理过程被描绘成一种可运行的计算机程序。这种研究技术的显著特点是注重建立有规则的计算机模型。计算机研究技术试图设计出计算机编码来模拟创造心理产品，并且已经建立了基于"组合创造心理"（即在观念之间建立不同寻常的连接）和"探索—转换思维"（即搜寻与操纵一种"结构丰富的概念空间"）的一些模型。计算机的研究也试图对有创造性思维能力和缺乏创造性思维能力人的思维过程进行计算机模拟。这种研究的长处是它在创造心理研究中具有其他方法所难以达到的精确程度，通过计算机模拟可以提供对创造心理理论的客观检验。亦即通过运行计算机程序，有可能对真正的创造心理过程所模拟的程度进行评价。

# 参考文献

1. 朱智贤，林崇德．《思维发展心理学》．北京：北京师范大学出版社，1986

2. 林崇德．当代智力心理学丛书．杭州：浙江人民出版社，1997

3. 林崇德．发展心理学．台北：台湾东华书局，1996

4. 林崇德．教育的智慧．台北：开明出版社，1999

5. 林崇德．信息加工速度．心理学报，1996 (04)

6. 林崇德．培养和造就高素质的创造性人才．北京师范大学学报，1999 (01)

7. 高觉敷．拓扑心理学．高觉敷心理学文选．南京：江苏教育出版社，1986

8. 张厚粲，刘昕．考试改革与标准参照测验．沈阳：辽宁教育出版社，1992

9. 宋维真，张瑶．心理测验．北京：科学出版社，1987

10. 王传旭，杨春鼎．教育思维学．北京：中国社会科学出版社，2006

11. 王传旭，邱章乐．思维测量学．北京：中国文化出版社，2007

12. 王传旭，邱章乐．心理诊疗学．北京：中国文化出版社，2008

13. 王传旭，邱章乐．心理测量与咨询．北京：中国文化出版社，2008

14. 王传旭，邱章乐．学校心理咨询．北京：中国文化出版社，2008

15. 王传旭，邱章乐．思维测量学．北京：首都师范大学出版社，2010

16. 邱章乐．心理测量法．福州：福建科技出版社，1988

17. 邱章乐．人心可测．合肥：安徽教育出版社，1989

18. 邱章乐．中国青少年心理卫生．北京：中国医药科技出版社，1992

19. 邱章乐．思维命题与测量．北京：中国文史出版社，2004

20. 邱章乐，杨一华．变通思维．哈尔滨：黑龙江人民出版社，2003

21. 邱章乐，杨一华．商界思维．哈尔滨：黑龙江人民出版社，2004

22. 邱章乐，杨一华．人类的急智．上海：上海科普出版社，2005

23. 邱章乐．心灵信息学．北京：中国科学文化音像出版社，2006

24. 戴忠恒．心理与教育测量．上海：华东师大出版社，1987
25. 杨春鼎．美学概论．郑州：河南人民出版社，1989
26. 杨春鼎．形象思维学．合肥：中国科学技术大学出版社，1997
27. 邵志芳．思维心理学．上海：华东师大出版社，2001
28. 何克抗．创造性思维理论——DC 模型的建构与论证．北京：北京师范大学出版社，2000
29. 王玉墉．现代测验理论．台北：台湾心理出版社，1995
30. 凌文辁，方俐洛．心理与行为测量．北京：机械工业出版社，2003
31. 阿恩海姆著．艺术与视知觉．滕守尧，朱疆源译．北京：中国社会科学出版社，1984
32. 艾德才等．微型计算机绘图原理与方法．北京：学苑出版社，1994
33. 巴尔佳斯基等著．拓扑学奇趣．裘光明译．北京：北京大学出版社，1987
34. 陈予恕．非线性振动系统的分岔和混沌理论．北京：高等教育出版社，1993
35. 鄂强编．实变函数论的定理与习题集．李荣涑等译．北京：人民教育出版社，1982
36. 樊月娟．试论科学与艺术．文艺研究，1996（05）
37. 方企勤．数学分析（第一册）．北京：高等教育出版社，1986
38. 吴国盛．科学的历程．长沙：湖南科学技术出版社，1996
39. 吴国盛主编．自然哲学（第一辑、第二辑）．北京：中国社会科学出版社，1994
40. 付新楚等．分叉·浑沌·符号动力学．武汉：武汉大学出版社，1993
41. 笛卡尔．第一哲学沉思集，北京：商务印书馆，1996
42. 马克·史洛卡．虚拟入侵．台北：远流出版公司，1998
43. 拉法格．思想起源论．北京：三联书店，1963
44. 马克思恩格斯选集．第四卷．北京：人民出版社，1972
45. 弗洛伊德．梦的解析．北京：九州出版社，2000
46. 荣格．探索心灵奥秘的现代人．北京：社会科学文献出版社，1987
47. 洛伦兹．混沌的本质．刘式达译．北京：气象出版社，1997
48. D. 莫里斯．人体秘语．陈明福，刘君祖译．北京：昆仑出版社，1988
49. 盖瑞·史宾塞．最佳辩护．魏丰等译．北京：世界知识出版社，2003
50. 杰罗姆·布餐纳．心理学与人的图像．北京：商务印书馆，1996
51. Robert. D. Nye. 三种心理学．北京：中国轻工业出版社，2000
52. 亨利·哈里斯．科学与人．北京：商务印书馆，1996

53. 许良英等编译．爱因斯坦文集．第1卷．北京：商务印书馆，1976

54. 瓦托夫斯．科学思想的概念基础．北京：求实出版社，1989

55. R. 霍伊卡．宗教与现代科学的兴起．成都：四川人民出版社，1999

56. 马克·第亚尼．非物质社会．成都：四川人民出版社，1998

57. R. 舍普等．技术帝国．北京：三联书店，1999

58. 迈克尔·海姆著．从界面到网络空间：虚拟现实的形而上学．金吾伦等译．上海：上海科技教育出版社，2000

59. J. P. 查普林等．心理学的体系与理论．北京：商务印书馆，1983

60. 让·博德里亚尔．完美的罪行．北京：商务印书馆，2000

61. 杨鸿烈．中国法律发达史．北京：商务印书馆，1933

62. 孟凯韬．哲理数学基础．合肥：中国科学技术出版社，1999

63. 李铮，姚本先．心理学新论．北京：高等教育出版社，2001

64. 曼纽尔·卡斯特．网络社会的崛起．北京：北京社会科学文献出版社，2001

65. 刘俊文点校．中华传世法典·唐律疏议．北京：法律出版社，1998

66. 车文博．西方心理学史．杭州：浙江教育出版社，1998

67. 田涛，郑秦点校．中华传世法典·大清律例．北京：法律出版社，1999

68. 洪昆辉．思维过程论．昆明：云南大学出版社，2001

69. 张岱年，成中英．中国思维偏向．北京：中国社会科学出版社，1991

70. 李普曼．舆论学．林珊译．北京：华夏出版社，1989

71. 高崇寿．对称．百科知识，1984 (01)

72. 格拉斯，麦基著．从摆钟到混沌——生命的节律．潘涛等译．上海：上海远东出版社，1994

73. 龚镇雄．科学与艺术的“重逢”．科技日报，1997，1 (1)：4

74. 郭晓川．九六美术：现实主义的回潮．光明日报，1997，2 (5)：6

75. 国家攀登计划《非线性科学》“九五”延续建议书，内部材料，1996 (12)

76. 国家攀登计划项目《非线性科学》“八五”结题验收、“九五”延续建议初评文件与资料，北京：内部材料，1996 (8)

77. 哈密尔顿著．数学家的逻辑．骆如枫等译．北京：商务印书馆，1989

78. 郝柏林．分岔、混沌、奇怪吸引子、湍流及其他——关于确定论系统中的内在随机性．物理学进展，1983，3 (3)：329－416

79. 侯阳，迪克．三维图形、动画编程实例．北京：海洋出版社，1993

80. 胡瑞安．分形的计算机图象及应用．科技导报，1992 (03)

81. 金吾伦．生成哲学导论．自然哲学第，一辑．北京：中国社会科学出版社，1994

82. 卡西尔著．人论．甘阳译．上海：上海译文出版社，1985

83. 詹姆斯·特拉菲尔．未来城．北京：中国社会科学出版社，2000

84. 贝尔纳．科学的社会功能．北京：商务印书馆，1995

85. 赵敦华．现代西方哲学新编．北京：北京大学出版社，2000

86. 李华山．计算机艺术中的数学问题．中国图像图形学报，1996，1（1）：53—57

87. 李衍达．信息技术发展的新趋势．清华大学发展研究通讯．内部资料．1996. P14

88. 李砚祖．现代艺术的历程与装饰的意义．文艺研究，1996（5）

89. 李雁．科学、艺术与艺术拓扑．科技日报（社会文化周刊），1996，8（11）：2

90. 李浙生．数学科学与辩证法．北京：首都师范大学出版社，1995

91. MPI 全国协作组．明尼苏达多相个性调查在我国修订经过及使用评价．心理学报，1982（4）

92. 龚耀先．艾森克个性问卷在我国的修订．心理科学通讯，1984（4）

93. 朱腊梅，王小华．中国心理测量近一二十年发展的述评与思考．心理科学，2000（02）

94. 俞晓琳．项目反应理论与经典测验理论之比较．南京师大学报（社会科学版），1998（04）

95. 王建中，简南红．心理测验与统计软件的设计与实现．心理科学，1994（04）

96. 丁道群．网络空间的人际互动：理论与实证研究．万方硕博士论文数据库，2005

97. 严芳，李伟明．国内外概化理论的研究成果与现状．上海市教育考试学院网站，2004

98. 漆书青．解放前我国的心理测量研究．江西师范大学学报，1994（03）

99. 奚玮，吴小军．中国古代”五听”制度述评．中国刑事法杂志，2005（02）

100. 邱章乐．虚拟情境测验研究．心理学探新，2005（03）

101. 邱章乐．项目反应理论在微格教学中的运用．安徽教育学院学报，1993（02）

102. 邱章乐．皮格马利翁效应得再研究．安徽教育学院学报，1992（01）

103. 邱章乐．思维测量理论研究．淮南师范学院学报，1991（02）

104. 邱章乐．思维命题研究．淮南师范学院学报，2003（04）

105. 邱章乐．构筑思维测量新体系的理论探究．社联通讯，1990（03）

106. 邱章乐．变通思维概论．合肥学院学报，2003（01）

107. 李政道．艺术和科学．科学，1997，49（1）：1－10

108. 维纳著．控制论．郝季仁译．北京：科学出版社，1985

109. 徐躬耦．量子混沌．上海：上海科学技术出版社，1995

110. 徐兰．自然哲学研究概述．哲学动态，1996（11）

111. 杨振宁．基本粒子发现简史．上海：上海科学技术出版社，1963

112. 仪垂祥．非线性科学及其在地学中的应用．北京：气象出版社，1995

113. 陈安龙．创造性思维与教学．北京：中国轻工业出版社，2000

114. 刘华杰．非线性科学：美的世界．中国科技画报，1996（3）

115. 刘华杰．分形艺术图形创作系统 FractalArt 1.0 设计说明书和用户手册．北京：中国软件登记中心受理号：960100377．审查号：960100329

116. 卢侃等编译．混沌动力学．上海翻译出版公司，1990

117. 郭庆科．战秉聚．墨迹测验的实质．山东师大学报（社科版），1998（01）

118. 杨荣．弗洛伊德学说的理论核心．川东学刊，1994（03）

119. 郭庆科．经典测验理论与项目反应理论的对比研究．山东师大学报（自然科学版），2000（03）

120. 胡作玄．数学与社会．长沙：湖南教育出版社，1991

121. 莫泽．太阳系是稳定的吗？数学译林，1990，（1）：34－41

122. 赵松年．非线性科学——它的内容、方法和意义．北京：科学出版社，1994

123. 潘云鹤．计算机美术．北京：科学普及出版社，1987

124. 齐东旭．电脑绘图艺术．北京：和平出版社，1993

125. 钱学森．科学的艺术与艺术的科学．北京：人民文学出版社，1994

126. 钱学森．关于马克思主义哲学和文艺学美学方法论的几个问题．文艺研究，1986

127. 钱学森．我看文艺学．艺术世界，1982

128. 乔姆斯基著．乔姆斯基语言哲学文选．徐烈炯等译．北京：商务印书馆，1992

129. 丘维声．解析几何．北京大学出版社，1988

130. 沈致隆．零点项目——科技竞争与艺术教育．科技日报，1996，8

(11)：2

131. 史文革．微机图像格式大全．海洋出版社，1992

132. 斯图尔特著．上帝掷骰子吗——混沌之数学．潘涛译．上海：上海远东出版社，1995

133. 苏霍金著．艺术与科学．王仲宣译．北京：生活·读书·新知三联书店，1986

134. 孙海坚．中枢神经系统时空信息处理与表征的动力学研究．中国科学院生物物理所计算神经科学博士论文，1996（12）

135. 孙伟林．科学美的魅力——科学中的复杂性对简单性与吴冠中教授的艺术创作．科技日报，1996，5：5

136. 汪秉宏．弱混沌与准规则斑图．上海：上海科技教育出版社，1996

137. 汪文勇等．C++图形设计．西安：电子科技大学出版社，1994

138. 王本楠，施寅．生态学中的分形奇葩．科技导报，1991，(6)：23—24

139. 王东生，曹磊．混沌、分形及其应用．合肥：中国科技大学出版社，1995

140. 陈雪枫．西方心理测验在中国的应用问题．华南师范大学学报（社科版），1996.4

141. 王路．弗雷格关于数的理论．自然辩证法通讯，1995，42（1)：10—18

142. 张厚粲主编．心理教育与测量（海峡两岸教育与心理测量与咨询学术研讨会论文集）．浙江教育出版社，1997

143. 张厚粲．当前心理学的发展与现状．心理学探新，1995.1

144. 苏永华．关于心理测验编制中的几个问题［J］．教育研究与实验，1998，(2)

145. 曹晓平，任百利等．卡氏16PF中译本常模20余年的变化趋向．心理科学，1994，(3)：184—186.

146. 张建新，宋维真等．MMPI—2在中国标准化的过程［J］．中国心理卫生杂志，1999，(1)：20—24

147. 陈中永．心理评价将成为心理测量发展的新阶段．心理学，1992，(9)：51—53.

148. 朱照宣．浑沌（非线性力学讲义第五章）．北京：内部资料．1994

149. 朱照宣．非线性动力学中的浑沌．力学进展．1984，14（2)：129—146

150. '96北京国际计算机艺术、设计、广告、印刷作品及其应用系统展览会．北京国际会议中心，1996.5.24—28

151. 蔡华俭，周颖，史青海．内隐联想测验及其在性别刻板印象研究中

的应用．社会心理研究，2001，11（4）：6－11

152. 何克抗．建立题库的理论。全国 CBE 学会第七届学术会议论文集。国防科技大学出版社，1995（11）

153. 华特生编选．康德哲学原著选读．北京：商务印书馆，1987

154. 江泽坚，吴智泉．实变函数论．北京：人民教育出版社，1961

155. 苗东升．浑沌的魅力．社会科学研究（西安），1993，(3)：27－29

156. 苗东升．分形研究的哲学思考．自然辩证法研究，1993，(8)：36－43

157. 苗东升，刘华杰．浑沌学纵横论．北京：中国人民大学出版社，1993

158. 尼葛洛庞帝著．数字化生存．胡泳，范海燕译．海口：海南出版社，1996

159. 夏军．非理性世界．北京：三联书店，1998

160. 何荣桂．'从测验电脑化与电脑化测验'再看网路化测验．测验与辅导．1997.10

161. 何荣桂．远距测试的可行性与相关问题．GCCC99 论文集特邀报告

162. 工科高等数学试题库联合研制组．高等学校工科高等数学课程试题库系统．题库建设理论与实践．p213－219. 国家教委考试中心编．光明日报出版社，1991（04）

163. 余胜泉．通用试题库组卷策略算法．GCCC99. 论文集，P108－116

164. 张锋．创新研究的系统模型与创新机制的创新．云南师范大学学报（哲学社会科学版）2001，33（5）：14－22

165. 蔡华俭，杨治良．大学生性别自我概念的结构．心理学报，2002，34（2）：168－174

166. Don Ihde，Technology and Life Word，Indiana University Press，1990

167. A rdila A，Rosselli M. Spatial agraphia. Brain and Cognition. 1993，22（2）：137－147

168. Peter Droege，(ed.) Intelligent Environment，Amsterdam：Elsevier Science B. V. 1997. P386－419

169. Beoin C J Ecriture，alcoolisation，depression. Psychologie Medicale. 1981，13（11）：1809－1811

170. Jean Baudrillard：In the shadow of the silent majorities. New York：Semiotext（e），1983：100

171. Don Ihde，Technology and Life Word，Indiana University Press，1990

172. Exner：TheRorschach：a comprehensive system，1986，Vol. 1

173. Lance Strate，Ronald Jacobson，Stephanie B. Gibson.（ed.）(1996) Communication and cyberspace：social interaction in an electronic environment. Cresskill，New Jersey：Hampton Press，Inc. P86

174. Mcbride D，Hazel E A. Adolescect Suicide in Ontario：Lethal learning problems. Dissertation Abstracts International Section A Humanities and Social Sciences，1950，55（12－A）：3788

175. Satow R，Rector J. Using Gestalt graphology to identify entrepreneurial leadership. Perceptual and Motor Skills，199581（1）：263－270

# 后　记

我们从由合肥工业大学出版社和安徽省心理学会组织的应用心理学丛书大纲里，挑选创造心理学这一选题，是基于对"钱学森之问"的长期思考，也是给自己的一个新的挑战。自20世纪80年代初以来，著名科学家钱学森发表一系列论著，热心倡导思维科学研究，为思维科学理论体系的创立提出许多开拓性的见解，并以科研系统工程的战略眼光组织研究人员合作攻关。我们都是这支队伍的成员。从80年代到本世纪初，钱老及其同仁的思想一直滋润着我们创造的土壤。田运的《思维论》、刘奎林的《思维科学导论》、张光鉴和张铁声的《相似论》、朱长超的右脑科学研究、张浩的《思维发生学》、李欣复的形象思维史研究、黄浩森与李名方的描述语言研究、刘奎林和陶伯华的灵感思维与创造思维的研究、孟凯韬的思维数学研究，还有戴汝为、潘云鹤、李德华、郭俊义、冯嘉礼等专家在机器思维和人工智能等高科技领域的成果，都为本书的研究输入源源不断的新鲜血液。可以说，在当今信息传播技术高度发达的时代，几乎在任何新的精神产品中间都可以找见前人和同时代人思维结晶，这些思维结晶通过互联网打破了疆域国界。当然，我们不会隅于墙根之下，我们可以兼容并蓄，但是我们走的是自己的路。

感谢郑永飞院士，他拨冗为我们写的序，引发了我们的共鸣。序中关于大学教育的深层次考虑，正是创造心理学需要拓展研究的。郑永飞院士是化学地球动力学家，根据ISI统计，在1997年—2007年的11年里所检索的世界前2000名地球科学家所发表署名论文的被引次数，郑永飞教授排在中国大陆科学家的第一位，这说明他在创造与研究方面有很深的造诣。郑永飞院士还是全国人大代表，对中国高等学校的改革也颇有见地。他的序既是一位自然科学家实践的总结，也是与心理学界的友好对话，这种跨学科的交流，具有非凡的意义。

感谢王传旭教授，他在淮南师范学院任院长十年，在繁忙的工作之余，亲自带领我们课题组深入学校、乡村、社区甚至农民工的建筑工地，贴身指导研究项目，与我们共同完成许多创造性的课题，如设计了作业技术与投射技术相结合的新型量表，从多方面尝试构建崭新的创造心理的测量模式等等。

我们还合作了《思维测量学》、《心理诊疗学》等四部学术著作，计有400余万字，为心理和思维科学的基础理论研究和实际应用开拓了新的领域与途径。正是这些研究，为本书的出版奠定了良好的基础。可以说，没有王传旭教授的指导帮助，也就没有这本书的问世。

感谢北京师范大学林崇德教授，感谢他对我们的一贯的提携和帮助，感谢他亲莅指导并为《思维测量学》写序，给我们以及时的指导和有前瞻性的评价；感谢杨春鼎教授，作为钱学森教授的关门弟子，他30年来一直关注着我们在思维科学研究方面的进展，他把钱学森80多封亲笔信及时与我们共同分享，他还多次给拙著做序；还要感谢张建兴老师、宁俊宜女士，他们参与本书的资料搜集整理、校对测试等工作。另外，井波、邱泉、邱源为本书进行数据统计和文字、文本格式处理，并负责制图和外文资料翻译校对工作；淮南师范学院思维研究所、心理研究所以及科研处给予大力支持，特此说明。

最后还要特别感谢合肥工业大学出版社及安徽省心理学会为我们所做的努力。

本书案例多取于与我们一起攻关的同事们研究和挖掘的资料，也有取之网上资源和相关图书资料，原文引用的大多已注解或在“参考文献”中注明，但仍难免遗漏，特在此说明并致谢意。

虽耗时竭力，由于水平所限，奉上的仍属壁瓦之作，但愿能为拓荒者铺路之用，也望得到鸿儒大家和读者的不吝赐教。

作　者

二〇一一年七月十二日